高职高专工业机器人专业系列教材

工业机器人虚拟仿真

主编　赵鹏举　田小静

参编　李书阁　李　毅　陈　彦

　　　陈　卫　王　廉　邓丹枫

西安电子科技大学出版社

内 容 简 介

本书主要以 ABB 机器人为对象,介绍了工业机器人虚拟仿真软件 RobotStudio 的使用。全书采用以图为主的讲解方式,主要内容包括工业机器人虚拟仿真概述、工业机器人仿真基本操作、工业机器人工作站模型创建、工业机器人离线轨迹编程、工业机器人搬运工作站仿真、工业机器人码垛工作站。书中通过工业机器人应用的虚拟仿真开发实例,介绍工业机器人虚拟仿真开发方法和技术,简单易懂,能够让读者快速上手进行工业机器人虚拟仿真工程应用的开发。

本书可用作高等职业院校工业机器人相关专业的教材,也可供从事工业机器人应用工作的企业工程技术人员参考。

图书在版编目(CIP)数据

工业机器人虚拟仿真 / 赵鹏举,田小静主编. —西安:西安电子科技大学出版社,2021.2(2024.5 重印)

ISBN 978-7-5606-5998-5

Ⅰ. ①工⋯ Ⅱ. ①赵⋯ ②田⋯ Ⅲ. ①工业机器人—仿真设计 Ⅳ. ①TP242.2

中国版本图书馆 CIP 数据核字(2021)第 010851 号

策　　划　李惠萍
责任编辑　雷鸿俊
出版发行　西安电子科技大学出版社(西安市太白南路 2 号)
电　　话　(029)88202421　88201467　　　邮　　编　710071
网　　址　www.xduph.com　　　　　　　　电子邮箱　xdupfxb001@163.com
经　　销　新华书店
印刷单位　陕西天意印务有限责任公司
版　　次　2021 年 2 月第 1 版　　　2024 年 5 月第 3 次印刷
开　　本　787 毫米×1092 毫米　1/16　　　印　张　14.75
字　　数　347 千字
定　　价　37.00 元
ISBN 978-7-5606-5998-5 / TP
XDUP 6300001-3
如有印装问题可调换

前　言

随着企业劳动力成本的不断上升，越来越多以工业机器人为核心的智能制造设备运用到生产中，这就使得对调试工业机器人的工程技术人员的需求不断攀升，在调试过程中暴露出的问题也在不断增加。工业机器人虚拟仿真是通过计算机对实际的机器人系统进行模拟的技术，通过单机或者多台机器人组成工作站或生产线，可以在制造单机和生产线产品之前模拟出实物和生产动画过程，具有缩短生产工期、方便展示、易发现方案缺陷等特点。

本书根据对虚拟仿真的大量实际需求，以 ABB 公司的工业机器人仿真软件 RobotStudio 为基础，详细讲述了 ABB 工业机器人虚拟仿真软件从基础虚拟仿真到高级 Smart 组件的实际应用，共分为 6 章。

第一章工业机器人虚拟仿真概述，介绍了工业机器人编程技术与虚拟仿真的概念、常见虚拟仿真软件、工业机器人虚拟仿真系统的安装与简单使用等。

第二章工业机器人仿真基本操作，介绍了工业机器人模型的选择和导入、工业机器人周边模型的放置、工业机器人系统创建与手动操作、工件坐标与轨迹程序创建、工作站系统仿真运行与视频录制；用实例介绍了工业机器人工作站的创建、外围设备搭建、工件坐标创建、轨迹程序编程、工作站系统仿真运行及动画制作。

第三章工业机器人工作站模型创建，详细讲述了基本模型创建、测量工具的使用、机器人工具创建、机器人创建机械装置；用实例介绍了机器人周边设备矩形体、圆柱体模型创建、各类测量工具(长度、角度、直径等)使用，工具坐标系及机器人工具创建、机械装置创建。

第四章工业机器人离线轨迹编程，重点讲述了创建机器人理想轨迹曲线以及路径、机器人目标点调整以及轴配置参数、机器人离线轨迹编程辅助工具；用实例介绍了创建、生成机器人涂胶喷涂曲线，工业机器人目标点调整与参数设置，工业机器人工作站的虚拟仿真运行，以及碰撞检测和 TCP 跟踪功能使用。

第五章工业机器人搬运工作站仿真，介绍了 Smart 组件组成、与搬运工作站相关的 Smart 子组件(信号和属性、传感器、动作)、搬运工作站夹具仿真、搬运工作站程序编程；用实例介绍了搬运工作站机器人夹具属性设置、检测传感器设定、拾取放置动作设定、属性与连结设置、信号与连接创建、测试仿真、搬运工作站程序创建及仿真运行。

第六章工业机器人码垛工作站，介绍了码垛工作站的 Smart 子组件(参数与建模、本体、其他)、码垛工作站夹具仿真、码垛工作站程序创建；用实例介绍了码垛工作站的 Smart 子组件设置、输送链产品源(Source)设定、输送链运动设定、输送链限位传感器设定、属性与连结设置、信号与连接创建、测试仿真、码垛工作站程序创建及仿真运行。

本书由赵鹏举、田小静担任主编，李书阁、李毅、陈彦、陈卫、王廉、邓丹枫参与编写。第 1 章由李书阁编写，第 2 章由李毅编写，第 3 章、第 4 章由田小静编写，第 5 章、第 6 章由赵鹏举编写；实训任务由王廉、陈卫设计；重庆鲁班机器人技术研究院陈彦工程师设计了全部机械结构并对实训做了验证，赵鹏举进行了统稿，陈卫审阅了全书，并对本书的错误提出了改正意见，邓丹枫完成了修订工作。在本书编写的过程中，特瑞硕(重庆)有限公司的王廉提供了许多宝贵的经验和建议，并提供了大量的素材，对本书的编写工作给予了大力支持及指导，在此表示感谢。

因编者水平有限，书中难免有不足之处，敬请广大读者批评指正。

编者
2020 年 11 月

目　　录

第一章　工业机器人虚拟仿真概述

工业机器人的编程主要有在线示教编程、机器人语言编程和离线编程三种方式。由于工业机器人的应用范围日益广泛且工作任务复杂程度不断增加，在线示教编程已经难以满足生产需求。离线编程可以克服在线示教编程的不足，因此受到越来越多的重视。

◆ **知识目标**

(1) 掌握工业机器人常用编程方法。

(2) 熟悉工业机器人离线编程系统的构架。

(3) 了解工业机器人离线编程系统的应用、常用的工业机器人离线编程软件、工业机器人离线编程与在线示教编程的优缺点。

◆ **能力目标**

(1) 具备下载和正确安装 RobotStudio 的能力，掌握 RobotStudio 软件操作的方法。

(2) 学会用工业机器人离线编程系统编程。

1.1　虚 拟 仿 真

工业机器人虚拟仿真利用计算机图形学技术,在专用软件环境下建立起机器人及其工作环境的几何模型,然后通过对模型的控制和操作,使用对应的规划算法在离线的情况下进行机器人轨迹规划;通过对编程结果进行三维图形动画仿真,以检验编程的正确性,最后将生成的代码传到机器人控制柜,以控制机器人运动从而完成给定任务。

工业机器人虚拟仿真系统主要由用户接口、机器人系统三维几何构型、运动学计算、轨迹规划、三维图形动态仿真、通信接口和误差校正等部分组成。

1.1.1　工业机器人编程方法

目前,应用于工业机器人的编程方法主要有 3 种。

1. 示教再现编程

示教再现编程是一项成熟的技术,它是目前大多数工业机器人的编程方式。采用这种方法时,程序编制是在机器人现场进行的。示教再现编程也称为在线示教编程,一般简称为示教编程。

2. 机器人语言编程

机器人语言编程是指采用专用的机器人语言来描述机器人运动轨迹的编程方式。目前应用于工业中的机器人语言是动作级语言和对象级语言。

3. 虚拟仿真

虚拟仿真是在专门的软件环境下,用专用或通用程序在离线情况下进行机器人轨迹规划编程的一种方法,也称为离线编程。离线编程程序通过支持软件的解释或编译产生目标程序代码,最后生成机器人路径规划数据。一些离线编程系统带有仿真功能,可以在不接触实际机器人工作环境的情况下,在三维软件中提供一个和机器人进行交互的虚拟环境。为机器人编程时,离线编程可与建立机器人应用系统同时进行。

1.1.2　虚拟仿真与在线示教编程的对比

工业机器人虚拟仿真与在线示教编程各具特点,如表 1-1 所示。

表 1-1　工业机器人虚拟仿真与在线示教编程的对比

在线示教编程	虚拟仿真
需要实际机器人系统和工作环境	需要机器人系统和工作环境的图形模型
编程时机器人停止工作	编程时不影响机器人工作
在实际系统上试验程序	通过仿真试验程序
编程的质量取决于编程者的经验	可用 CAD 方法进行最佳轨迹规划
难以实现复杂的机器人运行轨迹	可实现复杂运行轨迹的编程

虚拟仿真的优点如下：

(1) 不占用机器人的工作时间。当对机器人下一个任务进行编程时，机器人仍可在生产线上工作。

(2) 使用范围广。虚拟仿真编程系统可对机器人的各种工作对象进行编程。

(3) 便于和 CAD/CAM 系统结合，实现 CAD/CAM/Robotics 一体化。

(4) 可使用高级计算机编程语言对复杂任务进行编程。

(5) 离线编程系统便于修改机器人程序。

(6) 编程者可远离危险环境。

1.1.3　虚拟仿真编程系统结构

虚拟仿真系统是当前机器人实际应用的一个必要手段，也是开发和研究任务级规划方式的有力工具。虚拟仿真系统主要由用户接口、机器人系统三维几何构型、运动学计算、轨迹规划、三维图形动态仿真、通信接口和误差校正等部分组成。

1. 用户接口

虚拟仿真编程系统的一个关键问题是能否方便地生成三维模拟环境，便于人机交互。因此，用户接口是很重要的。工业机器人提供两个用户接口，一个用于示教编程，另一个用于语言编程，示教编程可以用示教器直接编制机器人程序，语言编程则是用机器人语言编制程序，使机器人完成给定的任务。目前两种方式已广泛地应用于工业机器人。

2. 机器人系统三维几何构型

虚拟仿真系统的一个基本功能是利用图形描述对机器人和工作单元进行仿真，这就要求对工作单元中的机器人所有的卡具、零件和刀具等进行三维实体几何构型。目前用于机器人系统三维几何构型的方法主要有结构的立体几何表示、扫描变换表示和边界表示三种。

3. 运动学计算

运动学计算是利用运动学方法在给出机器人运动参数和关节变量的情况下，计算机器人的末端位姿；或在给定末端位姿的情况下，计算机器人的关节变量值。

4. 轨迹规划

在虚拟仿真系统中，除需要对机器人的静态位置进行运动学计算之外，还需要对机器人的空间运动轨迹进行仿真。

5. 三维图形动态仿真

机器人三维图形动态仿真是虚拟仿真系统的重要组成部分，它能逼真地模拟机器人的实际工作过程，为编程者提供直观的可视图形，进而检验编程的正确性和合理性。

6. 通信接口

在虚拟仿真系统中，通信接口的作用是连接软件系统和机器人控制柜。

7. 误差校正

虚拟仿真系统中的仿真模型和实际的机器人模型之间存在误差。产生误差的原因主要是机器人本身结构上的误差、工作空间内难以准确确定物体(机器人、工件等)的相对位置和虚拟仿真系统的数字精度等。

1.1.4　虚拟仿真系统应用

工业自动化市场竞争压力日益加剧。客户在生产中要求更高的效率、更低的价格、更好的质量。在新产品生产之前花费时间检测或试运行机器人编程是行不通的，因为这样就要停止现有的生产以对新的或修改的部件进行重新编程。冒险安装制造工具和固定装置而不事先验证到达距离及工作区域已不再是首选方法，现代生产厂家在设计阶段就会对新部件的可制造性进行检查。

在产品制造之前对机器人系统进行编程，可提早开始产品生产，缩短上市时间。虚拟仿真在实际机器人安装前通过可视化解决方案来降低风险，并通过创建更加精确的路径来获得更高的部件质量。早期的机器人只具有简单的动作功能，采用固定的程序进行控制，动作适应性较差。随着机器人技术的发展及对机器人功能要求的提高，机器人已可以通过相应的程序控制完成各种工作，并具有较好的通用性。图 1-1 是川崎工业机器人虚拟仿真的应用案例。

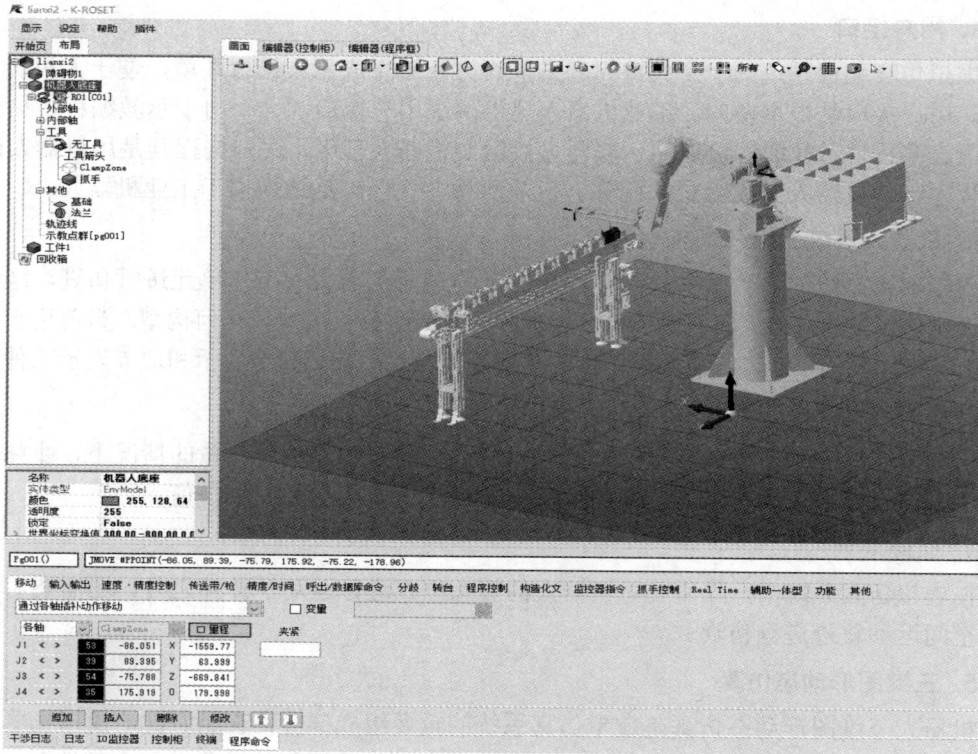

图 1-1　川崎工业机器人虚拟仿真应用案例

1.2　常用虚拟仿真软件

常用的虚拟仿真软件主要分为专用型和通用型。专用型虚拟仿真软件是机器人公司针对自身产品开发的软件，如 ABB 公司的 RobotStudio、发那科(FANUC)公司的 RobotGuide、安川(YASKAWA)电机公司的 MotoSim EG、库卡(KUKA)机器人公司的 KUKA Sim 等。通用型虚拟仿真软件可以兼容市场主流品牌的机器人，国外的软件有 RobotMaster、ROBCAD、RobotWorks、RobotMove 等；国内也有企业推动了具有自主知识产权的通用型虚拟仿真软件，如北京华航唯实公司的 RobotArt、江苏汇博公司的 RoboDK、华数机器人公司的 InteRobot 编程软件等。

1.2.1 国外通用虚拟仿真软件

1. RobotMaster

RobotMaster 是目前市面上顶级的通用型机器人虚拟仿真软件，由加拿大 Jabez 科技公司开发研制，能够兼容主流多品牌机器人，现属于美国海宝公司。RobotMaster 内置了机器人工艺路径模块、机器人仿真和代码生成等功能，大大提高了机器人的编程速度。RobotMaster 虚拟仿真软件的界面如图 1-2 所示。

图 1-2 RobotMaster 虚拟仿真软件

RobotMaster 具有以下功能：

(1) 内置通用机器人应用模块。RobotMaster 内置了机器人焊接、切割、打磨、抛光、喷涂、搬运等六大应用模块。这些模块均为机器人应用量身订制开发，尽量贴合机器人工程师和工艺工程师的编程习惯。

(2) 开放的应用平台。RobotMaster 开放了前处理接口，可以与各类第三方工艺软件实现集成，以满足多样化的编程需求。其后处理模块也开放给用户，可以对任意品牌、任意工艺进行二次开发。

(3) 良好的动态交互。RobotMaster 新颖独特的界面使用户能够轻松、直观地控制机器人，用户只要点击、拖曳机器人的手臂、轴、工具或工件就能以手动或自动方式轻松修改机器人的位置和轨迹。

(4) 过渡动作编辑。RobotMaster 全新的仿真环境为用户提供了管理不同操作间过渡的各种选择。用户能通过关节单独操纵机器人，在工件或工具框架上移动机器人，轻松改变底座、肘部或手腕配置。

(5) 简化交互方式。RobotMaster 机器人编程软件以直观的点击、拖曳界面以及大量增强的用户操作功能彻底创新了用户体验。其中，增强的部分包括点编辑、过程设置、命令和触发器。另外，新的操作列表具有范围和错误状态图标、缩短分析时间的"快速验证"选项、动态和自动范围限制显示、自定义工作坐标系参考等功能。

(6) 工作空间分析。RobotMaster 全面集成了更强大、直观的工作空间分析功能，可帮助用户迅速确定工件的最佳位置。操作简单的图形化机器人范围限制功能结合动态重算功能，可以清晰地显示空间变化对所有操作产生的全部影响。工作空间分析和图形化环境还支持导轨和回转台。

(7) 定制过程参数。新的参数窗口简化了用户过程(焊接、切割等)参数的集成。用户可以修改参数设置，定义应用的具体界面、术语和控制设置，创建、修改、全面控制整个程序、特定操作或选定点的过程参数。

RobotMaster 的优点如下：

(1) 专业。为机器人应用量身定做的路径和工艺算法，使 RobotMaster 可以轻松应用于各种机器人场景，从简单如搬运到复杂如打磨，都有专门的解决方案。RobotMaster 还拥有最专业的机器人运动学算法。举世闻名的路径优化曲线被广泛认可，成为机器人行业编程软件的标配。

(2) 开放。从搬运、涂胶，到焊接、打磨，再到雕刻、3D 打印，凡是可以应用机器人的领域，RobotMaster 几乎都可以提供支持。经过多年耕耘，RobotMaster 已经支持了超过50 个机器人品牌。

(3) 易用。RobotMaster 在设计之初就尽量减少用户鼠标点击，成就了如今最简洁、易用的机器人软件，既可作为项目调试的编程工具，也可作为销售方案的演示工具。

但此软件暂时不支持多台机器人同时模拟仿真，多机功能将于 2021 年年中发布；同时基于 MasterCAM 所做的二次开发目前是独立软件，所有工艺模块内置；价格昂贵，新版本由于不再基于 CAM 软件，价格已降至 12～25 万元(根据应用)，教育版的价格更加优惠。

2. ROBCAD

ROBCAD 是德国西门子公司推出的虚拟仿真软件，其重点是生产线仿真，支持离线点焊、多台机器人仿真、非机器人运动机构仿真，具有精确的节拍仿真功能。ROBCAD 主要应用于产品生命周期中的概念设计和结构设计两个前期阶段。图 1-3 所示为 ROBCAD 虚拟仿真软件的界面。

ROBCAD 的主要功能如下：

(1) Workcell and Modeling。ROBCAD 对白车身生产线进行设计、管理和信息控制。

(2) Spot and OLP(Off-Line Programming)。ROBCAD 可完成点焊工艺设计和离线编程。

(3) Human。ROBCAD 可实现人因工程分析。

(4) Application 中的 Paint、Arc、Laser 等模块可实现生产制造中喷涂、弧焊、激光加工、绲边等工艺的仿真验证及离线程序输出。

ROBCAD 软件的优点为与主流的 CAD 软件(如 NX、CATIA、IDEAS)无缝集成；实现工具工装、机器人和操作者的三维可视化；实现制造单元、测试以及编程的仿真。

ROBCAD 软件的缺点为价格昂贵，离线功能较弱，从 UNIX 系统移植过来的人机界面不友好。

图 1-3　ROBCAD 虚拟仿真软件

3. RobotWorks 虚拟仿真

RobotWorks 是以色列一家公司开发的机器人虚拟仿真软件，类似 RobotMaster，是基于 SolidWorks 所做的二次开发。

RobotWorks 虚拟仿真软件的主要功能如下：

(1) 全面的数据接口。RobotWorks 虚拟仿真软件可以通过 IGES、DXF、DWC、ParaSolid、Step、VDA、SAT 等标准接口进行数据转换。

(2) 强大的编程能力。从输入 CAD 数据到输出机器人加工代码只需 4 步。

① 从 SolidWorks 直接创建或直接导入其他三维 CAD 数据，选取定义好的机器人工具与要加工的工件组合成装配体。用户可以用 SolidWorks 自行创建、调用所有装配夹具和工具。

② RobotWorks 选取工具，然后直接选取曲面的边缘或者样条曲线进行加工，产生数据点。

③ 调用所需的机器人数据库，进行碰撞检查和仿真，在每个数据点均可自动修正，包括工具角度控制、引线设置、增加/减少加工点、调整切割次序、在每个点增加工艺参数。

④ RobotWorks 自动产生各种机器人代码，包括笛卡尔坐标数据、关节坐标数据、工具与坐标系数据、加工工艺等，按照工艺要求保存不同的代码。

(3) 强大的工业机器人数据库。系统支持市场上主流的大多数工业机器人，提供各大工业机器人各个型号的三维数模。

(4) 完美的仿真模拟。独特的机器人加工仿真系统可对机器人手臂、工具与工件之间的运动进行自动碰撞检查、轴超限检查，自动删除不合格路径并调整，还可以自动优化路径，减少空跑时间。

(5) 开放的可定义工艺库。系统提供了完全开放的加工工艺指令文件库。用户可以按照自己的实际需求自行定义、添加、设置独特的工艺，添加的任何指令都能输出到机器人加工数据中。

RobotWorks 软件的优点为生成轨迹方式多样，支持多种机器人，支持外部轴。但RobotWorks 基于 SolidWorks，SolidWorks 本身不带 CAM 功能，编程繁琐，机器人运动学规划策略智能化程度低。

4. RobotMove

RobotMove 是意大利一家公司开发的虚拟仿真软件，支持市面上大多数品牌的机器人，机器人加工轨迹由外部 CAM 导入。与其他软件不同的是，RobotMove 走的是私人订制路线，根据实际项目进行订制。

RobotMove 的优点为软件操作自由，功能完善，支持多台机器人仿真。其缺点为本身不带轨迹生成能力，只支持轨迹导入功能，需要借助 CATIA、UG 等 CAM 软件生成轨迹；同时，需要操作者对机器人有较为深入的理解，策略智能化程度与 RobotMaster 有较大差距。

5. DELMIA

DELMIA 是法国达索软件公司旗下的产品。DELMIA 的解决方案包括汽车领域的发动机、总装和白车身(Body-in-White)，航空领域的机身装配、维修维护，以及一般制造业的制造工艺。DELMIA 的机器人模块 ROBOTICS 是一个可伸缩的解决方案，利用强大的 PPR集成中枢快速进行机器人工作单元的建立、仿真与验证，是一个完整的、可伸缩的、柔性的解决方案。

DELMIA 软件的优点如下：

(1) 战略性生产的规划工具，在产品开发周期早期定义和分析生产流程；

(2) 协同化创新平台，贯穿整个生产的工艺流程，面向所有学科的工程人员、供应商和其他参与人员；

(3) 直觉式的三维用户界面，提高生产流程效率，降低成本，减少谬误；

(4) 专门面向用户的互联网连接，用于制造工艺流程规划的创建和协同；

(5) 对工人操作动作进行仿真，提高工人的生产效率并增强生产安全性。

但 DELMIA 属于专家型软件，操作难度高，不适宜高职学生学习，适合机器人专业硕士研究生及以上学历的学生使用；DELMIA 工业版价格高。

1.2.2　国外专用虚拟仿真软件

1. ABB RobotStudio

为实现真正的离线编程，ABB 工业机器人的虚拟仿真软件 RobotStudio 采用了

ABBVirtuaIRobot^{TM}技术。ABB 公司在十几年前就已发明了 VirtualRobot^{TM} 技术。Robot Studio 是市场上离线编程的领先产品。通过新的编程方法，ABB 公司正在世界范围内建立机器人编程标准。图 1-4 所示为 RobotStudio 虚拟仿真软件的应用案例。

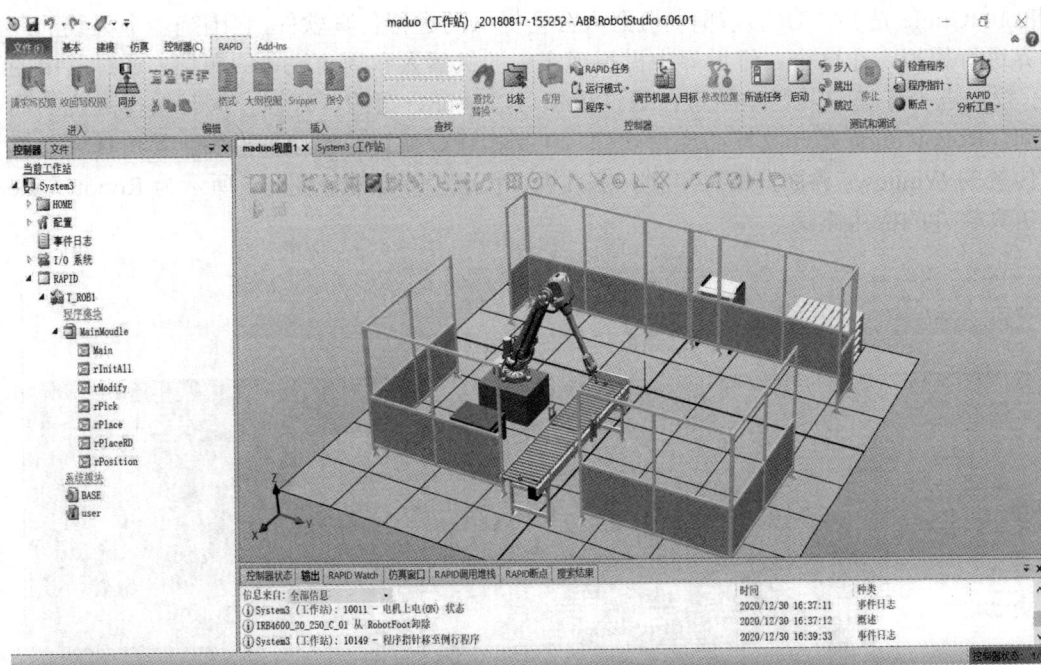

图 1-4　RobotStudio 虚拟仿真软件应用案例

在 RobotStudio 中可以实现下列主要功能：

(1) CAD 导入。RobotStudio 可轻易地以各种主要的 CAD 格式导入数据，包括 ICES、STEP、VRML、VDAFS、ACIS 和 CATIA。通过使用此类非常精确的三维模型数据，机器人程序设计员可以生成更为精确的机器人程序，从而提高产品质量。

(2) 自动路径生成。这是 RobotStudio 最节省时间的功能之一。通过使用待加工部件的 CAD 模型，可在短短几分钟内自动生成跟踪曲线所需的机器人位置，而人工执行此项任务可能需要数小时或数天。

(3) 自动分析伸展能力。利用此功能可以灵活移动机器人或工件，所有位置均可达到，因此可在短短几分钟内验证和优化工作单元布局。

(4) 碰撞检测。在 RobotStudio 中，可以验证并确认机器人在运动过程中是否与周边设备发生碰撞，以确保机器人离线编程得出程序的可用性。

(5) 在线作业。使用 RobotStudio 与真实的机器人进行连接通信，对机器人进行便捷的监控、程序修改、参数设定、文件传送及备份恢复等操作，使得调试与维护工作更轻松。

(6) 模拟仿真。根据设计在 RobotStudio 中进行工业机器人工作站的动作模拟仿真以及周期节拍设置，为工程的实施提供绝对真实的验证。

(7) 应用功能包。针对不同的应用推出功能强大的工艺功能包，将机器人与工艺应用进行有效的融合。

(8) 二次开发。提供功能强大的二次开发平台，使得机器人应用实现更多的可能，满足机器人的科研需要。

2. FANUC RobotGuide

RobotGuide 是 FANUC(发那科)机器人公司提供的虚拟仿真软件,它围绕一个离线的三维世界进行模拟，在这个三维世界中模拟现实中的机器人和周边设备的布局，通过其中的 TP 示教，进一步模拟其运动轨迹；通过模拟可以验证方案的可行性，同时获得准确的周期时间。RobotGuide 是一款核心应用软件，包括搬运、弧焊、喷涂等模块。其仿真环境界面是传统的 Windows 界面，由菜单栏、工具栏、状态栏等组成。图 1-5 所示为 RobotGuide 虚拟仿真软件的应用案例。

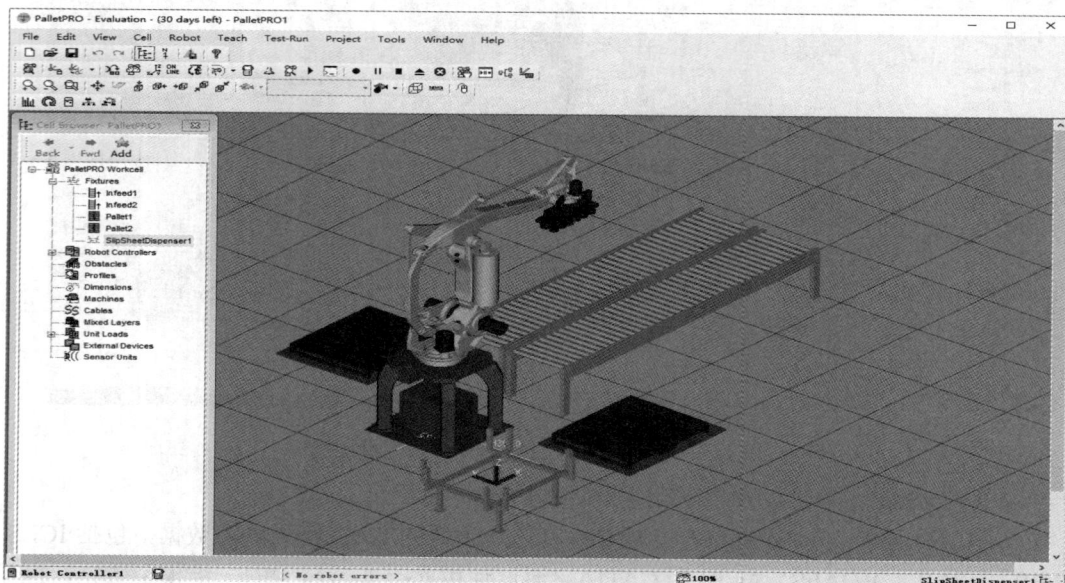

图 1-5　RobotGuide 虚拟仿真软件的应用案例

RobotGuide 的主要特点如下：

(1) 使用简单的建模函数对环境建模。RobotGuide 为工作站的设备和环境建模提供简单的建模函数，不需要特别的离线系统技巧。

(2) 准确的周期仿真。RobotGuide 可实现很高精度的周期仿真，可以仿真所有 FANUC 机器人函数。

(3) 便利的动画工具。RobotGuide 在工作场地很容易连接到真实的机器人，可使用动画可视化工具确保真实机器人中的程序已更新，也可以估计真实机器人的周期。

3. YASKAWA MotoSim EG

MotoSim EG 是一个综合性的机器人仿真软件包，它包含所有 MotoSim 中的功能，并以 HOOPS 3D 为制图引擎。由于将 HOOPS 3D 制图引擎加入 MotoSim EG，因此可以使用与主要的 CAD、CAD/CAM 产品一样的内核引擎，能够读取 HOOPS(.sf)格式的文件，而不需要额外的转化或转换。图 1-6 所示为 MotoSim EG 虚拟仿真软件的应用案例。

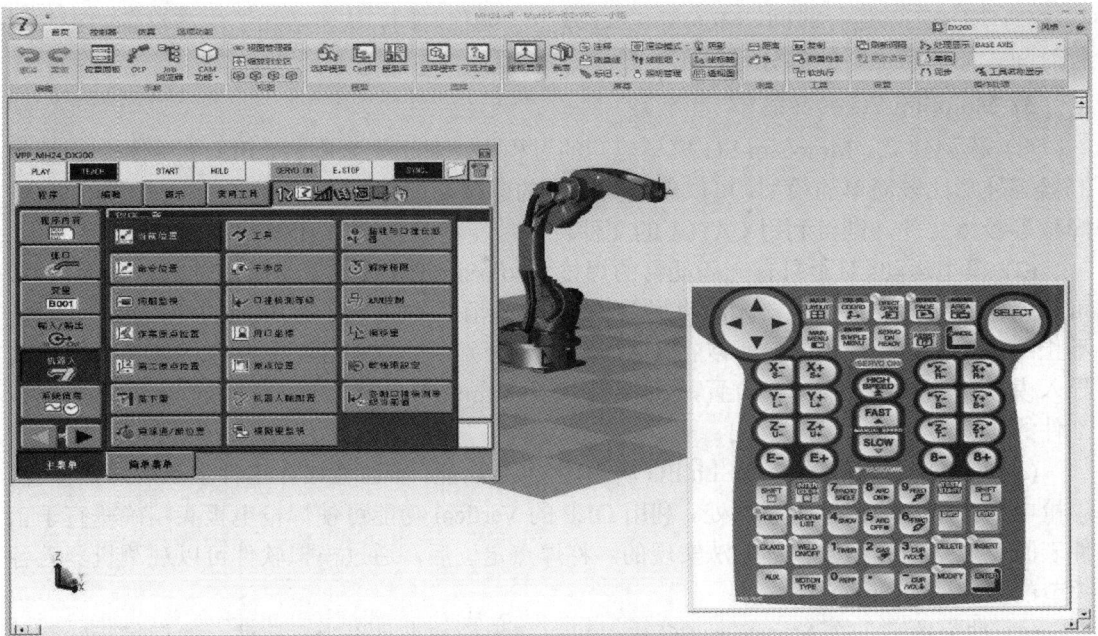

图 1-6　MotoSim EG 虚拟仿真软件的应用案例

1) MotoSim EG 的配置

(1) MotoSim EG 软件包。

① 完整版包括所有简化版的效果，还包括 PDE.、INVOATE、一个三维概念设计以及一个针对二维或三维的协作工具。

② 简化版和 MotoSim EG 完整版包含同样的软件，提供周期计算、冲突检测和到达分析。简化版供已经拥有 CAD 程序的用户使用。

(2) MotoSim EG 组件，包括采样系统单元、定位器和相关附件。

2) MotoSim EG 的特点

(1) 可视化，即允许用户观察和回放单元仿真。MotoSim EG HTML 输出文件在简化版和完整版中依赖同样的尖端技术，使得用户能够和客户或合作人分享仿真结果。

(2) 虚拟测试。MotoSim EG 的高精度允许以 PC 上的程序测试代替机器人系统上的程序测试，这就减少了机器人的断电时间。MotoSim EG 允许用户对其进行更改，从而提高系统性能；通过详细的路径计算函数绘制机器人轨迹，以简化编程。对于不平坦的表面，如直角部分或逐渐变化的形状(螺旋桨或者摩托车油箱)，可以使用 MotoSim EG 产生过渡角。MotoSim EG 允许使用者编制维持机器人工具方向的程序。

(3) 离线编程(Off-Line Programming，OLP)。MotoSim EG 具有离线编程功能，可以在 PC 上设置机器人的路径、速度和其他参数(工具中心点、用户帧、I/O 监视器)。用户可以移动虚拟机器人，通过输入数据来编制机器人程序，并且将其下载到机器人控制器。当使用 Motoman's MotoCal 软件和选择滤波器时，MotoSim EG 中的最小程序或无润色的程序可以下载到机器人控制器中。

(4) 单元布局优势。使用标准三维制图引擎的好处是能够给机器人仿真加注释并准确测量距离。产生永久测量线的功能对绘制子层过程很有帮助。

（5）增加正常运行时间。MotoSim EG 减少了编程时间，从而增加了生产设备的正常运行时间。如需增加新的部分可以在生产前离线编程。

3）MotoSim EG 的功能

（1）模型建立。MotoSim EG 模型建立的过程中，对于安全围栏、PLC 控制柜、点焊控制器等外形比较简单的模型，可以使用其本身的建模功能来制作；对于合作方提供的夹具、焊枪等数模文件，则可利用 CATIA 的文件转换功能将其转换为 HSF 格式后导入。

（2）模型运动。对于只有一条动臂的焊枪，MotoSim EG 提供了带附加轴的机器人模型，可将焊枪的动臂设置为机器人的附加轴，通过控制附加轴实现焊枪开闭的各种状态。对于不止一条动臂的焊枪夹具，可以在 CAD 软件中分别制作它们在不同状态的模型，再将其导入模拟软件并放置在同一位置，然后利用 MotoSim EG 的模型显示/隐藏功能间接地模拟工件的运动。

（3）焊点定位。利用 MotoSim EG 所带的 OLP 功能，可以直接在工件上点取焊点位置，焊枪电极头将自动定位到焊点处。利用 OLP 的 Vertical 功能可使焊枪电极头精确垂直于工件表面，这是在线示教编程无法实现的。将焊点定位后，通过模拟软件可以观测机器人各关节的脉冲值及图示。

（4）冲突检测。在 MotoSim EG 中，可以将焊枪和夹具设为目标体，然后运行冲突检测程序，软件会自动检测机器人运行过程中焊枪与夹具的干涉情况。

（5）轨迹调整与优化。在 MotoSim EG 中，当一个工位的所有焊点焊接过程模拟完毕后，通过其提供的 Playerback 功能，可以通过动画的形式直观地看到机器人在实际焊接过程中的情况，而且程序运行结束后会提供整个焊接过程所需要的时间。

4. KUKA Sim

KUKA Sim 是 KUKA 机器人公司推出的一款集成了离线仿真、周期时间分析、机器人程序编辑等功能的综合应用软件。KUKA Sim 可以实现修整、焊接、喷涂、油漆、抛光、去毛刺/修边、调配等机器人应用。图 1-7 所示为 KUKA Sim 虚拟仿真软件的应用案例。

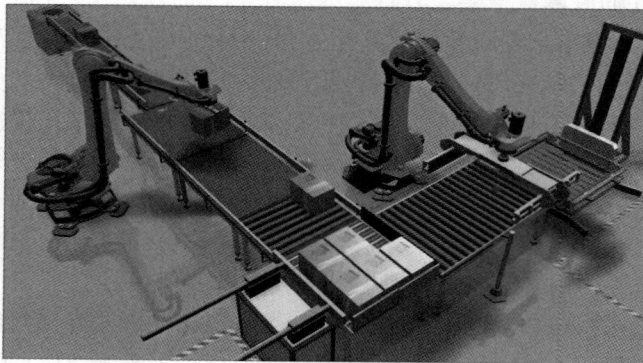

图 1-7　KUKA Sim 虚拟仿真软件的应用案例

1）KUKA Sim 的主要组成

（1）KUKA Sim Viewer：可对仿真结果进行最佳显示。

（2）KUKA Sim Layout：可以生成 KUKA 机器人系统的三维布局，并进行仿真和工作流程检查；可以快速生成和比较不同的布局、设备选择、机器人任务。

(3) KUKA Sim Pro：专为 KUKA 机器人离线编程而开发，可以与虚拟 KUKA 机器人控制器实时连接，进行周期分析，并生成机器人程序；可用来建立 KUKA Sim Pro 和 KUKA Sim Layout 的参变量部件。

(4) KUKA OfficeLite：KUKA OfficeLite 可以在任何 PC 上离线创建和优化 KUKA 机器人程序。KUKA OfficeLite 实际上与标准 KRC(库卡机器人控制系统)软件相同。

2) KUKA Sim 的主要功能

(1) 调整。可以使用过滤器将 CAD 数据从其他系统载入或者借助 KUKA Sim Pro 的 CAD 工具自己创建部件。

KUKA Sim Pro 可生成夹具、焊枪以及其他运动结构；可以使用 KUKA Sim Pro 提供的大量组件或者从网上下载模型；为客户提供网络空间，使客户之间可以相互分享组件。

KUKA Sim Pro 提供的组件是按参数设计的。例如，可以加入一个防护栏并根据需要调整其高度和宽度，这种模块化模型避免了用 CAD 重新绘制组件的麻烦，从而节省了大量时间。

(2) 仿真。可以为机器人编制动作程序并模拟机器人移动，这样就可以清楚地掌握机器人程序的进程和相应的设计方案；配合碰撞探测器，可以确保机器人运动目标的可到达性，检查可能出现的碰撞，以生成最优的机器人程序和布局图；可以建立机器人运动序列和概念思想，因为周期时间和机器人动作轨迹不精确，所以可使用与 KUKA OfficeLite 的实时连接；可以模拟夹具、焊枪以及其他运动结构；推/拉输送系统和均速输送系统均可在 KUKA Sim Pro 中模拟。

(3) 通信。完成布局图设计后，可将其发给客户，用 KUKA Sim Viewer 进行浏览。布局图文件经过压缩后文件很小，因此可轻松通过电子邮件发送。

(4) 离线编程。借助虚拟机器人控制系统 KUKA OfficeLite 可在 KRL(库卡机器人编程语言)内直接编写机器人程序，这样就省去了后续处理程序的时间。在"现场"生成的机器人程序可一比一导入 KUKA OfficeLite，这样就可以在 KUKA Sim Pro 中验证程序。

KUKA Sim Pro 实时与虚拟控制系统 KUKA OfficeLite 连接。该软件与真正在 KUKA 机器人控制系统上运行的软件几乎完全相同。这样，可预先精确得知周期时间。

1.2.3 自主品牌虚拟仿真软件

1. RobotArt

RobotArt 是北京华航唯实公司推出的自主品牌虚拟仿真软件。正式推出后，彻底打破了国外软件垄断的局面，大大降低了国内机器人应用的成本，为国内机器人应用提供了更好的服务。

RobotArt 虚拟仿真系统的基本原理是根据几何数模的拓扑信息生成机器人运动轨迹，集成处理轨迹仿真、路径优化和后置代码，同时集碰撞检测、场景渲染、动画输出于一体，可快速生成效果逼真的模拟动画。目前，RobotArt 在打磨、去毛刺、焊接、激光切割、数控加工等领域有着广泛的应用。图 1-8 所示为 RobotArt 虚拟仿真软件的应用案例。

RobotArt 虚拟仿真软件的主要功能如下：

(1) 支持多种格式的三维 CAD 模型，可导入扩展名为 step、igs、stl、x_t、prt(UG)、

prt(ProE)、CATPart、sldpart 等格式的文件。

（2）支持多种品牌工业机器人离线编程操作，如 ABB、KUKA、FANUC、YASKAWA、Staubli、KEBA 系列、新时达、广数等。

（3）自动识别与搜索 CAD 模型的点、线、面信息生成轨迹。

（4）轨迹与 CAD 模型特征关联，模型移动或变形时轨迹自动变化。

（5）一键优化轨迹与几何级别的碰撞检测。

（6）支持多种工艺包，如切割、焊接、喷涂、去毛刺、数控加工。

（7）支持将整个工作站仿真动画发布到网页、手机端。

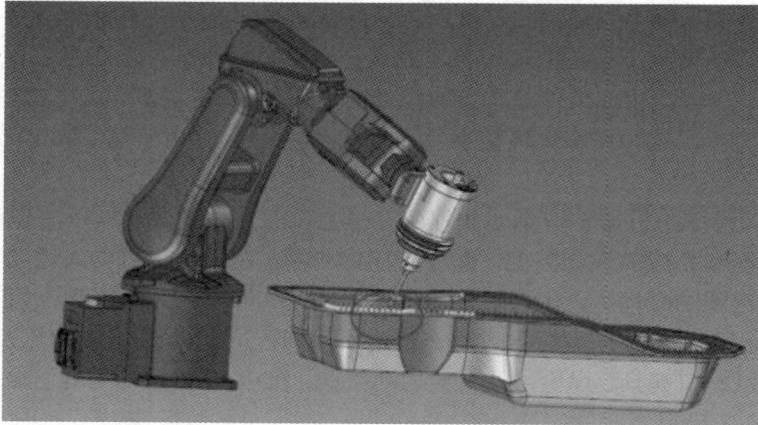

图 1-8　RobotArt 虚拟仿真软件的应用案例

2. RoboDK

RoboDK 是江苏汇博公司推出的自主品牌虚拟仿真软件。RoboDK 能够兼容多品牌机器人，主要具有以下功能：

（1）支持多种品牌机器人。RoboDK 支持 ABB、KUKA、FANUC、安川电机、川崎、史陶比尔、UR、柯马、汇博、埃伏特、广州数控等多种品牌机器人的离线仿真，现在正在不断更新机器人模型到模型库中。RoboDK 具有可扩展机器人关节的外部轴模型和不同品牌的机器人工具模型。

（2）离线仿真功能。RoboDK 最主要的功能就是离线仿真。仿真人员可以导入精确的工作站三维模型数据，根据工作站的工作流程，创建、编辑仿真程序，主要包括坐标系和目标点的创建，以及程序轨迹规划；运行仿真程序，在虚拟环境中真实模拟实际工作站的工作流程，从而可以判断工作站布局是否合理、节拍是否能达到要求等。

（3）碰撞检测功能。RoboDK 能够对机器人及其外部设备进行碰撞检测，判断机器人程序运行轨迹是否合理，从而减少实际工作过程中发生碰撞的可能。

（4）生成离线程序功能。RoboDK 通过 Python API 扩展后处理器，可以直接生成对应品牌机器人的离线程序。

（5）基于 Python API 的 RoboDK 离线仿真功能。RoboDK 具有 Python 扩展 API 功能。RoboDK 可以通过 Python 实现机器人的离线仿真功能，基于 Python API 的 RoboDK 离线仿真具有更强大的功能，能够针对更多、更复杂的应用进行机器人离线仿真。Python 是一种非常容易上手的语言，且功能强大。

（6）机器人运动学建模功能。RoboDK 提供机器人运动学建模功能。在相应机器人三维模型数据基础上，可以通过 RoboDK 机器人运动学建模功能，实现机器人的运动学建模。

（7）机器人参数标定功能。RoboDK 可以通过激光跟踪传感器或立体摄像机，获得机器人的相关数据，得到机器人的性能精度报告，且能够对机器人参数进行标定；支持 ISO 9283 标准下的位置精度、重复精度、轨迹精度等测试。

（8）丰富的实例库。RoboDK 拥有丰富的实例库，可以为教学和工业领域的应用提供案例和教程。

1.3　虚拟仿真软件 RobotStudio

由于工业机器人系统精密、昂贵、复杂且危险性大，为保证人身和设备安全，初学者操作设备前应该在虚拟机器人上熟悉各项操作。市场占比较高的 ABB、KUKA、安川电机、发那科等企业均有自己专属的虚拟机器人软件。RobotStudio 是 ABB 公司的工业机器人虚拟仿真软件，可以在电脑上生成虚拟的机器人系统。RobotStudio 软件的功能很强大，即使没有真实的机器人也能学习，可以编写一些简单的动作控制程序在虚拟示教器或软件里仿真运行，帮助操作人员掌握机器人的操作和程序调试方法。

1.3.1　安装 RobotStudio

（1）下载 RobotStudio。打开 ABB 公司中国官方网站 www.abb.com.cn，单击"产品指南"，找到页面中"机器人技术"栏目，单击"软件"，在打开的页面中单击"下载 RobotStudio 软件"，如图 1-9 所示。

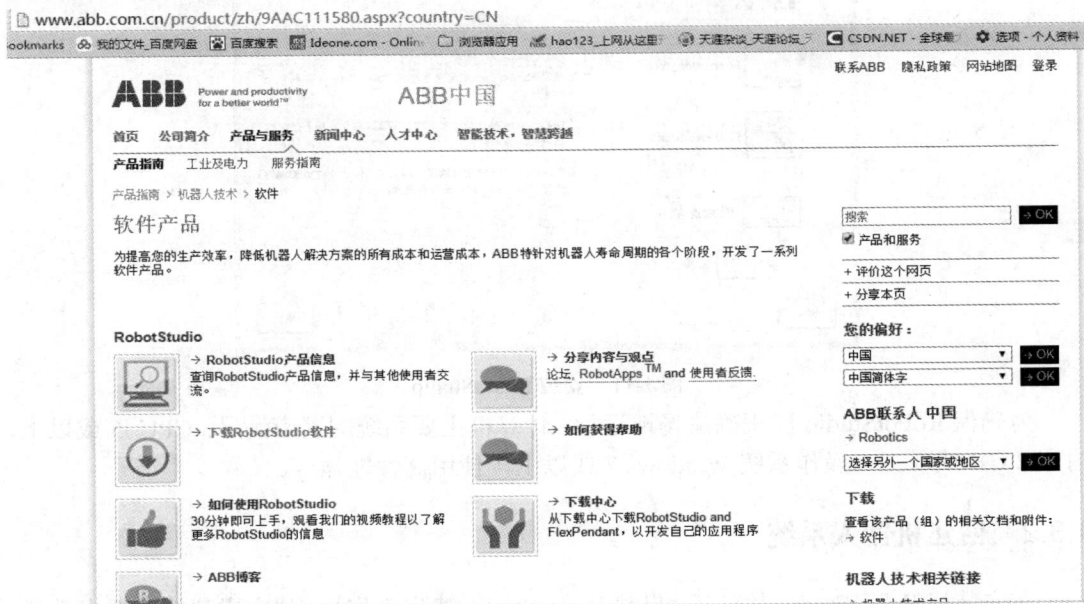

图 1-9　RobotStudio 下载网页

　　然后在页面中单击"RobotStudio"按钮下载软件，如图 1-10 所示。

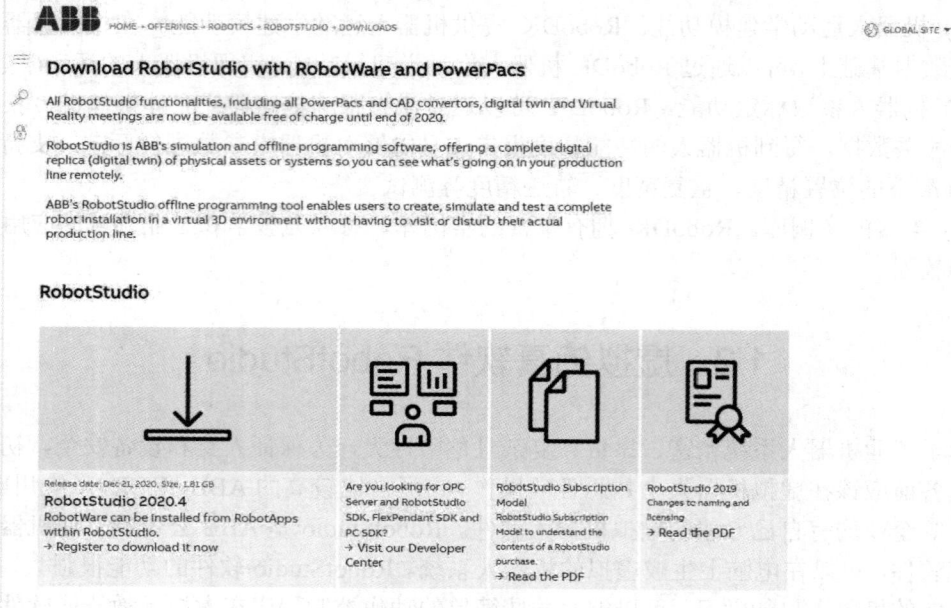

图 1-10　RobotStudio 下载链接

　　(2) 安装 RobotStudio。把下载的压缩文件解压后，双击运行其中的"Launch.exe"文件开始安装。选择语言为"Chinese(PRC)"，然后单击"安装产品"，依次单击"RobotWare""RobotStudio"进行安装，如图 1-11 所示。

图 1-11　安装 RobotStudio

　　为确保 RobotStudio 能正确流畅地运行，计算机主要系统配置应满足：CPU i5 或以上、内存 2 GB 或以上、操作系统 Windows 7 或以上，使用高性能显卡。

1.3.2　创建机器人系统

　　在安装好 RobotStudio 软件后，启动 RobotStudio 建立工作站、建立虚拟的机器人系统，以便练习使用示教器和程序编写。

(1) 创建工作站。启动 RobotStudio，单击创建"空工作站"，如图 1-12 所示。

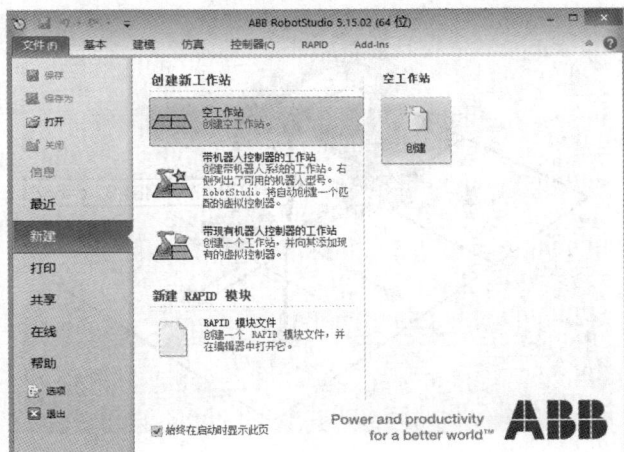

图 1-12　创建 RobotStudio 空工作站

(2) 导入机器人。单击"基本"功能选项卡下的"ABB 模型库"，选择其中的"IRB 2600"机器人。

(3) 添加工具和工件。单击展开"基本"功能选项卡下的"导入模型库"，再单击"设备"，单击"Tools"下的"AW_Gun_PSF_25"添加工具到左侧布局框，然后单击"Training Objects"下的"Curve Thing"添加工件。

(4) 安装工具。右键单击"布局"栏里的"AW_Gun_PSF_25"，从右键弹出菜单中选择"安装到"→"IRB2600_12_165_01"，或者用鼠标左键把"AW_Gun_PSF_25"工具拖到"IRB2600_12_165_01"上，在弹出的"更新位置"对话框中选择"是"。这样就完成了机器人和工具模型的安装，如图 1-13 所示。

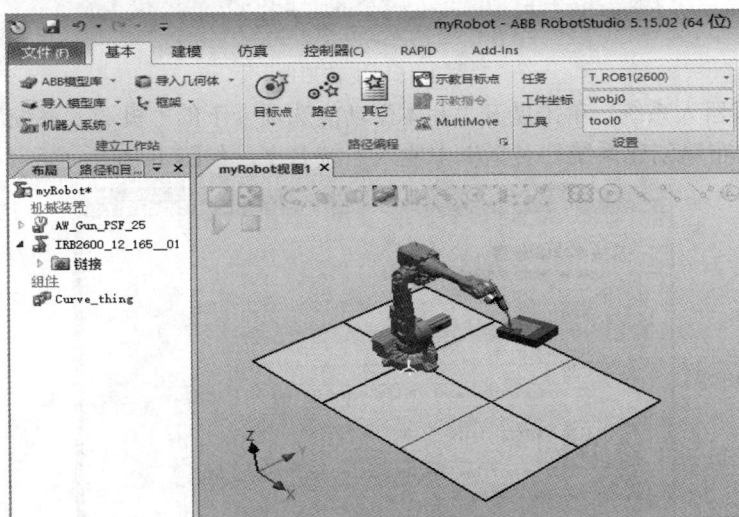

图 1-13　安装工具模型

(5) 调整工件位置。在左侧"布局"栏中选中"Curve_thing"，单击 RobotStudio 的移

动图标 ，在如图 1-14 所示的三个方向上拖动工件；同理，单击旋转图标 ，可以在如图 1-15 所示的三个方向上旋转工件。拖动并旋转，直到工件位置调整完成。

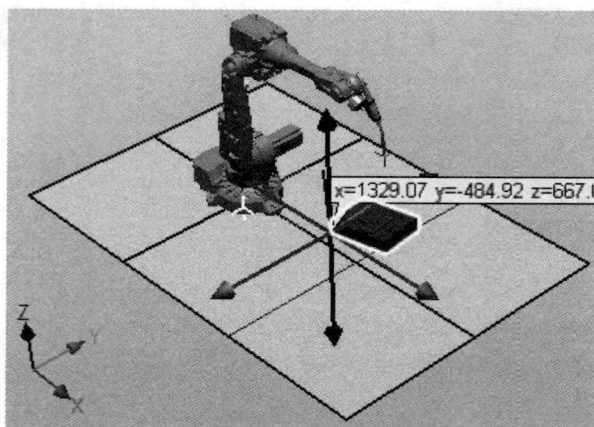

图 1-14　移动工件

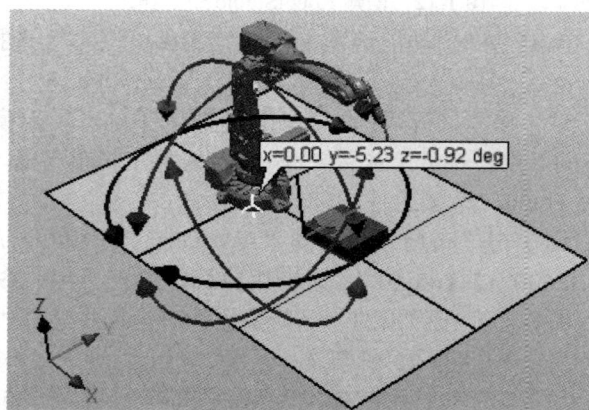

图 1-15　旋转工件

(6) 创建机器人系统。单击展开"基本"功能选项卡下的"机器人系统"，单击"从布局…"，在"从布局创建系统"对话框中输入系统名字，如图 1-16 所示。

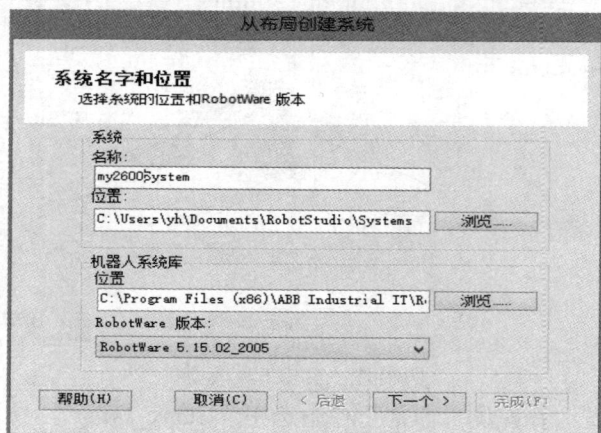

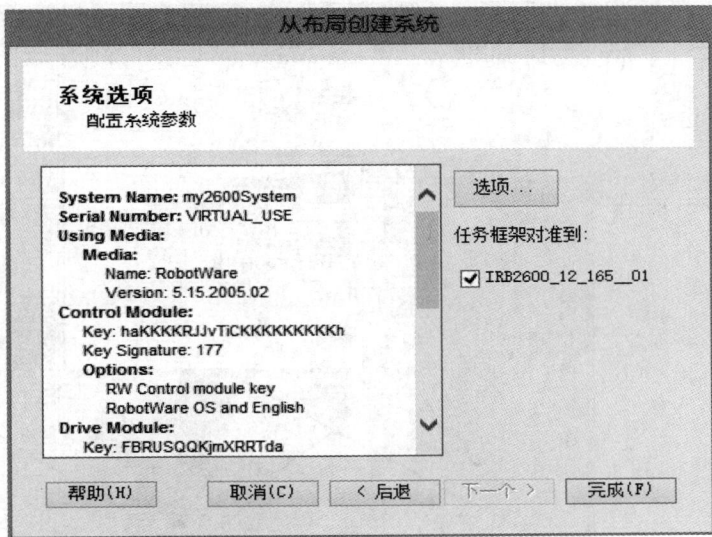

图 1-16　"从布局创建系统"对话框

然后单击"下一个"按钮，直到出现如图 1-16 右侧所示界面，单击"选项…"按钮，在"更改选项"对话框中勾选"644-5""709-x""840-2"，支持示教器中文菜单和给机器人系统提供相关硬件支持，如图 1-17 所示。

图 1-17　勾选支持选项对话框

接着单击"确定""完成"按钮完成虚拟系统的添加，最后选择"文件"→"保存"，保存系统。

1.3.3　设置示教器中文界面

单击"控制器"功能选项卡，展开"示教器"，如图 1-18 所示。

图 1-18　展开"示教器"

点选"虚拟示教器",打开虚拟示教器界面,如图 1-19 所示。

图 1-19　打开的虚拟示教器

虚拟示教器的布局、界面与实际产品完全相同。单击示教器右侧中部旋钮旁的钥匙开关,切换到中间的手动模式,如图 1-20 所示。

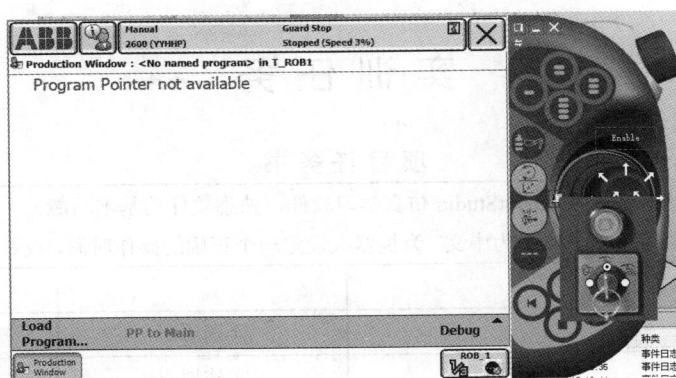

图 1-20　虚拟示教器屏幕

单击示教器左上方红色的"ABB"按钮，再单击"Control Panel"→"Language"，选择"Chinese"，然后单击"OK"→"Yes"确认，如图 1-21 所示。

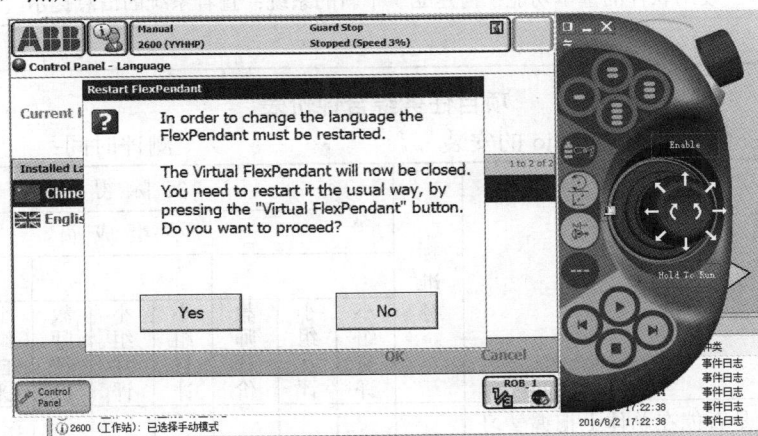

图 1-21　设置虚拟示教器中文界面

单击"Yes"并重新启动后，可进入中文操作界面，如图 1-22 所示。

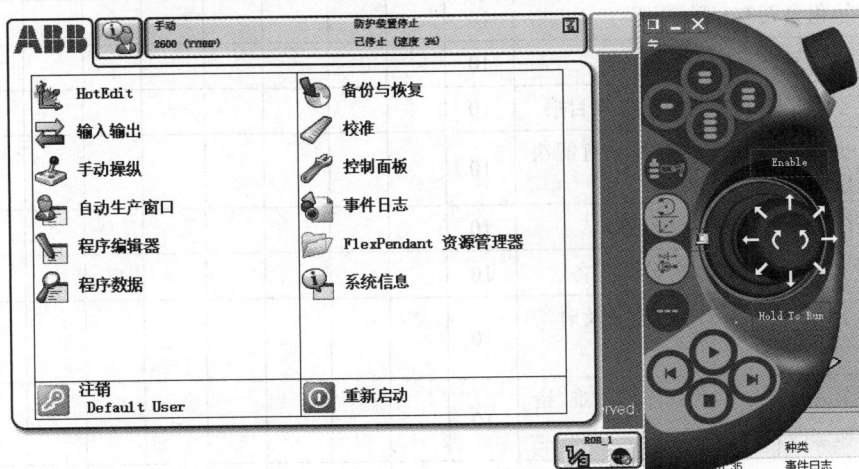

图 1-22　虚拟示教器中文操作界面

✦✦✦ 实 训 任 务 ✦✦✦

项 目 任 务 书

任务名称	下载并安装 RobotStudio 仿真学习软件，熟悉软件的基本功能。 设定示教器语言为中文，为机器人设定一个正确的操作时间，查看系统的信息提示		
小组成员			
指导老师		计划用时	
实施时间		实施地点	
任务内容与目标			
1. 运行 RobotStudio 仿真学习软件。2. 使用软件的基本功能。3. 练习软件的基本操作步骤			
考核项目	使用软件的基本功能；何建立一个新的系统；查看系统的信息提示		
备注			

项目任务综合评价表

任务名称：熟悉 RobotStudio 的安装　　　　　　　测评时间：　　年　月　日

考 核 明 细		标准分	实 际 得 分								
			小 组 成 员								
			小组自评	小组互评	教师评价	小组自评	小组互评	教师评价	小组自评	小组互评	教师评价
团队 (60分)	小组是否能在总体上把握学习目标与进度	10									
	小组是否分工明确	10									
	小组是否有互助意识	10									
	小组是否有创新想(做)法	10									
	小组是否如实完成任务项目书	10									
	小组是否存在问题和具有解决问题的方案	10									
个人 (40分)	个人是否服从团队安排	10									
	个人是否完成团队分配任务	10									
	个人是否能与团队成员及时沟通和交流	10									
	个人是否能够认真描述困难、错误和修改内容	10									
合计		100									

第二章 工业机器人仿真基本操作

工业机器人仿真的基本操作主要包括：工业机器人模型的选择和导入，工业机器人周边模型的放置，工业机器人系统建立与手动操作，工件坐标与轨迹程序的创建，工作站系统仿真运行与视频录制。通过工业机器人仿真基本操作的学习，可以完成一个工业机器人基本工作站的创建。工业机器人典型应用工作站的创建流程与基本工作站的创建流程是一样的，但增加了更多的外部设备，比基本工作站复杂。

◆ **知识目标**

(1) 掌握工业机器人系统建立的方法，掌握工业机器人手动操作的方法。

(2) 熟悉工业机器人模型的选择和导入方法，熟悉工作站系统仿真运行与视频录制的方法。

(3) 了解 RobotStudio 虚拟仿真软件的界面和各菜单的功能，了解工业机器人周边模型的放置方法。

◆ **能力目标**

(1) 具备创建工业机器人工作站的能力，具备使用 RobotStudio 虚拟仿真软件完成基本操作的能力。

(2) 学会工业机器人工件坐标与轨迹程序的创建方法。

2.1　工业机器人模型的选择和导入

在实际应用中,要根据机器人工作任务(主要考虑机器人抓取或者操作对象的重量及工作范围)、工作环境、安全防护等级等方面的具体要求,确定承重能力及到达距离等,进而选定机器人的型号。每种机器人的具体技术参数可以参考机器人随机光盘或者官方网站。本章使用的机器人为 IRB 2600 型,后续内容均依此型号机器人模型开展。

2.1.1　RobotStudio 软件基本介绍

RobotStudio 是 ABB 公司推出的工业机器人虚拟仿真软件,该软件采用了 ABB VirtualRobot^{TM} 技术,是市场上虚拟仿真的领先产品。本书使用的虚拟仿真软件版本为 RobotStudio 6.06.01,书中的案例在 6.06.01 以下版本中可能无法正常打开或使用,如软件版本低,则需更新软件。RobotStudio 的主界面如图 2-1 所示。

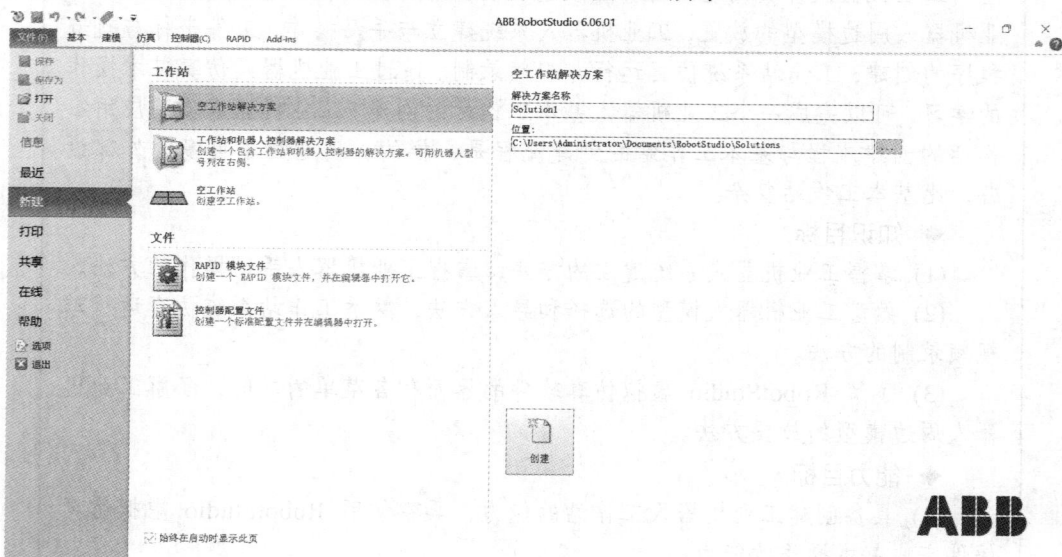

图 2-1　RobotStudio 的主界面

RobotStudio 的主菜单包括文件(F)、基本、建模、仿真、控制器(C)、RAPID、Add-Ins 等 7 个功能选项卡,如图 2-2 所示。

图 2-2　RobotStudio 的主菜单

1.“文件”功能选项卡

“文件”功能选项卡主要用于文件级别操作,包含保存、新建、打印、共享、在线和帮助等 13 个选项,如图 2-3 所示。

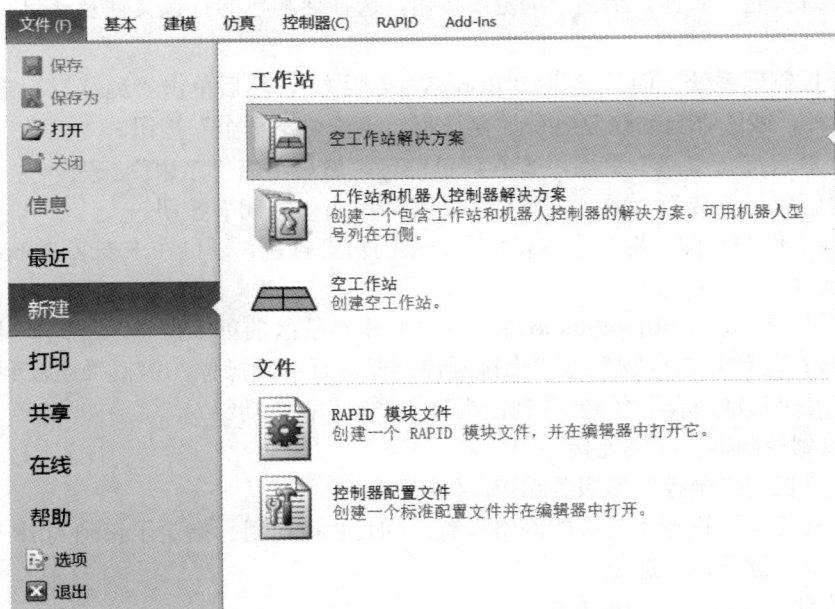

图 2-3　"文件"功能选项卡

(1) 保存为：将创建的工作站另存到指定位置。单击"文件"功能选项卡中的"保存为"选项，即可将创建的工作站保存在指定位置。

(2) 打开：打开已经创建的工作站。

(3) 关闭：关闭已经打开的工作站。

(4) 信息：提供关于当前打开的工作站的信息。

(5) 最近：提供最近打开过的工作站列表。单击列表条目即可打开相应的工作站。

(6) 新建：创建新的工作站，并给新工作站进行命名和设置存放位置。新建工作站的方式有"空工作站解决方案""工作站和机器人控制器解决方案""空工作站"，具体的应用任务应根据需求选择不同的创建方式。

(7) 打印：打印已创建的工作站。

(8) 共享：与其他人共享工作站数据，包含"打包""解包""保存工作站画面""内容共享" 4 个选项。

① 打包，在与其他人分享数据的情况下，可以将工作站打包分享给其他人，具体流程如下：

a. 单击"打包"按钮，打开"打包"对话框。

b. 输入数据包名称，然后浏览并选择数据包的位置。

c. 选择"用密码保护数据包"。

d. 在"密码"框输入密码以保护数据包。

e. 单击"确定"按钮。

② 解包，在与其他人分享数据的情况下，将其他人分享的打包工作站解包，具体流程如下：

a. 单击"解包"按钮以打开"解包"向导，再单击"下一个"按钮。

b. 在"选择包"页面，单击"浏览"按钮，选择要解包的打包文件及解包目录，再单击"下一个"按钮。

c. 在"控制器系统页面"，选择"RobotWare 版本"，然后单击"浏览"按钮，选择到媒体库的路径，或选择自动恢复备份的复选框，单击"下一个"按钮。

d. 在"解包准备就绪"页面，查看解包信息，然后单击"结束"按钮。

e. 在"解包已完成"页面，查看结果，然后单击"关闭"按钮。

③ 保存工作站画面，将工作站和所有记录的仿真打包，以供在未安装 RobotStudio 的计算机上查看。

④ 内容共享，访问 RobotStudio 库、插件和来自社区的更多信息，与他人共享内容。

(9) 在线：将计算机以物理方式连接到控制器进行在线操作，包括"连接到控制器""创建并使用控制器列表""创建并制作机器人系统"3 个功能。

① 连接到控制器：一键连接。

a. 将计算机连接至控制器服务端口。

b. 确认计算机上进行了正确的网络设置。DHCP 被起用，指定了正确的 IP 地址。

c. 单击"一键连接"选项。

② 连接到控制器：添加控制器。

a. 单击"添加控制器"选项，打开"添加控制器"对话框，其中列出了所有可用的控制器。

b. 若该控制器未显示在列表中，则在"IP Address"(IP 地址)框中输入 IP 地址，然后单击"刷新"(Refresh)按钮。

c. 在列表中选择控制器，单击"确定"按钮，将计算机连接至控制器服务端口。

③ 创建并使用控制器列表：导入一组控制器并将它们相连。

a. 单击"导入控制器"选项，打开一个对话框。

b. 浏览要选择的控制器。

c. 单击"确定"按钮。

④ 创建并使用控制器列表：导出控制器，在文件中存储当前已连接的控制器。

(10) 帮助：RobotStudio 提供了必要的帮助，主要包括支持(在线社区、开发者中心和管理授权)、文档(帮助文档)、RobotStudio 新闻等。

(11) 选项：包括概述、机器人、在线、图形、仿真等选项，主要是对 RobotStudio 进行相应的设置，具体设置这里不再赘述，详情可参阅相关使用手册。

2."基本"功能选项卡

"基本"功能选项卡主要用于创建工作站系统，即创建系统、建立工作站、路径编程、设置和摆放物体等，包括"建立工作站""路径编程""设置""控制器""Freehand"和"图形"选项组，如图 2-4 所示。

图 2-4　"基本"功能选项卡

3．"建模"功能选项卡

"建模"功能选项卡主要用于创建及分组组件、创建部件、测量以及进行与 CAD 相关的操作，包括"创建""CAD 操作""测量""Freehand"和"机械"选项组，如图 2-5 所示。

图 2-5　"建模"功能选项卡

4．"仿真"功能选项卡

"仿真"功能选项卡主要用于创建、配置、控制、监控和记录仿真，具体包括"碰撞监控""配置""仿真控制""监控""信号分析器"和"录制短片"选项组，如图 2-6 所示。

图 2-6　"仿真"功能选项卡

5．"控制器"功能选项卡

"控制器"功能选项卡主要用于管理真实控制器(IRC5)，以及虚拟控制器(VC)的同步、配置和任务分配，包括"进入""控制器工具""配置""虚拟控制器"和"传送"选项组，如图 2-7 所示。

图 2-7　"控制器"功能选项卡

该功能选项卡可以实现如下功能：

(1) 添加控制器：使用"进入"选项组中的"添加控制器"选项，可以连接到真实或虚拟控制器，主要有以下两种方法：

① 一键连接。

② 添加控制器。

该操作方法与前述"文件"功能选项卡的"在线"选项中添加控制器的方法一致，在此不再赘述。

(2) 启动虚拟控制器：使用给定的系统路径可以启动和停止虚拟控制器，而无须工作站。启动步骤分为如下三步：

① 启动虚拟控制器。在系统库下拉列表中，指定计算机上用于存储所需虚拟控制器系统的位置和文件夹。向此列表中添加文件夹，可单击"添加"按钮，然后找到并选择要添加的文件夹。要删除列表中的文件夹可单击"删除"按钮。

② 系统表列出了在所选系统文件夹中发现的虚拟控制器系统。单击选择某个系统，即可启动该系统。

③ 选中所需的复选框。

复选框有以下三个：

a. 重置系统，使用当前系统和默认设置启动虚拟控制器(VC)。

b. 本地登录。

c. 自动分配写访问权限。

(3) 事件日志：可以查看有关此事件的简要说明。

① 打开事件日志，每个事件的严重程度都由其背景色指明：蓝色表示说明；黄色表示警告；红色表示需要纠正才能继续工作的错误。

② 在默认情况下，"自动更新"复选框处于被选中状态，因此所发生的新事件都会显示。若清除此复选框的复选标记，将禁用自动更新。若再次选中它，系统将获取并显示此复选框未被选中期间所错过的事件。

③ 可以按照所显示细节中的任何文本或事件类别对事件日志列表进行过滤。按照任何所需的文本对列表进行过滤，应在文本框中指定内容。按照事件类别进行过滤，应使用"类别"下拉列表。

(4) I/O 系统：可以查看并设置输入/输出信号。

(5) 配置：主要是对通信、控制器、I/O 系统、人机通信、动作等进行配置。

6. RAPID 功能选项卡

RAPID 功能选项卡主要是对 RAPID 程序进行操作，包括 RAPID 程序编辑、RAPID 文件管理以及用于 RAPID 程序编程的其他控件，如图 2-8 所示。

图 2-8　RAPID 功能选项卡

7. Add-Ins 功能选项卡

Add-Ins 功能选项卡包括 PowerPacs 和已安装的数据包 RobotWare 等，如图 2-9 所示。

图 2-9　Add-Ins 功能选项卡

2.1.2 RobotStudio 默认界面的恢复

初学 RobotStudio 软件时，经常会遇到因误操作而关闭软件默认布局和窗口的情况，从而无法找到对应的操作对象和查看相关的信息。RobotStudio 主窗口如图 2-10 所示。

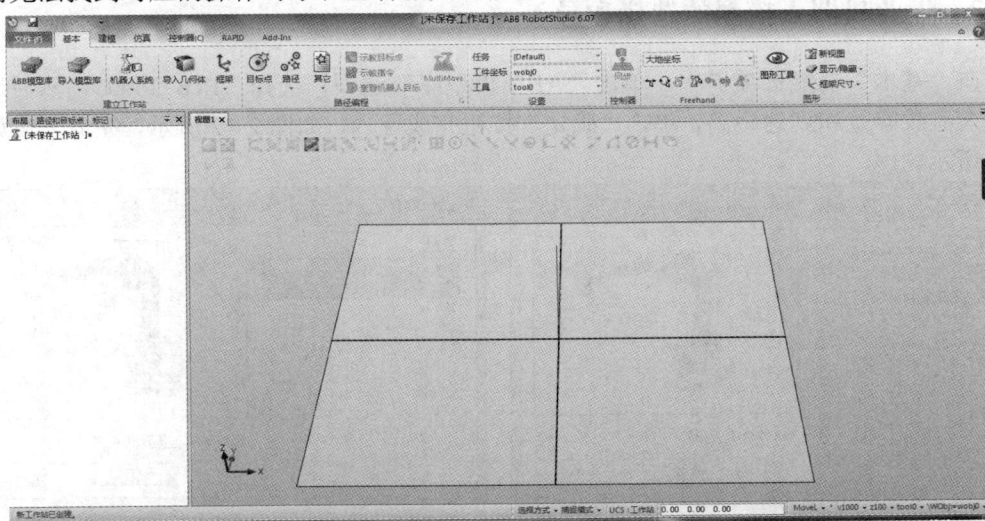

图 2-10 RobotStudio 主窗口

1. 恢复默认布局的操作方法

(1) 在标题栏单击"自定义快速工具栏"。

(2) 选择"窗口布局"中的"默认布局"，如图 2-11 所示。

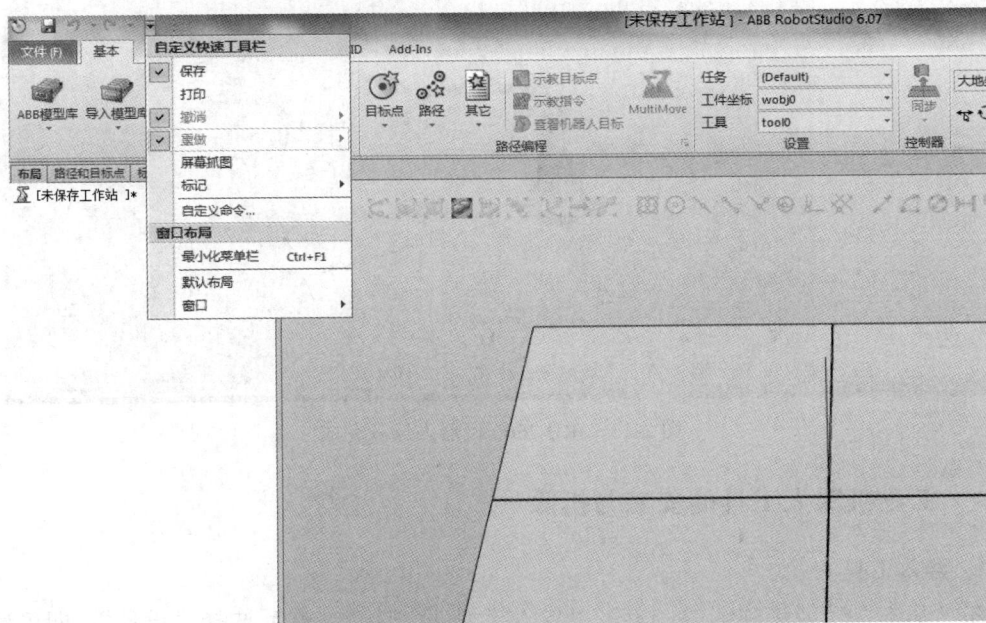

图 2-11 恢复默认布局和窗口的操作方法

2. 恢复窗口的操作方法

(1) 在标题栏单击"自定义快速工具栏"。

(2) 选择"窗口布局"中的"窗口",如图 2-11 所示。

2.1.3　工业机器人模型的选择和导入

在"基本"功能选项卡中,单击"ABB 模型库"选项,选择"IRB 2600",然后选择机器人荷载容量和到达距离,单击"确定"按钮完成导入,如图 2-12 所示,完成之后如图 2-13 所示。

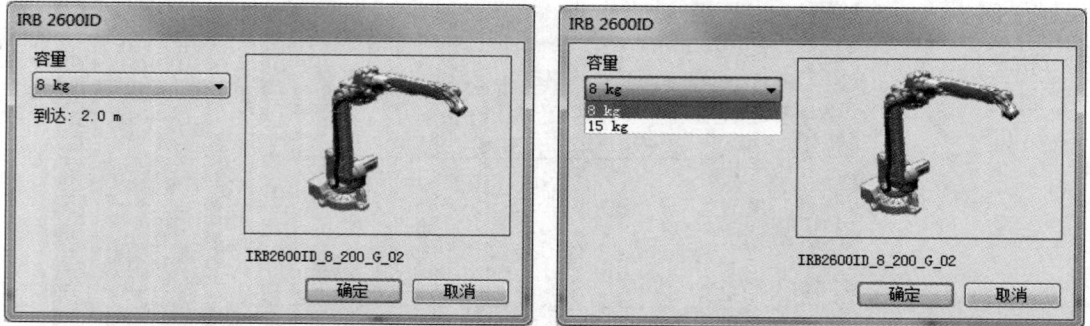

(a) 选择到达距离　　　　　　　　　　　　(b) 选择荷载容量

图 2-12　选择机器人 IRB 2600 的荷载容量和到达距离

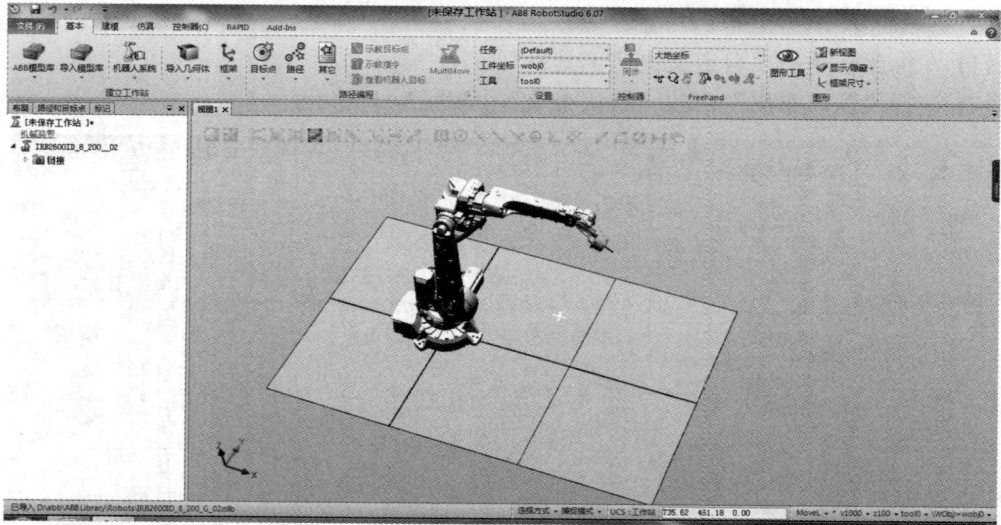

图 2-13　IRB 2600 机器人导入完成

2.1.4　工业机器人工具的安装与拆除

1. 导入工具

在"基本"功能选项卡中,单击"导入模型库"选项,然后选择"设备",即可选择要导入的工具,本节中的工具可以选用"AW Gun PSF 25",具体过程如图 2-14 所示。

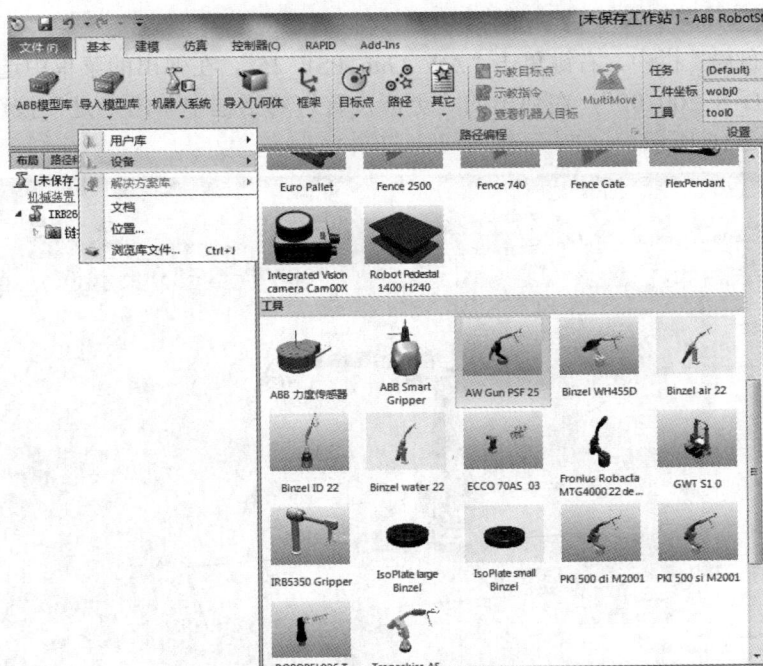

图 2-14　导入机器人所用工具"AW Gun PSF 25"

2. 安装工具

1) 拖移安装法

在左侧"布局"栏中，单击选中"AW_Gun_PSF_25"并持续按下鼠标左键，将其拖到"IRB2600ID_8_200_02"上松开，在弹出的"更新位置"对话框中单击"是"按钮即可完成工具安装，如图 2-15 所示。

图 2-15　拖移安装法

2) 右键安装法

在左侧"布局"栏中，右键单击"AW_Gun_PSF_25"，在弹出的菜单中选择"安装到"→"IRB2600ID_8_200_02"，在弹出的"更新位置"对话框中单击"是"按钮即可完成工具安装，如图 2-16 所示。

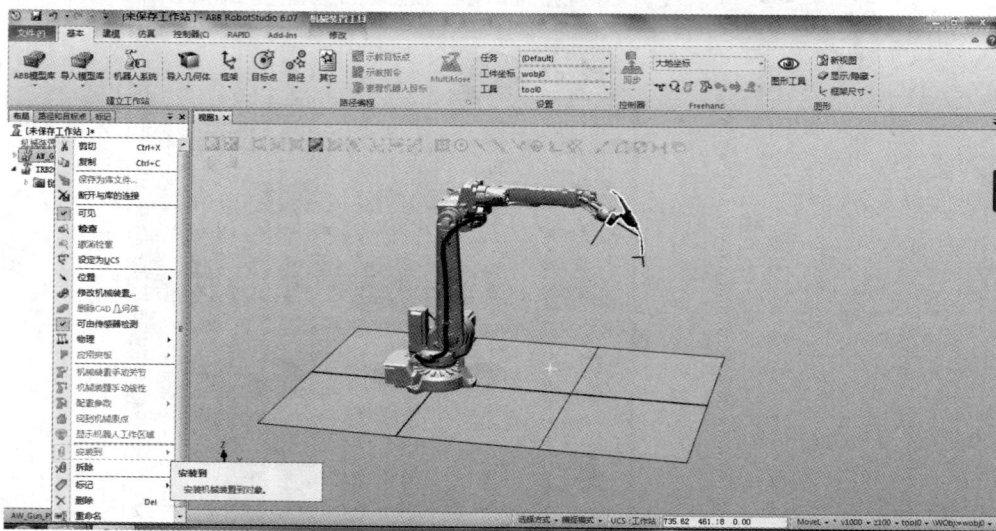

图 2-16　右键安装法

3. 拆除工具

拆除工具可使用右键菜单法，具体操作为：在左侧"布局"栏中，右键单击"AW_Gun_PSF_25"，在弹出的菜单中选择"拆除"，在弹出的"更新位置"对话框中单击"是"按钮即可完成工具的拆除，如图 2-17 所示。

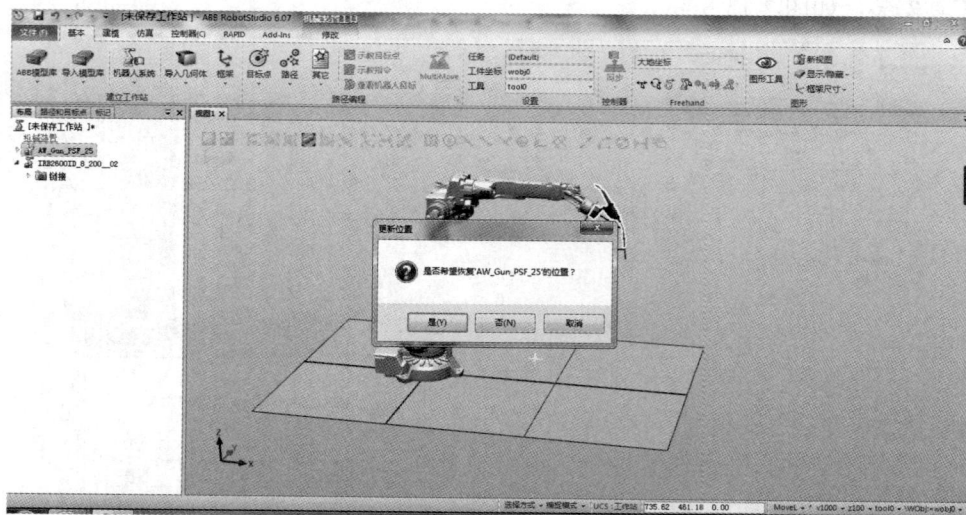

图 2-17　右键菜单法

拆除后的工具自动复原到导入位置。如果需要删除该工具，则在左侧"布局"栏中右键单击该工具，在弹出的菜单中选择"删除"即可。

2.2 工业机器人周边模型的放置

RobotStudio 提供了丰富的机器人周边工具模型供使用,在创建工作站的过程中可以直接从模型库中导入相应的模型。本节介绍如何导入、操作、放置周边工具模型。

2.2.1 导入机器人周边模型

打开本章 2.1 节创建的工作站,在"基本"功能选项卡中,单击"导入模型库"选项,→"设备",在本节中选择设备"propeller table",也就是一个带螺旋桨的特殊桌子,注意需要拖动滚动条至最下方,如图 2-18 所示,导入完成后如图 2-19 所示。

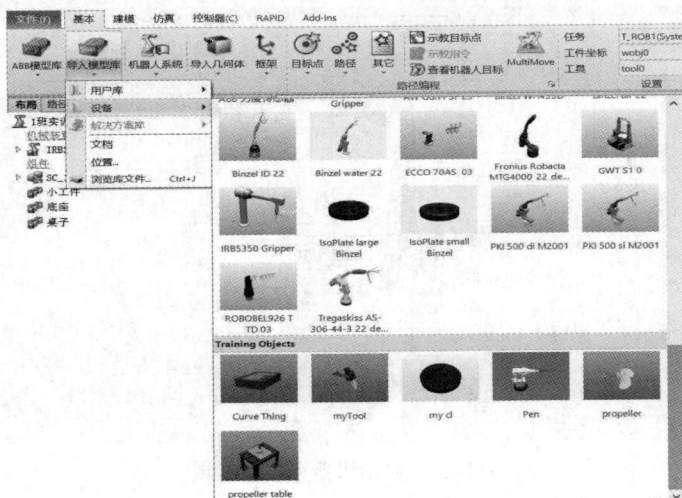

图 2-18 导入设备"propeller table"

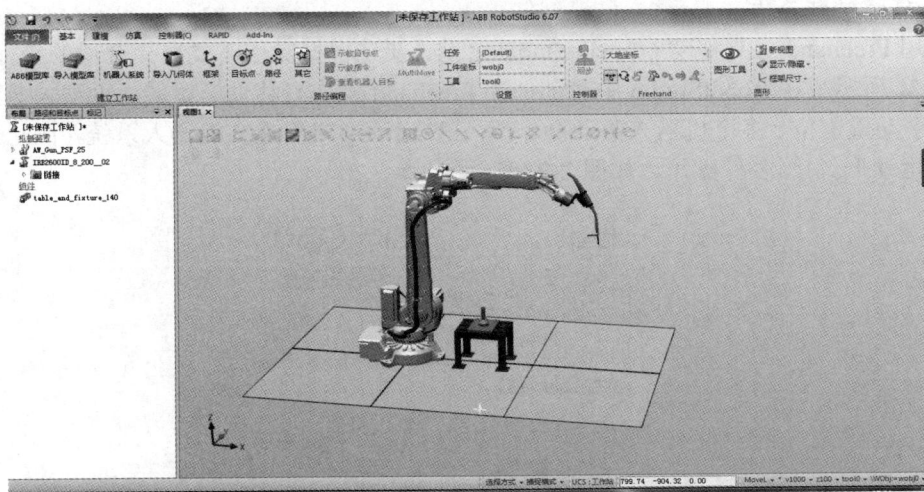

图 2-19 导入机器人周边模型

2.2.2 利用 Freehand 工具栏操作周边模型

机器人周边模型导入完成后,其位置不一定符合要求,因此还需要进一步调整,将其放置在机器人的工作区域范围之内。

1. 显示机器人工作区域

在左侧"布局"栏中,右键单击"IRB2600 ID_8_200_02",在弹出的菜单中选择"显示机器人工作区域",图 2-20 中白色曲线构成的封闭区域即机器人工作区域。为使机器人能顺畅工作,工作对象应调整到机器人的最佳工作范围内。

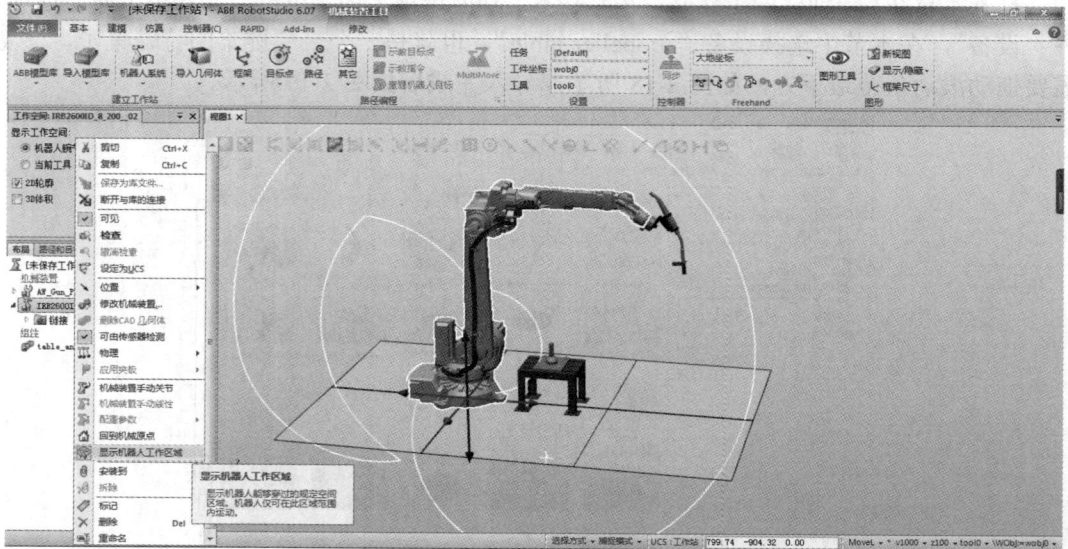

图 2-20　显示机器人工作区域

2. 利用 Freehand 工具操作模型

1) 选择坐标系统

利用 Freehand 工具移动 propeller table 之前,要先根据操作需要选择合适的坐标系统,如图 2-21 所示。在 RobotStudio 中对部件的 Freehand 操作有移动、旋转、手动关节、手动线性、手动重定位、多个机器人手动操作(后三种运动形式需建立机器人系统,在此先介绍前三种运动形式)等多种操作,如图 2-22 所示。

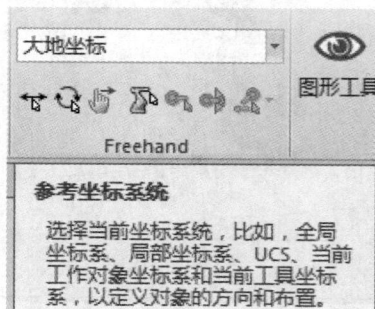

图 2-21　选择参考坐标系

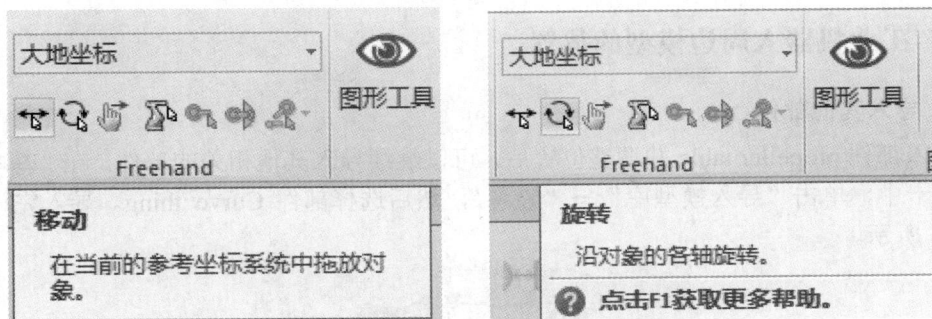

图 2-22 Freehand 的多种操作

2) Freehand 移动模型

选择大地坐标，然后选择部件，单击 Freehand 选项组中的"移动"按钮，选取要移动的部件 propeller table(出现移动坐标系)，拖动箭头即可使部件 propeller table 沿 X(红色)、Y(绿色)、Z(蓝色)方向移动。部件沿 X、Y 方向移动的过程如图 2-23 所示。

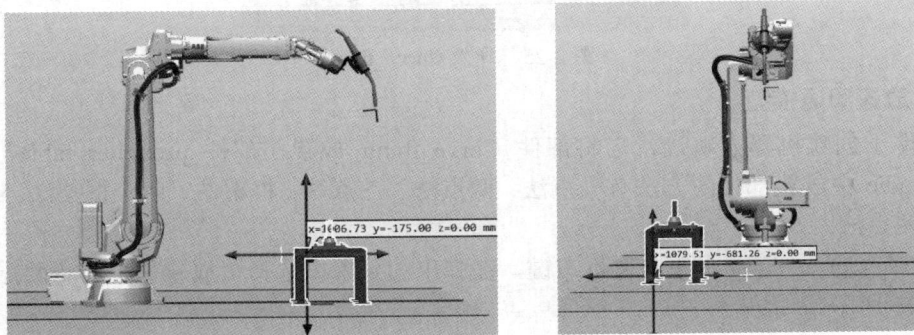

图 2-23 沿 X、Y 方向移动的过程

3) Freehand 旋转模型

选择本地坐标，然后选择部件，单击 Freehand 选项组中的"旋转"按钮，选取要旋转的部件 propeller table(出现旋转坐标系)，拖动箭头即可使部件 propeller table 沿 X(红色)、Y(绿色)、Z(蓝色)方向旋转。部件沿 X、Y 方向旋转的过程如图 2-24 所示。

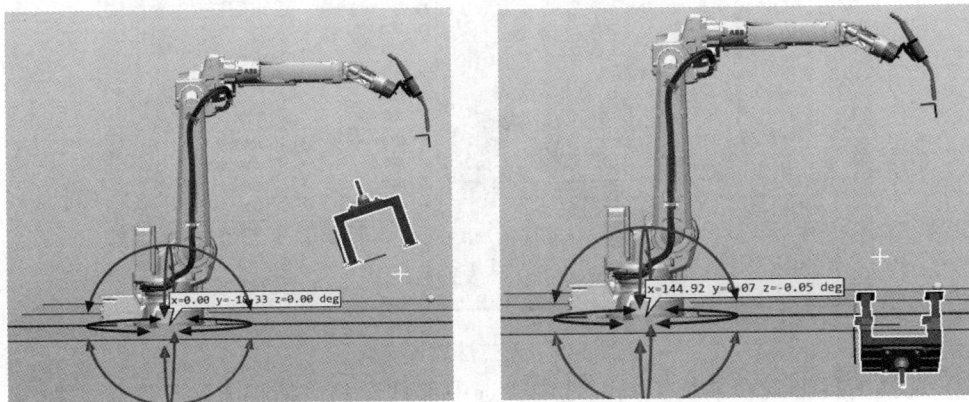

图 2-24 沿 X、Y 方向旋转的过程

2.2.3 工业机器人周边模型的放置

1. 导入其他部件

导入部件 propeller table 并调整位置后，可以继续导入其他相关的部件。在"基本"功能选项卡中，单击"导入模型库"→"设备"，然后选择部件 Curve_thing。导入完成后如图 2-25 所示。

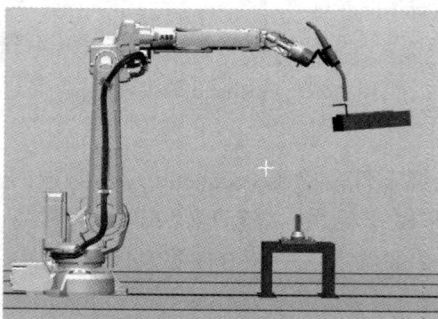

图 2-25　导入 Curve_thing

2. 放置周边模型

为便于创建机器人轨迹，需将部件 Curve_thing 放置在部件 propeller table 上。在 RobotStudio 中放置部件的方法有一点法、两点法、三点法、框架法、两个框架法，这里主要介绍两点法。

(1) 在 Curve_thing 上单击鼠标右键，在弹出的菜单中选择"放置"中的"两点"法，如图 2-26 所示。

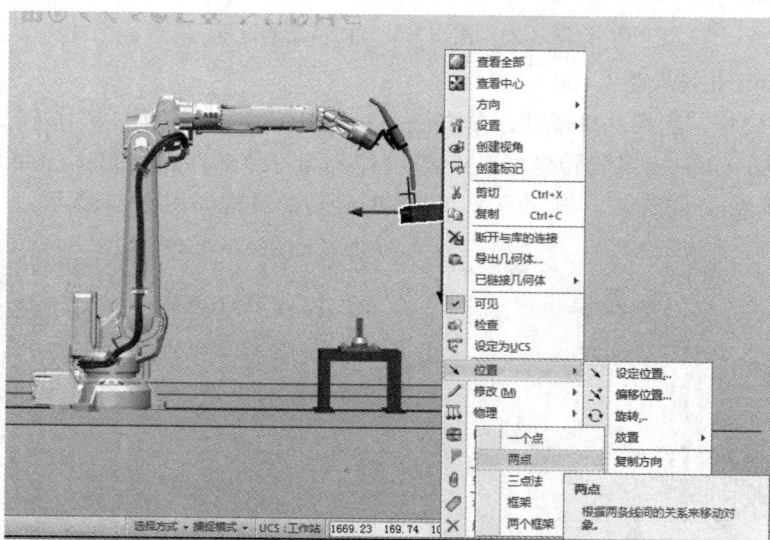

图 2-26　两点法放置模型

(2) 选择捕捉方式和捕捉工具，选中"选中部件"和"捕捉末端"图标，如图 2-27 所示。

图 2-27　选择捕捉方式和工具

（3）在左上方"放置对象：Curve_thing"输入框中，单击"主点-从"的第一个坐标框，选中第一点，单击鼠标左键，如图 2-28 所示。

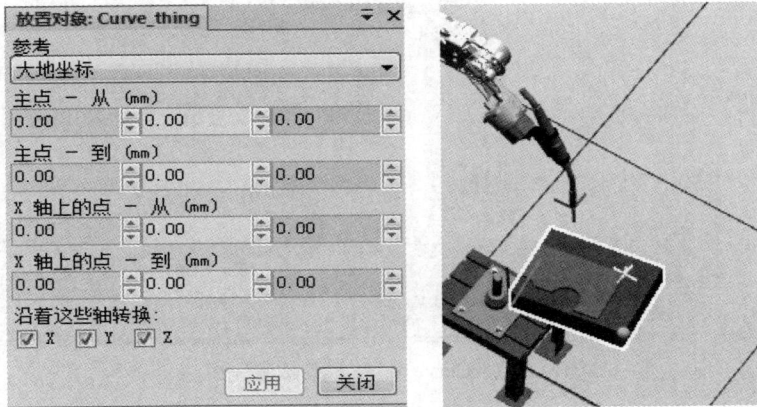

图 2-28　选择放置对象 Curve_thing 的第一个点

（4）选择其余放置点。第一个点确定之后，再依次选中第二、三、四点，单击后，对应点的坐标值显示于坐标框中，单击"应用"按钮即可完成放置，如图 2-29 所示。

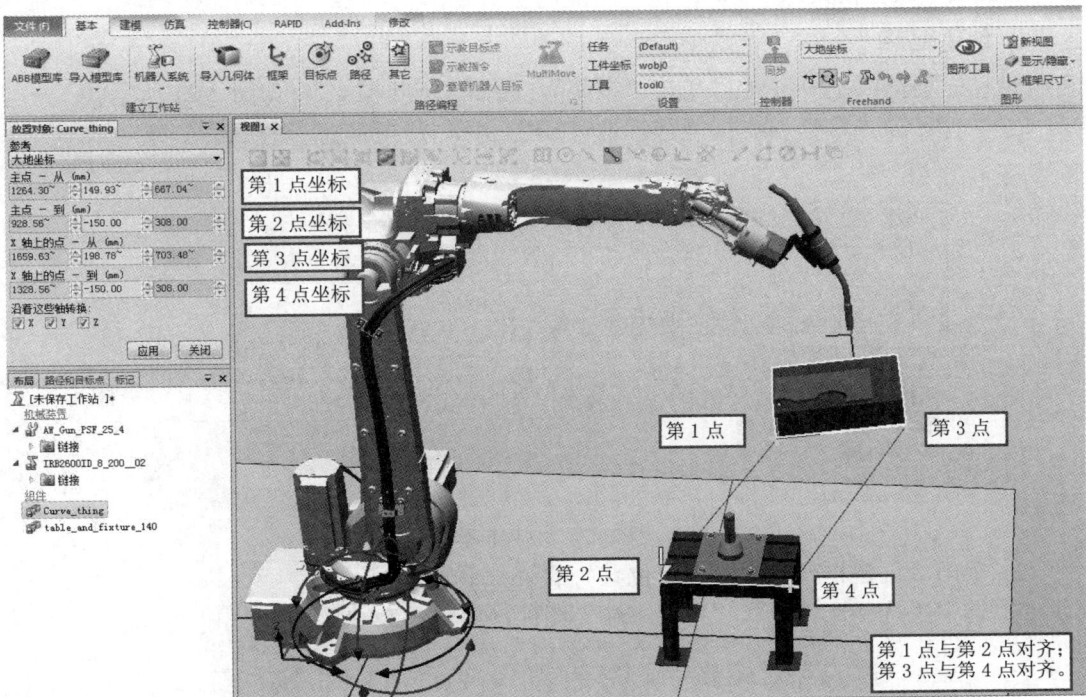

图 2-29　选择其余放置点

(5) 放置完成。部件 Curve_thing 放置到部件 propeller table 上的效果如图 2-30 所示。

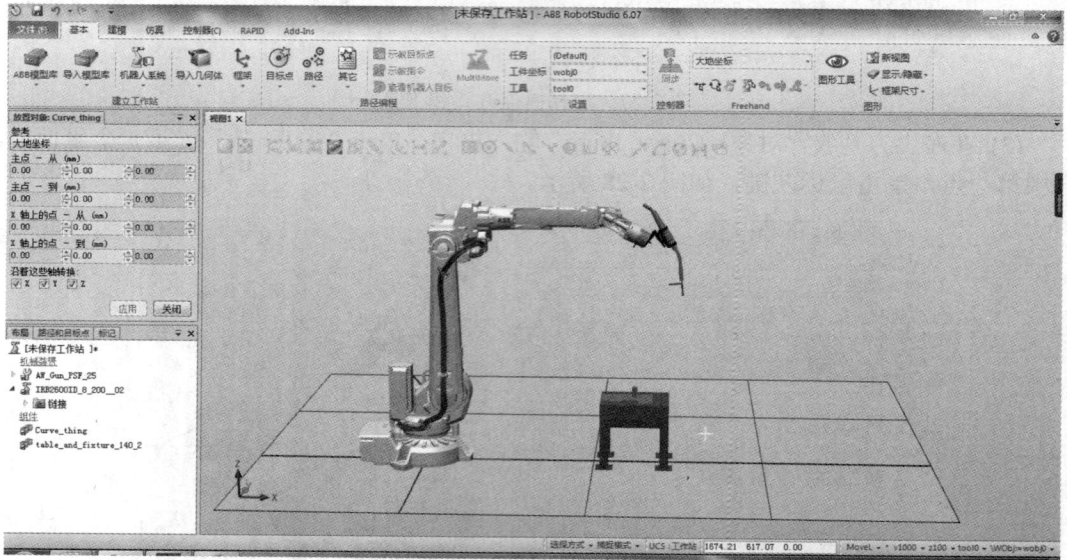

图 2-30　Curve_thing 模型放置完成

2.2.4　周边模型的放置方式

在创建工作站时，可以根据所导入模型的结构选择合适的放置方式，本节介绍如何使用"框架法"放置模具。

1. 创建框架

(1) 在"基本"选项卡中，单击"框架"，选择"创建框架"，如图 2-31 所示。

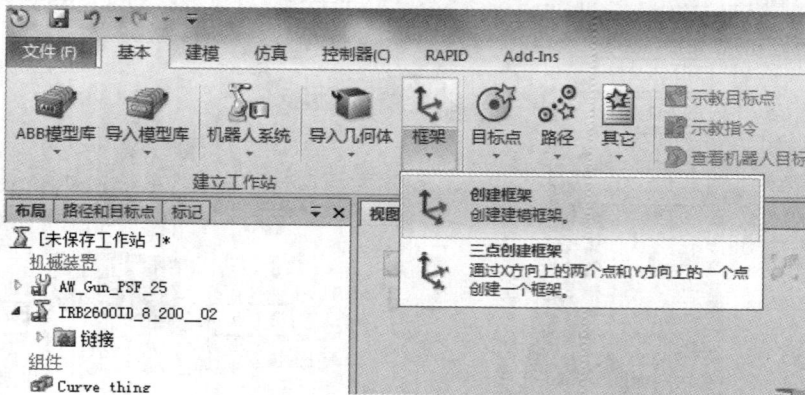

图 2-31　创建框架

(2) 单击"创建框架"中"框架位置"的第一个坐标框。

(3) 选中"选择部件"和"捕捉末端"图标，如图 2-32 所示。

图 2-32　选择捕捉方式和工具

(4) 单击选择 propeller table 的一个角点，即确定了框架位置，如图 2-33 所示。

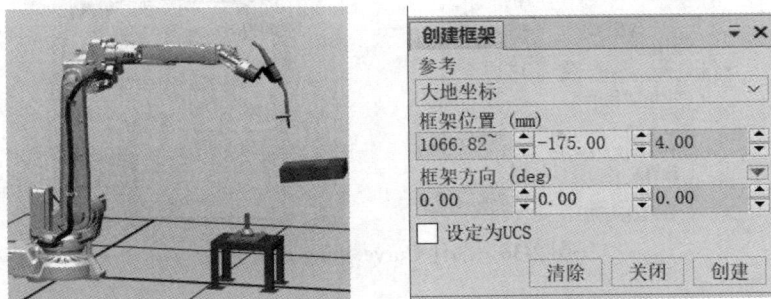

图 2-33　确定框架位置

(5) 单击"创建框架"中的"创建"按钮，即可完成框架的创建，如图 2-34 所示。

图 2-34　框架创建完成

2. 框架法放置周边模型

(1) 在 Curve_thing 上单击鼠标右键，在弹出的菜单中选择"放置"中的"框架"，如图 2-35 所示。

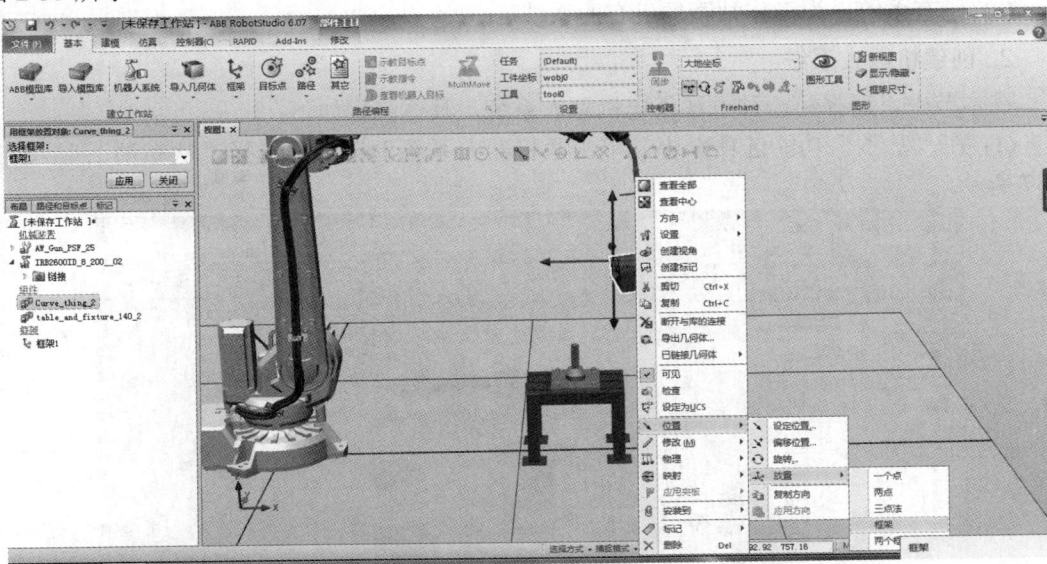

图 2-35　选择"框架"法放置模型

(2) 在"用框架放置对象。Curve_thing_2"框中，选择新建的"框架 1"，单击"应用"按钮即可完成放置，如图 2-36 所示。

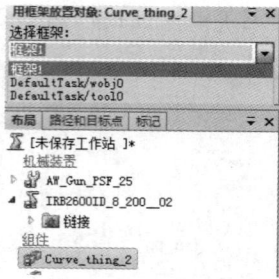

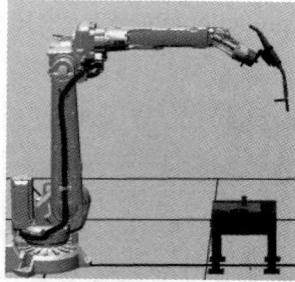

图 2-36　部件 Curve_thing 放置完成

2.3　工业机器人系统创建与手动操作

导入的模型放置完成后，工业机器人的基本仿真工作站就创建完成了。工作站创建完成后，如果没有为机器人创建系统，机器人就无法进行运动和相应仿真。因此，还需要创建机器人系统。

2.3.1　创建机器人系统

1. 创建系统的基本方法

机器人系统的创建主要有三种方法：

(1) 从布局：根据工作站布局创建系统。

(2) 新建系统：为工作站创建新的系统。

(3) 已有系统：为工作站添加已有的系统。

2. 创建机器人系统

在本节中，选择第一种方法创建机器人系统，具体流程如下：

(1) 在"基本"功能选项卡中，单击"机器人系统"选项，选择"从布局..."，如图 2-37 所示。

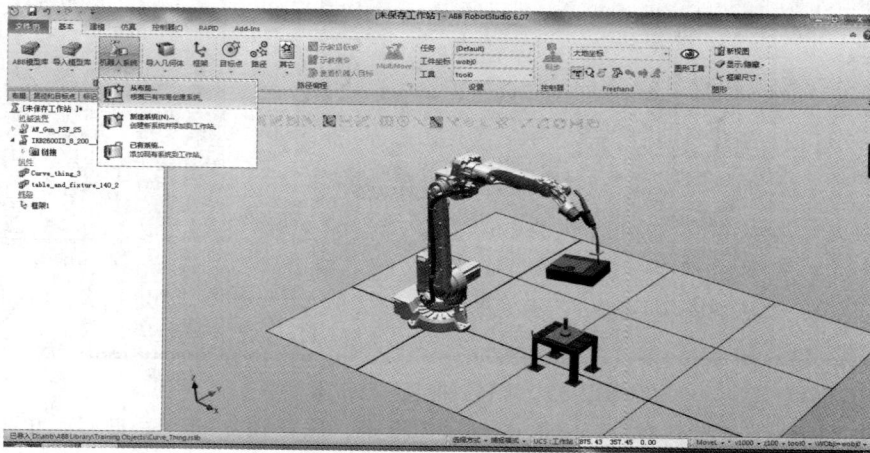

图 2-37　选择"从布局..."创建机器人系统

(2) 在"从布局创建系统"对话框中，设置所创建的系统名字和保存位置。如果安装了不同版本的系统，则在此可以选择相应版本的 RobotWare，如图 2-38 所示。

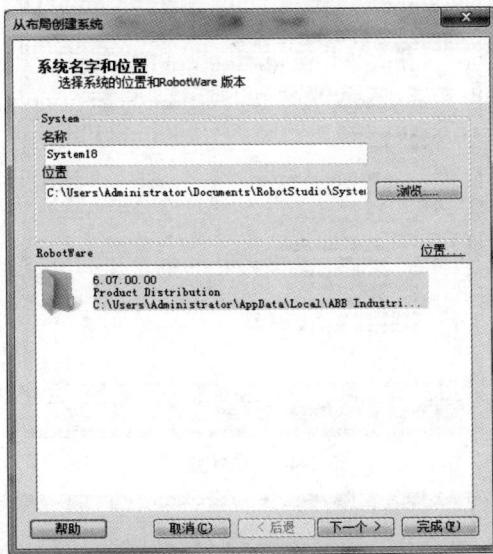

图 2-38　设置创建的机器人系统相关参数

(3) 系统名字和保存路径设置完成后，单击"下一个"按钮，再单击"选择系统的机械装置"，选择所创建的机械装置"IRB2600ID_8_200_02"，然后单击"下一个"按钮，如图 2-39 所示。

图 2-39　选择系统的机械装置

(4) 在"系统选项"中配置系统参数，如图 2-40 所示，单击"选项…"按键，在弹出的"更改选项"对话框中根据需求进行相应的设置(如语言、驱动模式等)，如图 2-41 所示。设置完成后单击"确定"按钮，然后单击"完成"按钮即可完成系统的创建。

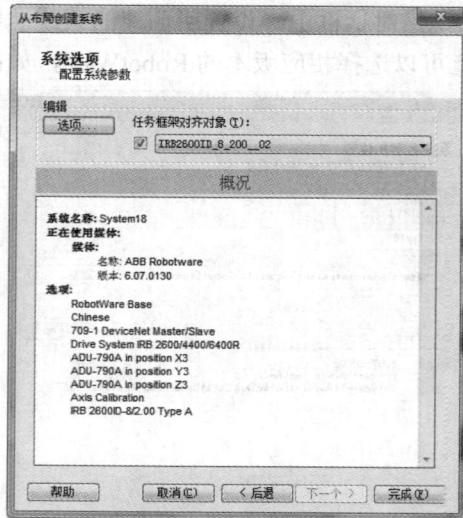

图 2-40　系统选项

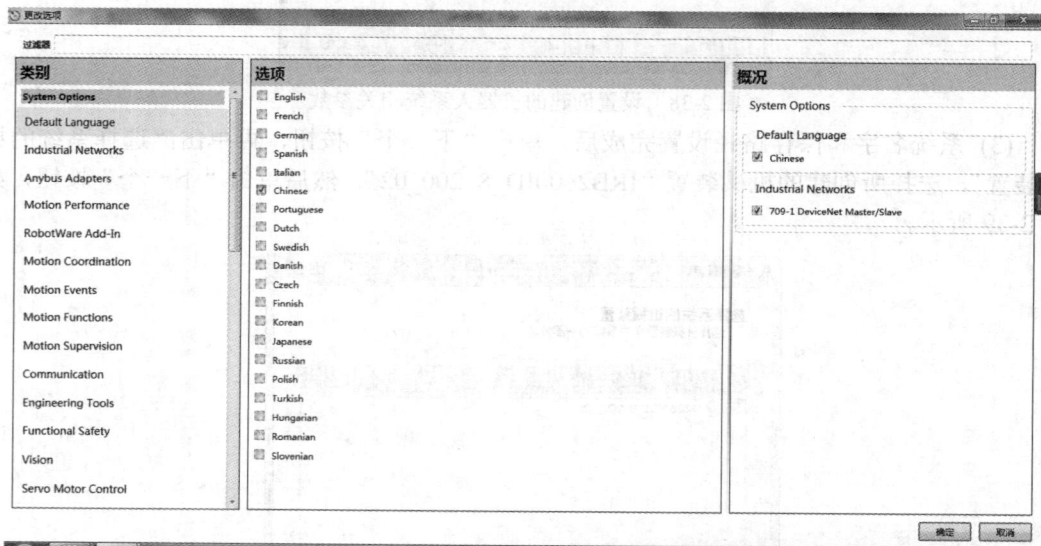

图 2-41　更改系统选项

　　工作站机器人系统创建完成并启动后，在状态栏右下角可以看到控制器状态为绿色，表明系统创建完成并启动运行，如图 2-42 所示。

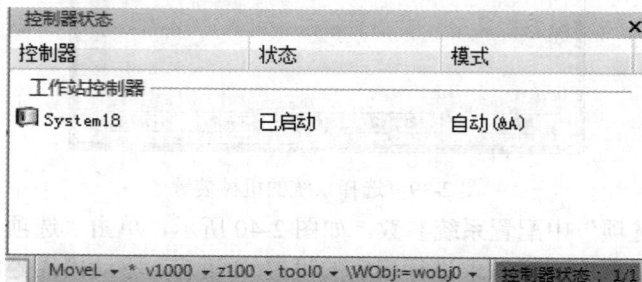

图 2-42　系统创建完成并启动运行

2.3.2 工业机器人手动操作

工业机器人手动操作主要有手动关节、手动线性、手动重定位三种运动模式，这三种模式也称为直接拖动控制方式。相关的操作在"基本"功能选项卡 Freehand 中有快捷图标按钮。

1. 手动关节运动

工作站中所使用的机器人是 IRB 2600 型，该机器人拥有 6 个自由度。在手动关节运动模式下，可以独立操控每个轴。

首先选择"基本"功能选项卡的 Freehand 中的"手动关节运动"按钮，然后选择要运动的机器人轴，拖动鼠标即可手动操作机器人相应的关节使其旋转。如图 2-43～图 2-45 所示，手动操作轴 1～3 做关节运动。关于手动操作轴 4～6 做关节运动，读者可以自行操作练习。

图 2-43 轴 1 手动关节运动

图 2-44 轴 2 手动关节运动

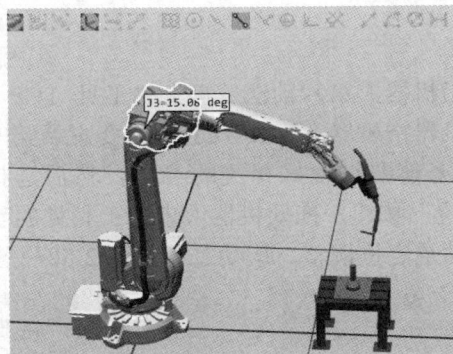

图 2-45 轴 3 手动关节运动

2. 手动线性运动

手动关节运动是对机器人的关节轴进行独立操作，机器人末端工具的运动轨迹不一定是直线轨迹。但是在实际的操作调整过程中，经常需要机器人末端工具沿某条直线进行运动。

RobotStudio 提供了手动线性运动模式。在机器人线性运动之前要先设置好相关的参数，再选择"基本"功能选项卡的 Freehand 中的"手动线性"按钮，拖动机器人末端工具处的坐标箭头分别沿 X、Y、Z 坐标轴移动，完成机器人的手动线性运动，运动过程如图 2-46～图 2-49 所示。

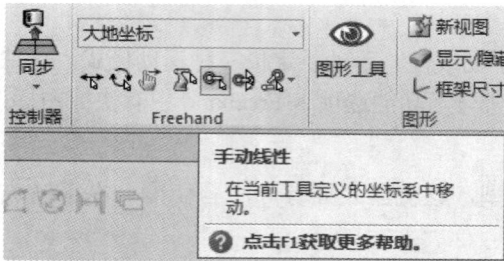

图 2-46　选择"手动线性"运动

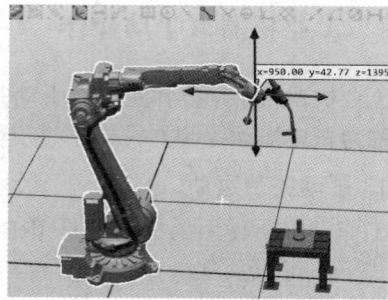

图 2-47　沿 X 轴手动线性运动

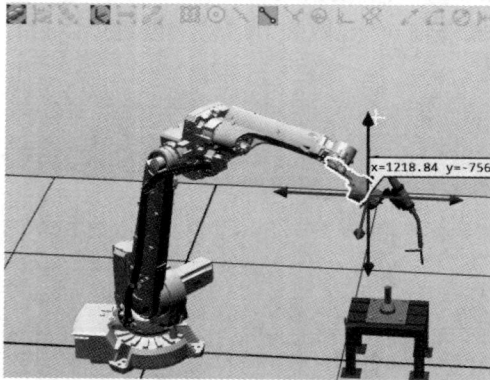

图 2-48　沿 Y 轴手动线性运动

图 2-49　沿 Z 轴手动线性运动

手动线性运动与手动关节运动时机器人末端工具的运动轨迹是不同的，此时机器人末端轨迹是直线。

3. 手动重定位运动

机器人重定位运动是指机器人第六轴法兰盘上的工具 TCP 点在空间绕工具坐标系旋转的运动，也可以理解为机器绕机器人工具 TCP 点做姿态调整的运动。

在机器人重定位运动之前要设置好相关的参数，然后选择"基本"功能选项卡的 Freehand 中的"手动重定位"按钮，拖动机器人末端工具处的坐标箭头分别绕 X、Y、Z 轴移动，完成机器人的手动重定位调整，运动过程如图 2-50～图 2-53 所示。

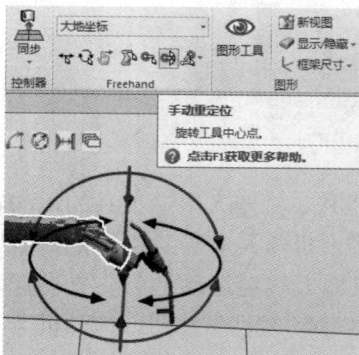

图 2-50　选择"手动重定位"运动

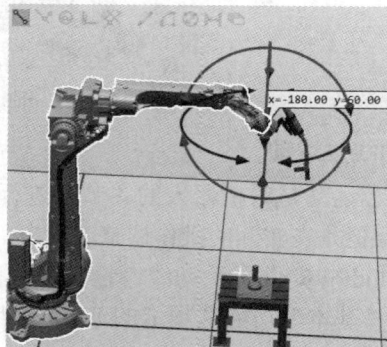

图 2-51　绕 X 轴手动重定位运动

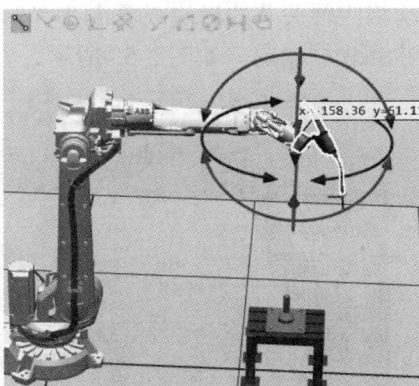

图 2-52 绕 Y 轴手动重定位运动 　　图 2-53 绕 Z 轴手动重定位运动

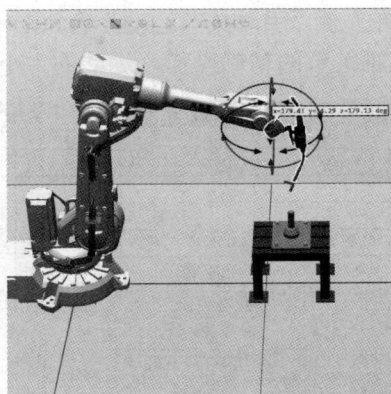

对于手动线性、手动重定位坐标系的设置，根据需要亦可设为大地坐标系或当前本地坐标系等，读者可变换坐标参数，观察坐标框架的不同。

2.3.3 工业机器人手动精准操作

工业机器人手动操作的三种运动模式均无法实现机器人的精准运动。通过精确手动控制方式可实现机器人的精确运动。

精确手动控制方式根据运动模式的不同又分为机械装置手动关节运动和机械装置手动线性运动。能否实现机器人的精准运动，是精确手动控制方式与直接拖动控制方式的本质区别。

1. 机械装置手动关节运动

(1) 在"基本"功能选项卡左侧"布局"栏中，用鼠标右键单击"IRB2600_8_200_02"，选择"机械装置手动关节"，如图 2-54 所示。

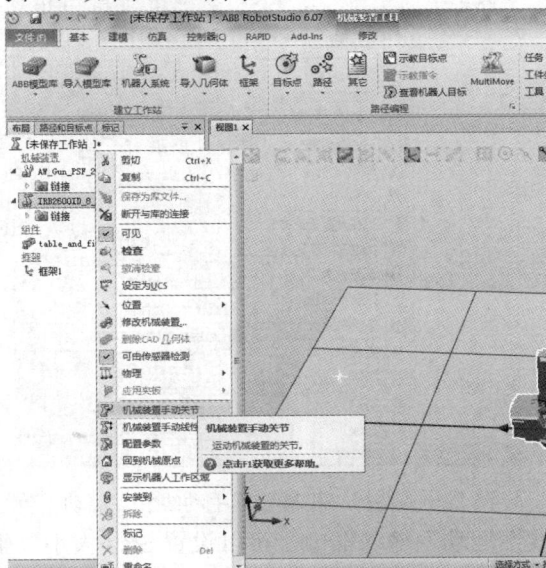

图 2-54 选择"机械装置手动关节"运动

(2) 在左侧"手动关节运动"输入框中，拖动相应轴关节的滑块或单击"<""">"按钮，即可实现轴关节的精确操作，运动的大小可以在 Step 框设定，如图 2-55 所示。

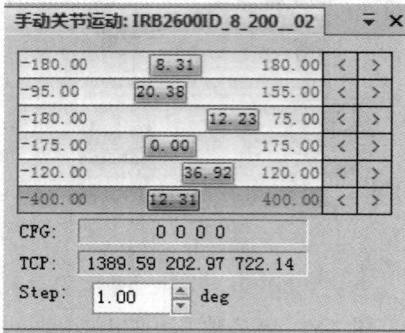

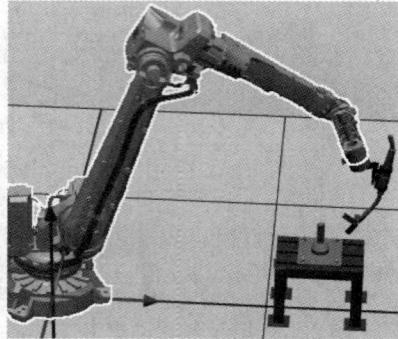

图 2-55　完成机械装置手动关节精确运动

2. 机械装置手动线性运动

(1) 在"基本"功能选项卡左侧"布局"栏中右键单击"IRB2600_12_165_02"，选择"机械装置手动线性"，如图 2-56 所示。

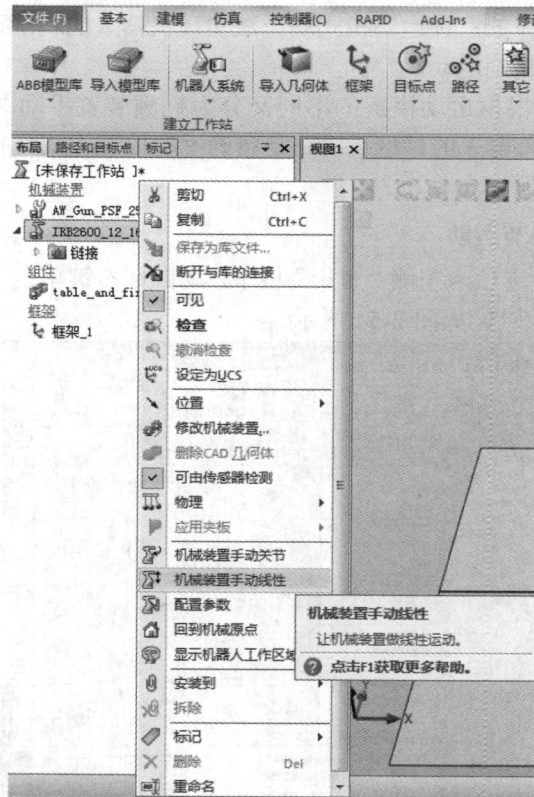

图 2-56　选择"机械装置手动线性"运动

(2) 在左侧"手动线性运动"输入框中，可以设置 Step 大小、坐标系等参数，选择相应的线性坐标轴，单击"<""">"按钮即可将机器人沿线性坐标轴 X、Y、Z 等移动到预定的位置，完成机械装置手动线性精确运动，如图 2-57 所示。

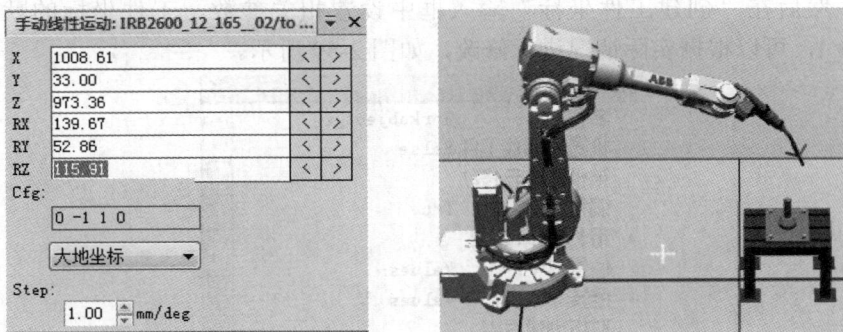

图 2-57 完成机械装置手动线性精确运动

2.4 工件坐标与轨迹程序的创建

工件坐标用来定义工件相对于大地坐标(或其他坐标)的位置。机器人可以拥有若干工件坐标系，或者表示不同工件，或者表示同一工件在不同位置的若干副本。机器人进行编程时需要在工件坐标中创建目标和路径。

工件坐标的优点主要有以下两个方面：

(1) 重新定位工作站中的工件时，只需要修改工件坐标的位置，所有路径即刻随之更新。

(2) 允许操作以外轴或传送导轨移动的工件，因为整个工件可连同其路径一起移动。

2.4.1 创建工件坐标

创建工件坐标的方法主要有位置法和三点法，本节将以三点法为例创建工件坐标。

(1) 在"基本"功能选项卡中，单击"其它"按钮，选择"创建工件坐标"，如图 2-58 所示。

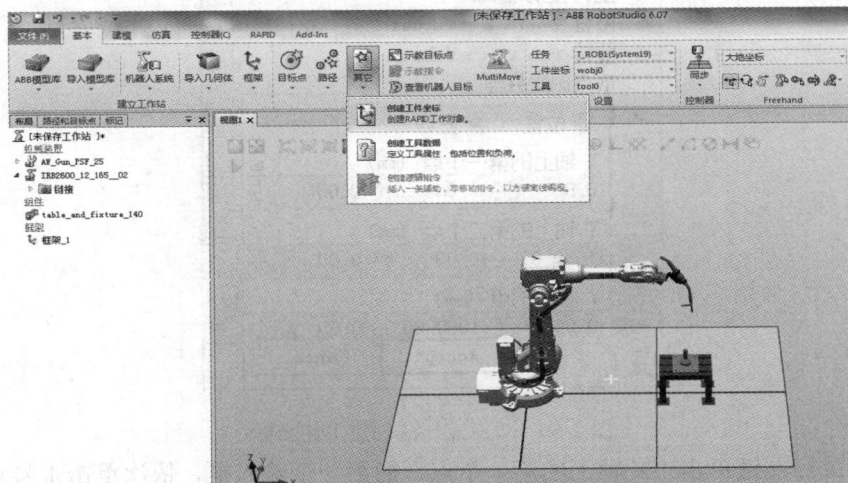

图 2-58 选择"创建工件坐标"

(2) 在"视图"窗口工具栏选择合适的工具，选择方式为"选择表面"，捕捉方式为"捕捉末端"，然后在"创建工件坐标"输入框中设置相关参数，工件坐标的默认名称是Workobject_1，可以根据实际情况进行修改，如图 2-59 所示。

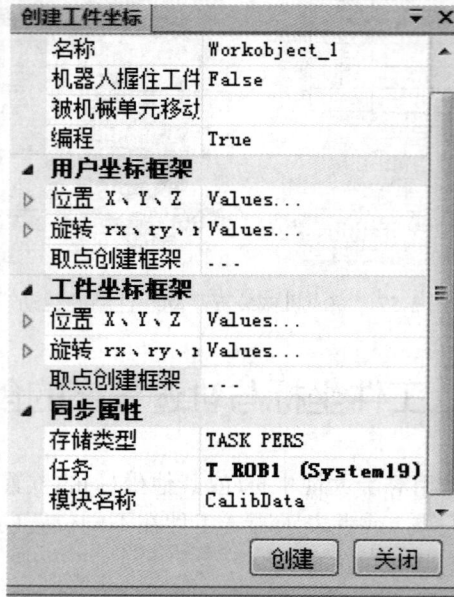

图 2-59　设置工件坐标相关参数

(3) 单击"创建工件坐标"输入框中的"取点创建框架"，选择"三点"，如图 2-60 所示。

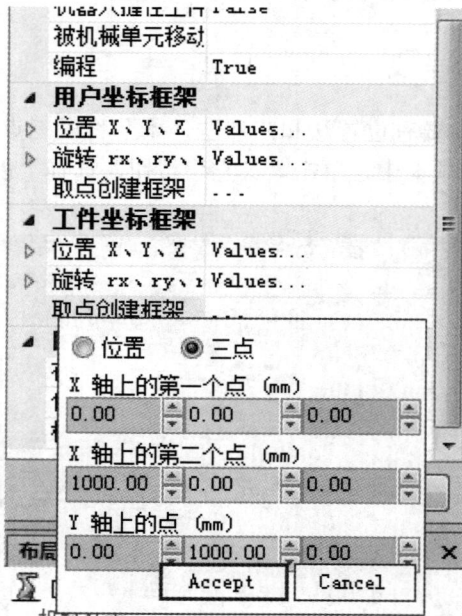

图 2-60　"三点"法创建工件坐标

(4) 用鼠标左键单击"X 轴上的第一个点"的第一个输入框，依次单击 1 号点(X 轴上的第一个点)、2 号点(X 轴上的第二个点)、3 号点(Y 轴上的点)，如图 2-61 所示。

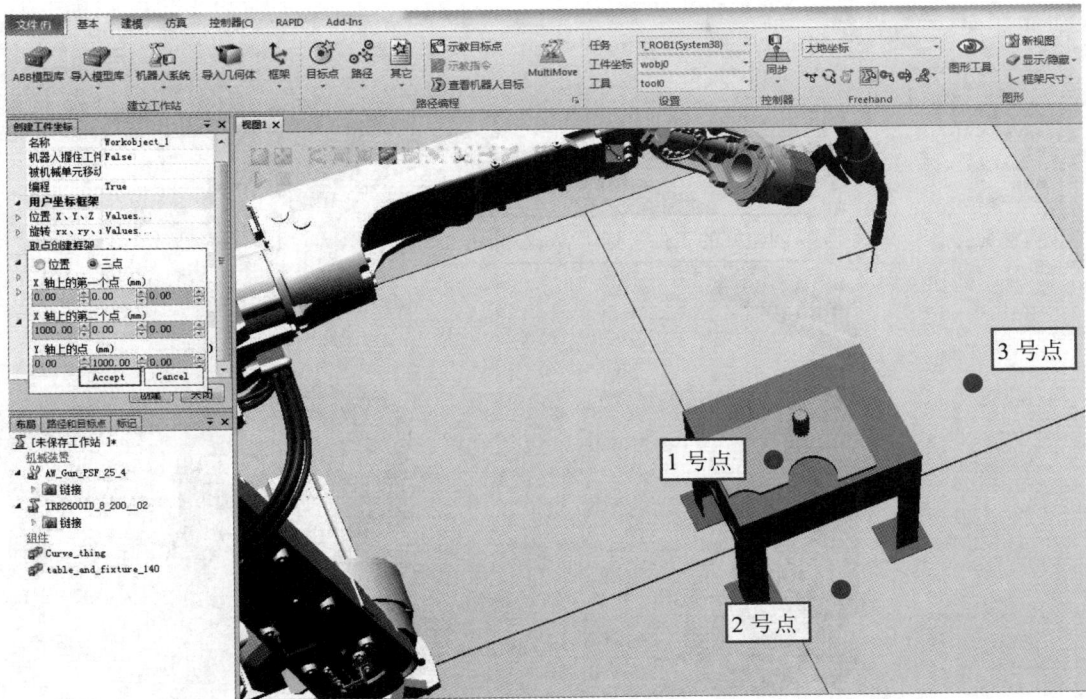

图 2-61 选择相应的三个点

(5) 确认三个点的数据生成后，单击 Accept 按钮，如图 2-62 所示。

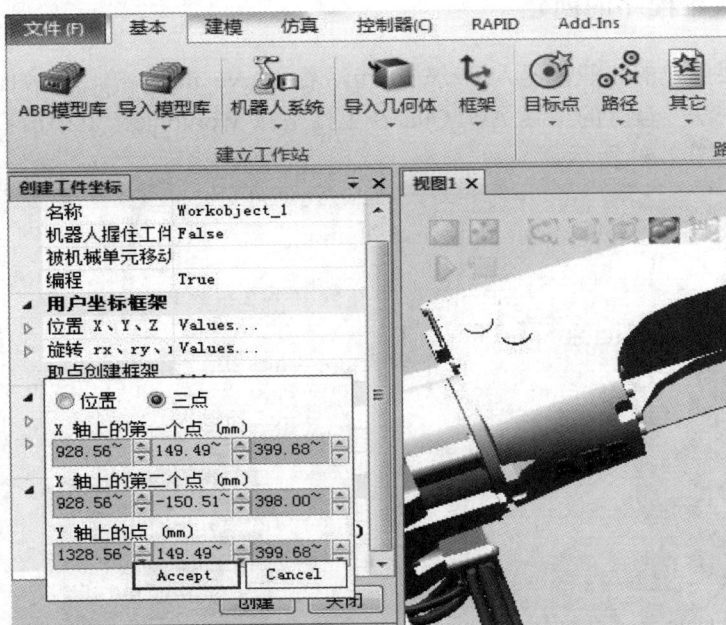

图 2-62 确认"三点"的数据

(6) 确认数据完成后，单击"创建工件坐标"输入框中的"创建"按钮，创建完成的工件坐标如图 2-63 中特别标示部分所示。

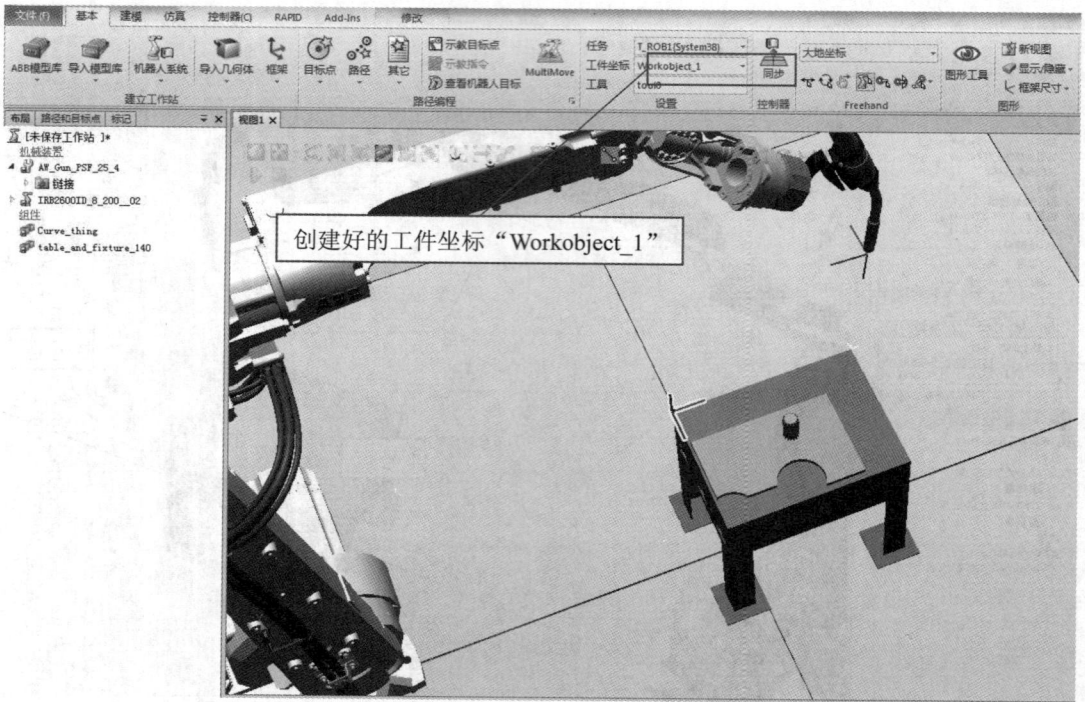

图 2-63 工件坐标创建完成

2.4.2 运动轨迹程序的创建

本节中所要创建的工业机器人运动轨迹指沿着 Curve_thing 部件的表面边缘绕一圈，也就是使安装在法兰盘上的工具 AW_Gun 在工件坐标 Workobject_1 中沿着对象边缘走一圈。运动轨迹如图 2-64 所示。

图 2-64 工业机器人运动轨迹

(1) 在"基本"功能选项卡中，单击"路径"，选择"空路径"，如图 2-65 所示。

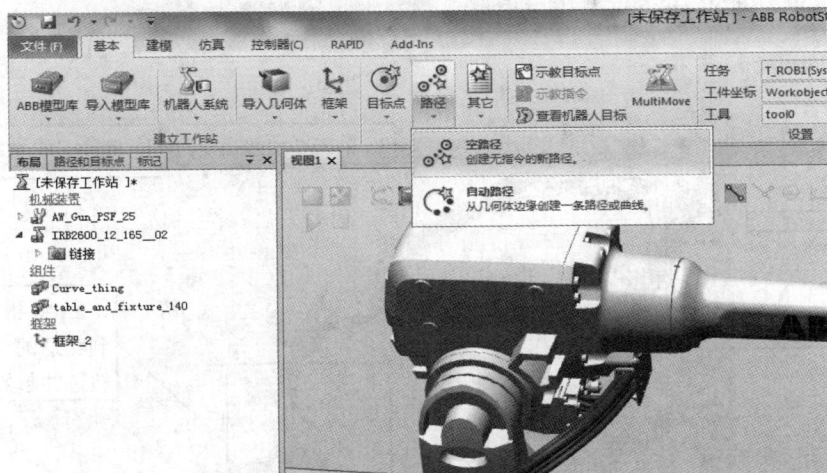

图 2-65 创建"空路径"

(2) 生成空路径 Path_10，如图 2-66 所示，设置坐标、工具、指令等相关参数。选择创建的系统任务，将"工件坐标"设置为"Workobject_1"，"工具"设置为"AW_Gun"，"指令"设置为"MovJ v200 fine..."。

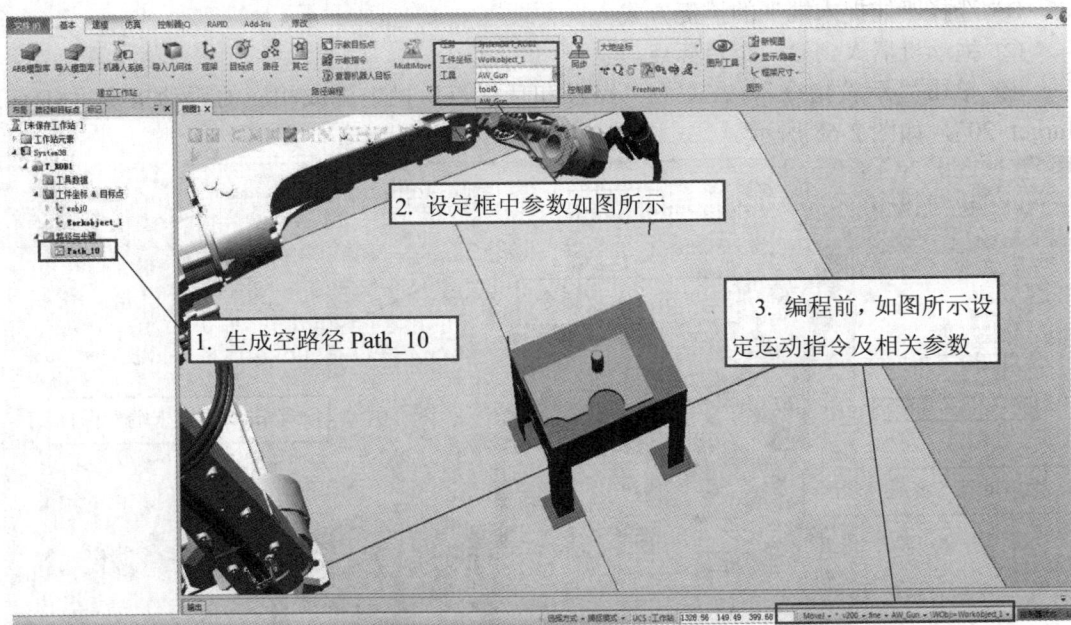

图 2-66 生成路径 Path_10

(3) 创建机器人起始路径。

① 选择示教机器人运动轨迹的初始位置目标点，单击 Freehand 中的"手动线性"。

② 拖动机器人到合适的位置。

③ 单击"示教指令"，在左侧"路径和目标点"栏中生成相应的运动指令"MoveJ Target_10"，如图 2-67 所示。

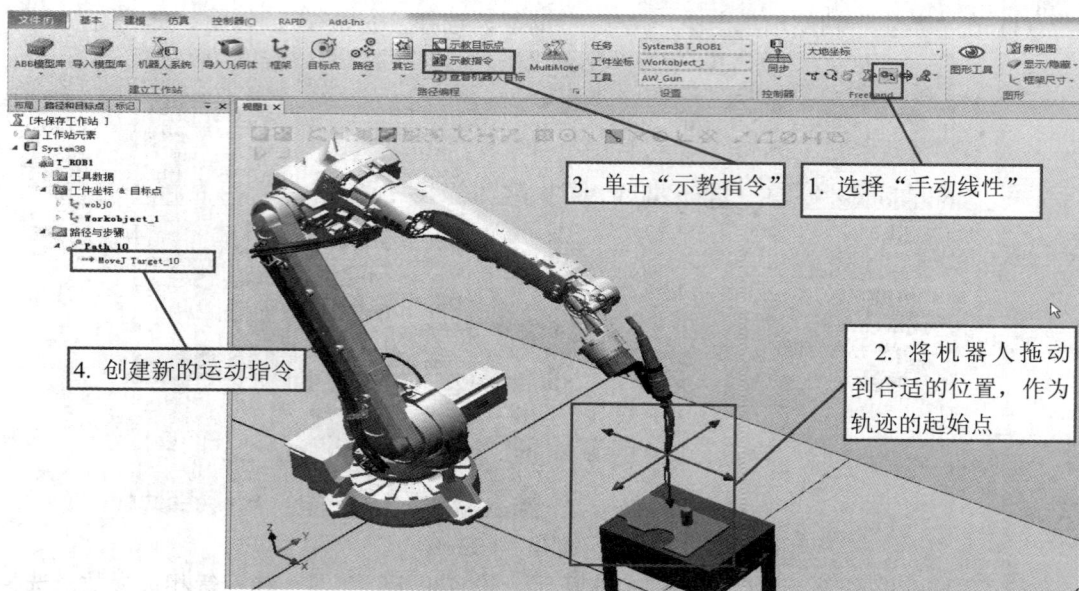

图 2-67　创建机器人起始路径

（4）示教第一个目标点。

① 选择"捕捉末端"的捕捉方式。

② 拖动机器人到第一个目标点。

③ 单击"示教指令"，在左侧"路径和目标点"栏中生成相应的运动指令"MoveJ Target_20"，如图 2-68 所示。

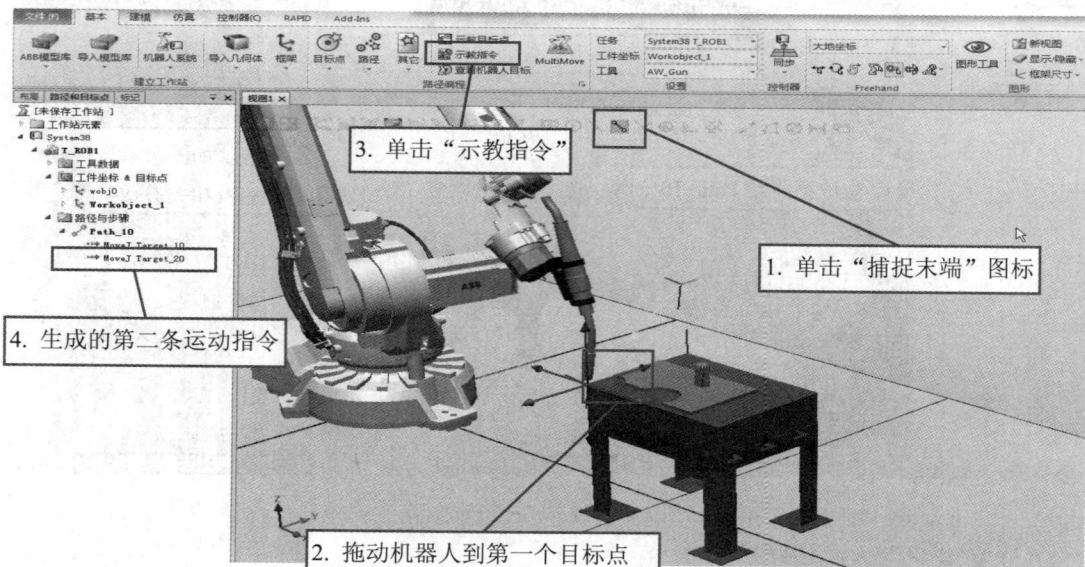

图 2-68　示教第一个目标点

（5）示教第二个目标点。

① 从第二个目标点到第五个目标点为直线运动，将运动指令"MoveJ"修改为"MoveL"。

② 拖动机器人到第二个目标点。

③ 单击"示教指令",在左侧"路径和目标点"栏中生成相应的运动指令"MoveL Target_30",如图 2-69 所示。

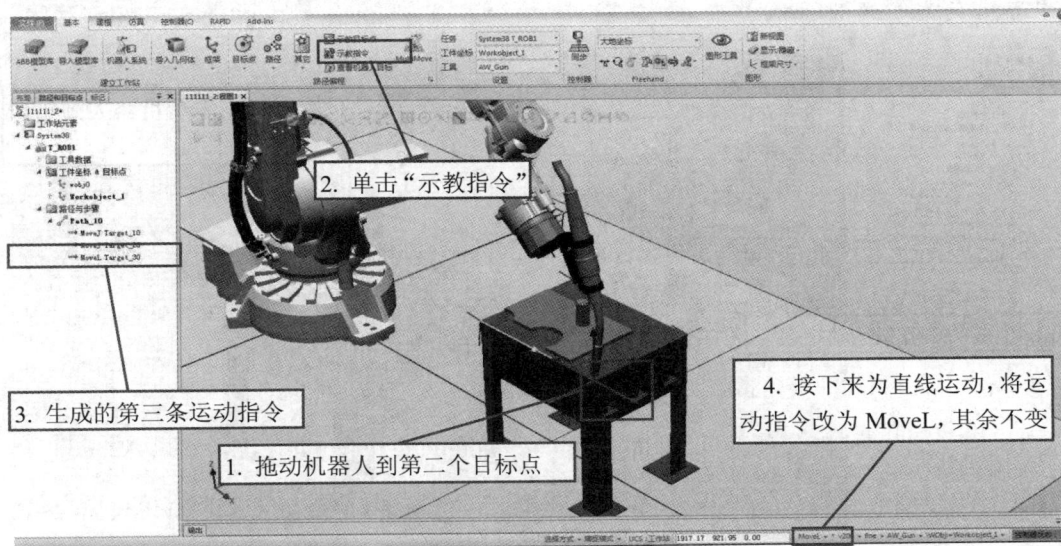

图 2-69 示教第二个目标点

(6) 示教第三个目标点。

① 拖动机器人到第三个目标点。

② 单击"示教指令",在左侧"路径和目标点"栏中生成相应的运动指令"MoveL Target_40",如图 2-70 所示。

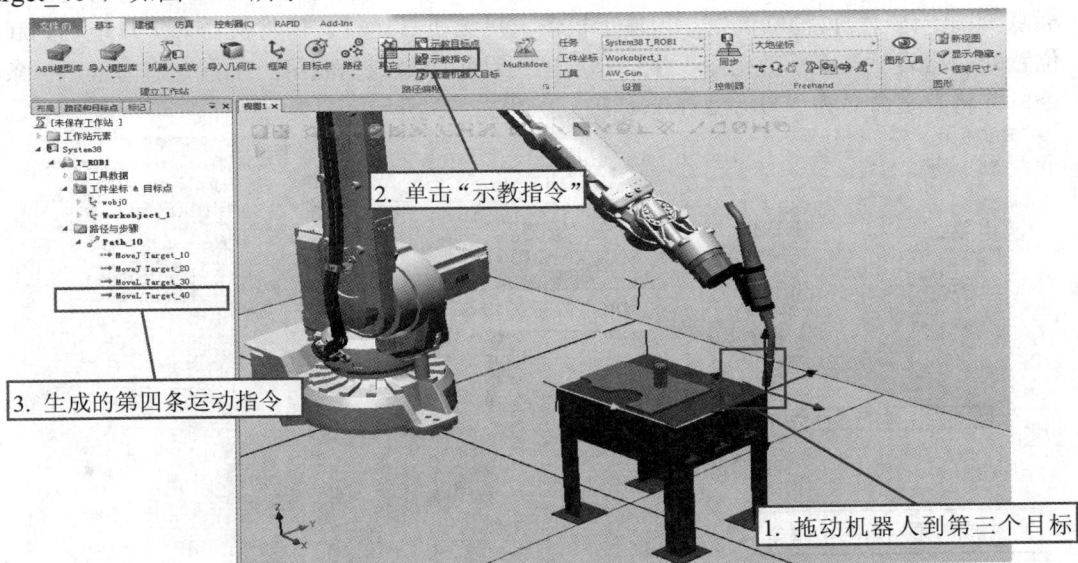

图 2-70 示教第三个目标点

(7) 示教第四个目标点。

① 拖动机器人到第四个目标点。

② 单击"示教指令"，在左侧"路径和目标点"栏中生成相应的运动指令"MoveL Target_50"，如图 2-71 所示。

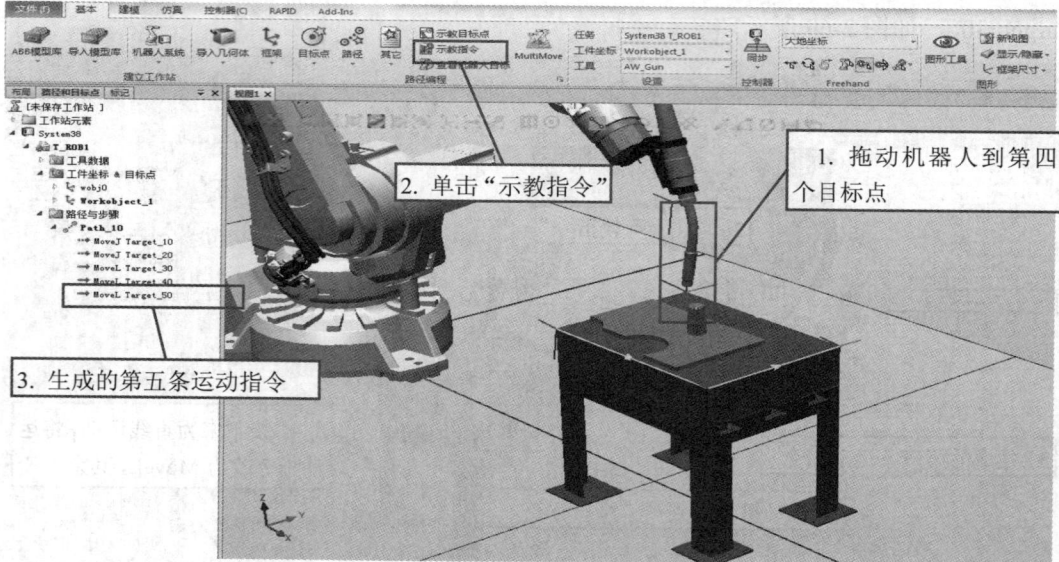

图 2-71　示教第四个目标点

(8) 二次示教第一个目标点。

① 拖动机器人到第一个目标点。

② 单击"示教指令"，在左侧"路径和目标点"栏中生成相应的运动指令"MoveL Target_60"。

(9) 创建机器人返回路径。路径轨迹创建完成后，机器人停留在图 2-72 中的第五个目标点(即第一个目标点)位置处。为便于机器人后续仿真运行，需将机器人工具拖动到起始位置处，然后单击"示教指令"生成相应的运动指令，或复制第一条指令作为最后一条指令，并将其重命名为"MoveJ Target_70"，如图 2-73 所示。

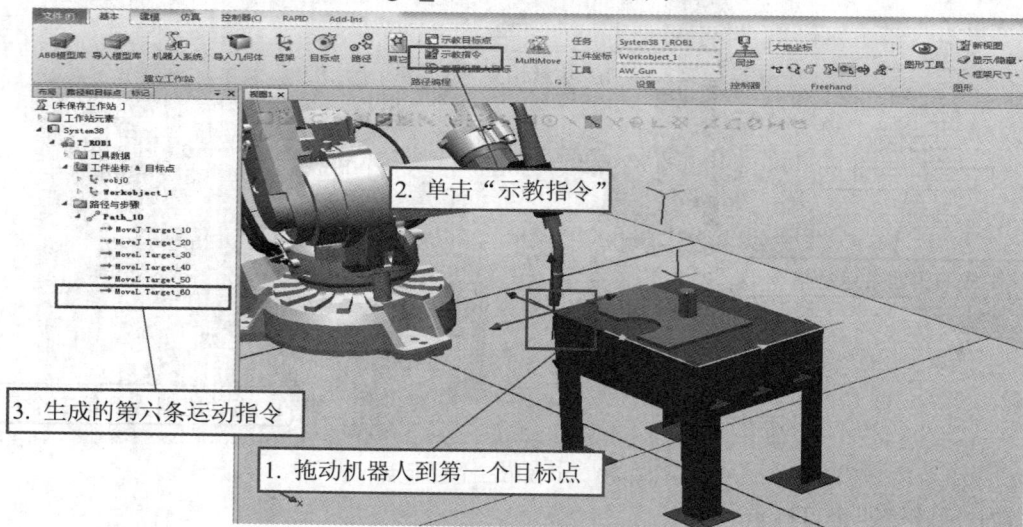

图 2-72　示教第五个目标点

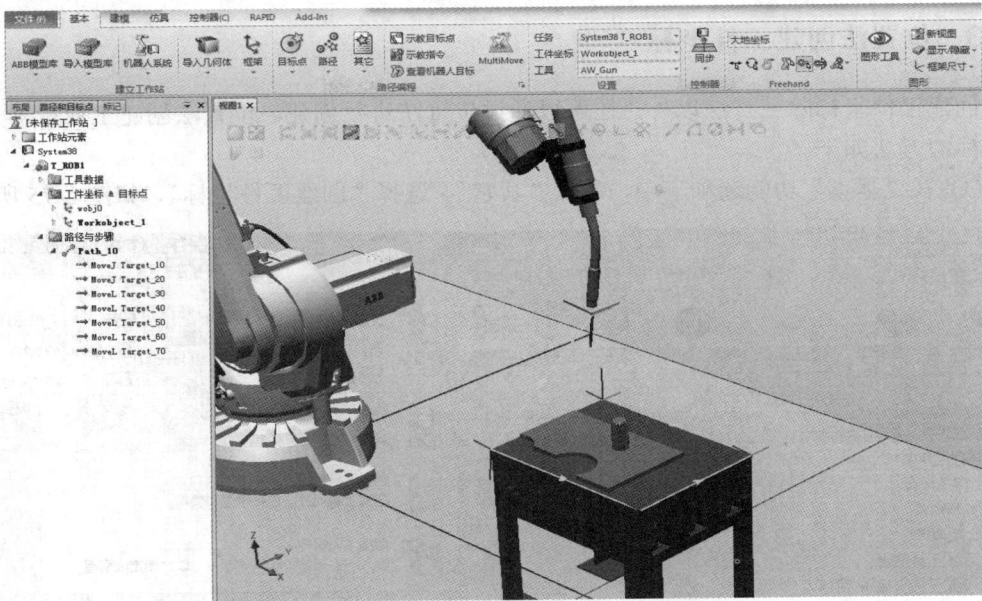

图 2-73　重命名为 MoveJ Target_70 示意图

(10) 配置轴参数。目标点路径验证完成后，需要对关节轴的参数进行配置。为提高执行效率，本节中采用自动配置的方法为关节轴配置相应的轴参数。

选择"Path_10"，单击鼠标右键，选择弹出菜单"配置参数"下的"自动配置"，机器人就会沿着创建的路径运动一个循环，完成轴参数的自动配置。

(11) 沿着路径运动。轴参数配置完成后，在仿真前可以检查机器人能否正常运行。选择"Path_10"，单击鼠标右键，选择弹出菜单中的"沿着路径运动"，若没有问题则机器人沿着创建的路径运动一个循环；若存在问题则需要根据相应的输出提示信息修改路径，直至确保路径正确无误。操作过程如图 2-74 所示。

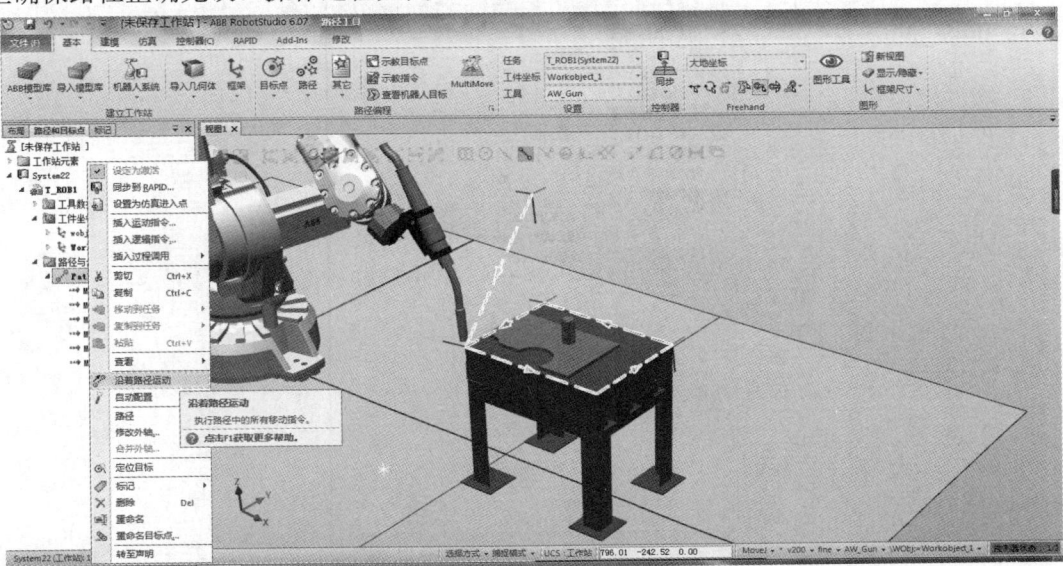

图 2-74　沿着路径运动

2.4.3　位置法创建工件坐标

创建工件坐标除三点法以外，还可以通过位置法进行创建。位置法创建工业机器人工件坐标的方法如下。

（1）在"基本"功能选项卡中，单击"其它"，选择"创建工件坐标"，如图 2-75 所示。

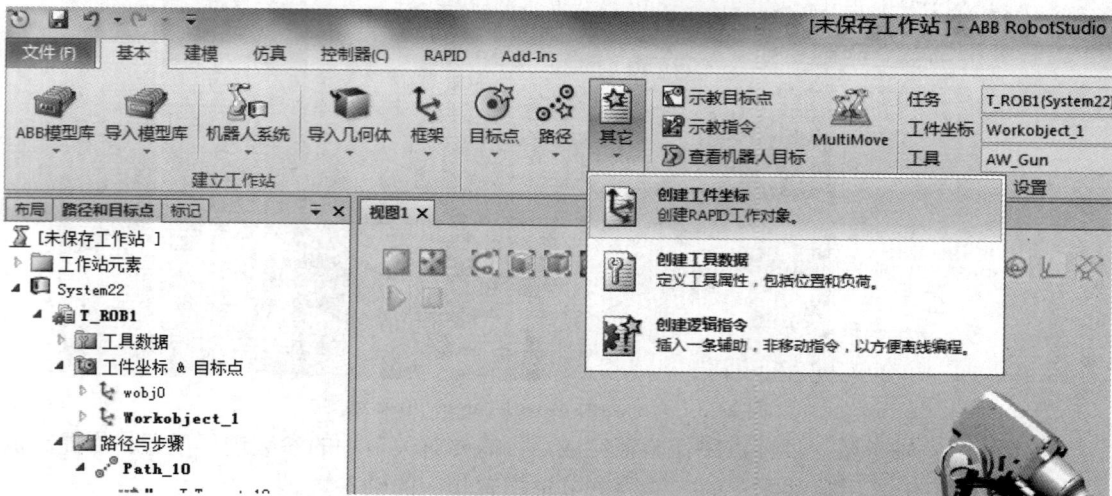

图 2-75　创建工件坐标

（2）在"视图"窗口工具栏选择合适的工具，如图 2-76 所示。工件坐标的默认名称是 Workobject_1，可以根据实际情况进行修改。

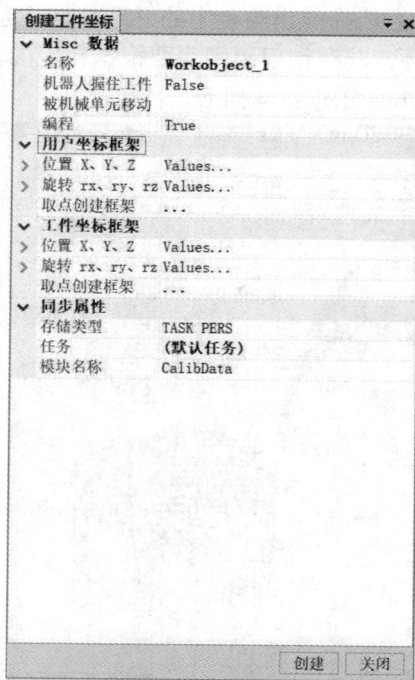

图 2-76　设置工件坐标相关参数

(3) 单击"创建工件坐标"输入框中的"取点创建框架",选择"位置",如图 2-77 所示。

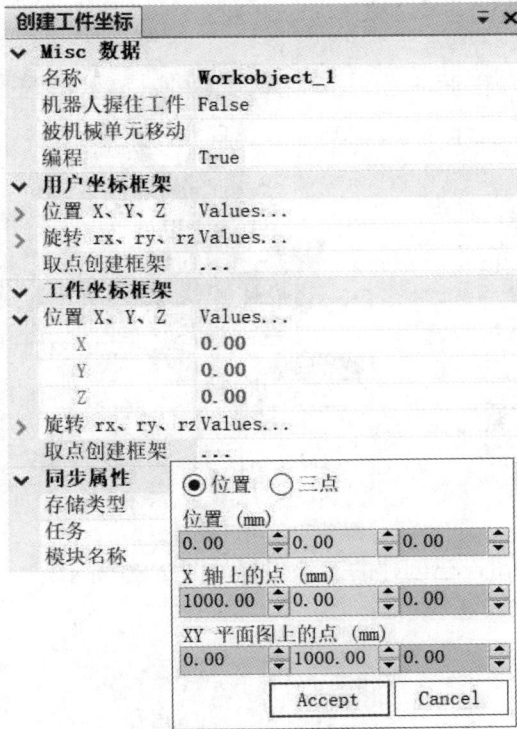

图 2-77 "位置法"创建工件坐标

(4) 选择位置,再选择 X 轴上的点和 X、Y 平面图上的点,如图 2-78 所示。

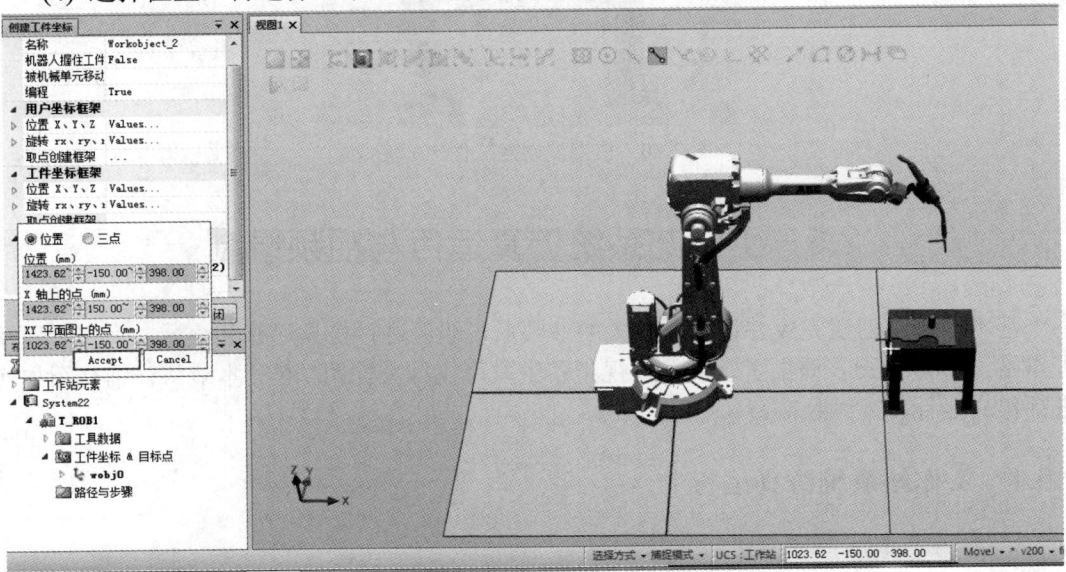

图 2-78 创建坐标原点

(5) 确认三个点的数据生成后,单击"Accept"按钮,如图 2-79 所示。

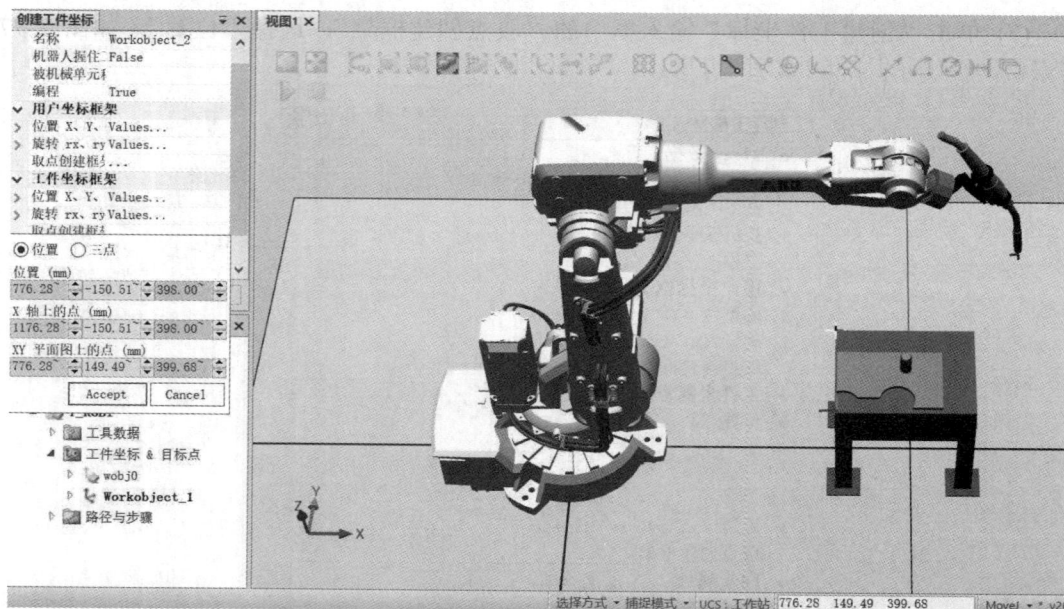

图 2-79　确认数据

(6) 单击"创建"按钮，已创建的工件坐标如图 2-80 所示。

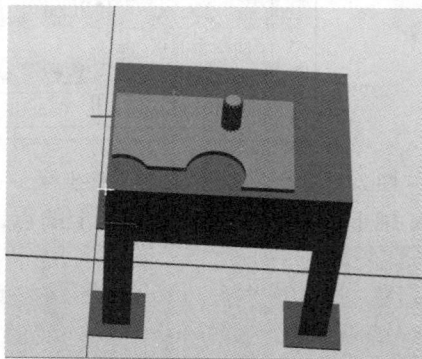

图 2-80　位置法创建工件坐标完成

2.5　工作站系统仿真运行与视频录制

　　基本工作站创建完成并设置好相关的参数后，即可进行仿真运行和演示。为便于展示工作站，RobotStudio 提供了录制仿真视频和生成可执行文件的功能。本节将详细介绍如何进行仿真运行和视频录制。

2.5.1　工作站系统仿真运行

1. 同步工作站

　　仿真运行前需将工作站同步到 RAPID 程序，具体有以下两种方式：

(1) 在"基本"功能选项卡中，单击"同步"，选择"同步到 RAPID"。

(2) 在左侧"路径和目标点"栏中以鼠标右键单击"Path_10",选择"同步到 RAPID…",如图 2-81 所示。

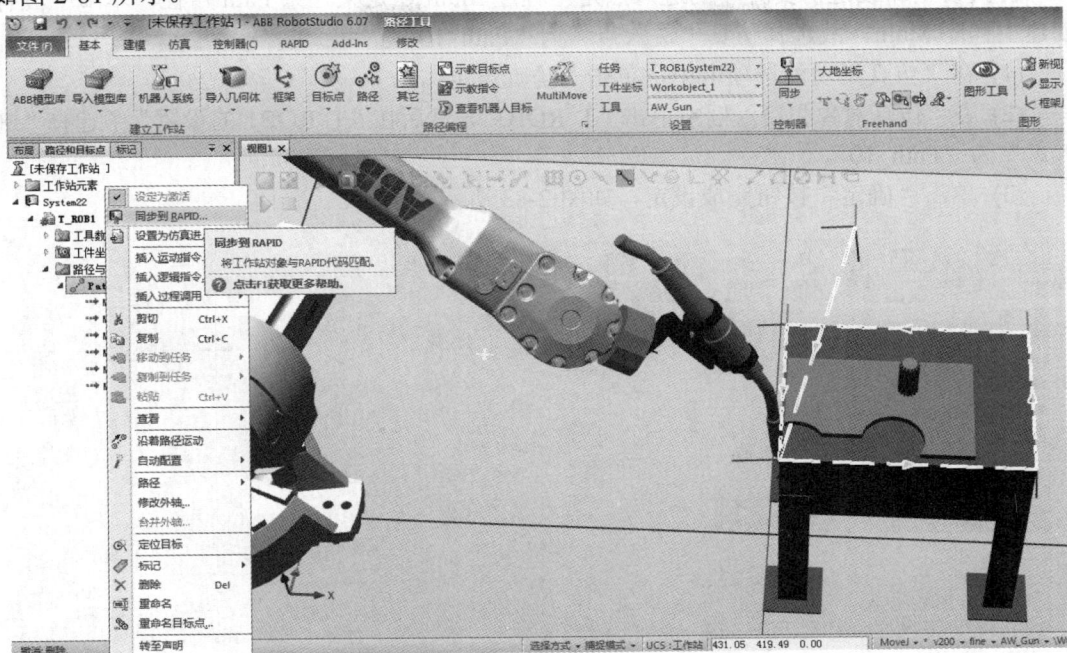

图 2-81 工作站同步到 RAPID

2. 设置同步参数

在"同步到 RAPID"对话框中选择需要同步的项目,一般全部勾选,然后单击"确定"按钮,如图 2-82 所示。

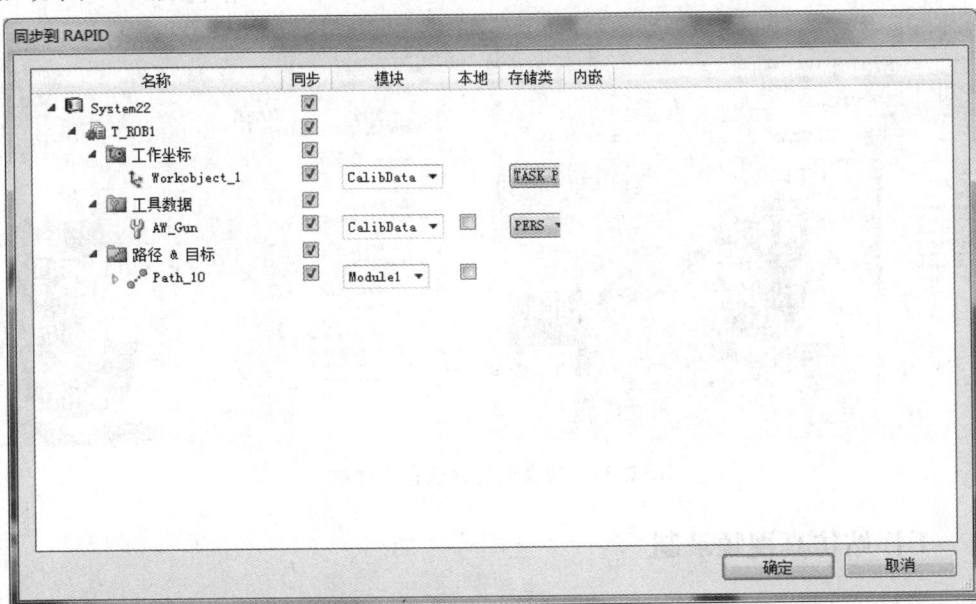

图 2-82 设置"同步到 RAPID"参数

3. 仿真设定

仿真设定即设定仿真程序的进入点是主程序 Main 还是某一条 Path 路径。本节中没有创建主程序 Main，故选择仿真"进入点"为"Path_10"。

(1) 在"仿真"功能选项卡中，单击"仿真设定"。

(2) 在"仿真对象"输入框中单击"T_ROB1"，然后在"T_ROB1 的设置"中选择"进入点"为"Path_10"。

(3) 单击"确定"按钮完成设定，如图 2-83 所示。

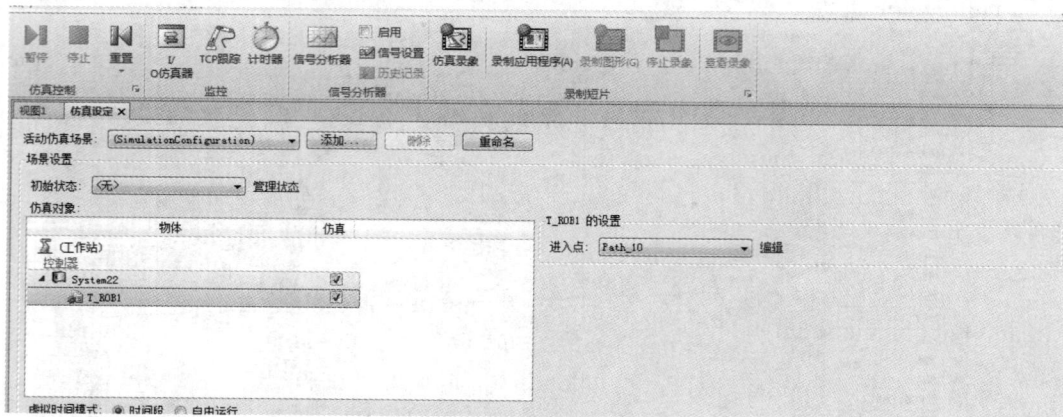

图 2-83　仿真设定

4. 仿真运行

在"仿真"功能选项卡中，单击"播放"按钮，即可看到机器人按照之前示教的轨迹进行运动，如图 2-84 所示。单击"保存"按钮，可以将工作站保存起来。

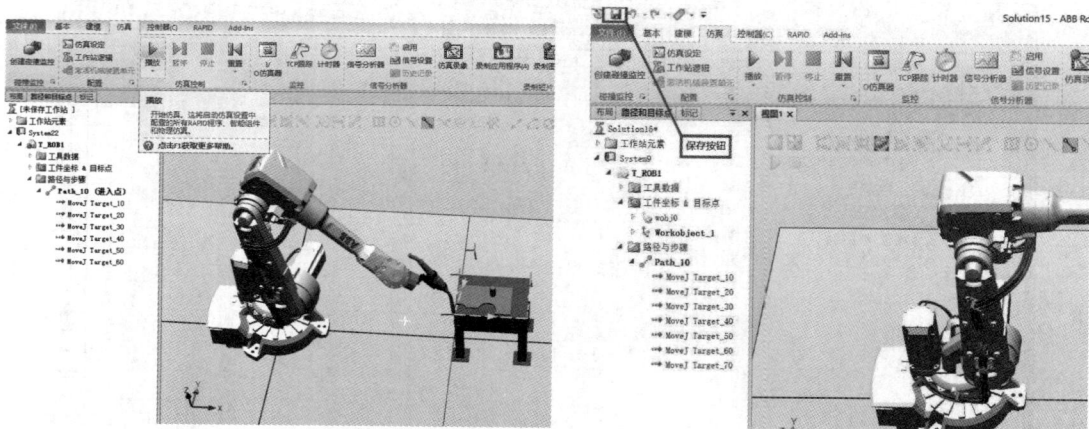

图 2-84　仿真运行并保存工作站

2.5.2　工作站仿真视频录制

为便于展示创建的工作站，RobotStudio 提供了仿真视频和仿真视图录制功能。录制前需设置屏幕录像的相关参数和保存路径。在"文件"功能选项卡中，单击"选项"，选择

"屏幕录像机",设置录像参数、保存路径等,然后单击"确定"按钮,如图 2-85 所示。

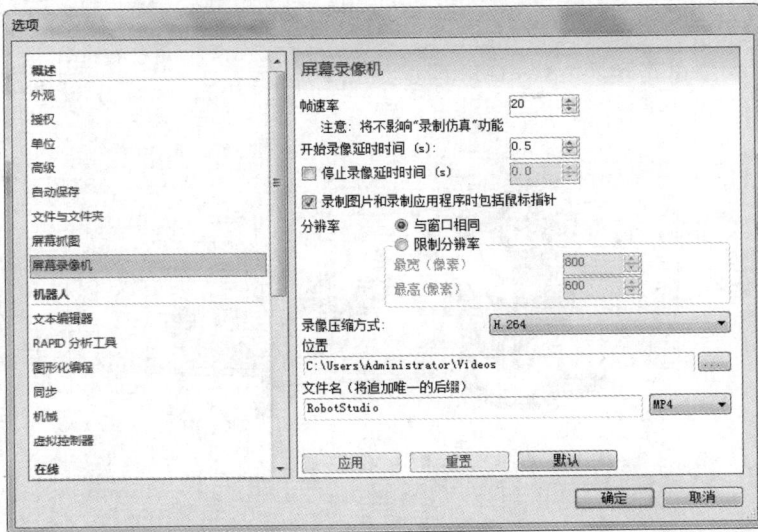

图 2-85　设置录制视频参数

1. 仿真录像

(1) 在"仿真"功能选项卡中,单击"仿真录像"按钮,再单击"播放"按钮,仿真结束后仿真录像会自动停止,录像完成,如图 2-86 所示。

图 2-86　仿真录像

(2) 录制的仿真视频保存后,随时可以查看。在"仿真"功能选项卡中单击"查看录像"可以打开查看之前的仿真视频,如图 2-87 所示。

图 2-87　查看仿真录像

2. 录制图形

在"仿真"功能选项卡中，单击"播放"按钮，再单击"录制图形"按钮即可完成计算机桌面活动图形的录制，如图 2-88 所示。

图 2-88　录制图形

3. 录制应用程序

在"仿真"功能选项卡中，单击"播放"按钮，再单击"录制应用程序"按钮，如图 2-89 所示。

图 2-89　录制应用程序

录制应用程序与录制图形操作都可以录制在计算机桌面活动的图形，具有屏幕录像机的功能。

2.5.3　工作站工程文件录制

为便于在第三方平台更为真实、全面地展示创建的工作站，RobotStudio 提供了"录制视图"的强大功能，可将工作站仿真运行过程制成 .exe 可执行文件，能够便捷、全方位地展示三维工作站。

(1) 在"仿真"功能选项卡中，单击"播放"按钮，选择"录制视图"，如图 2-90 所示。

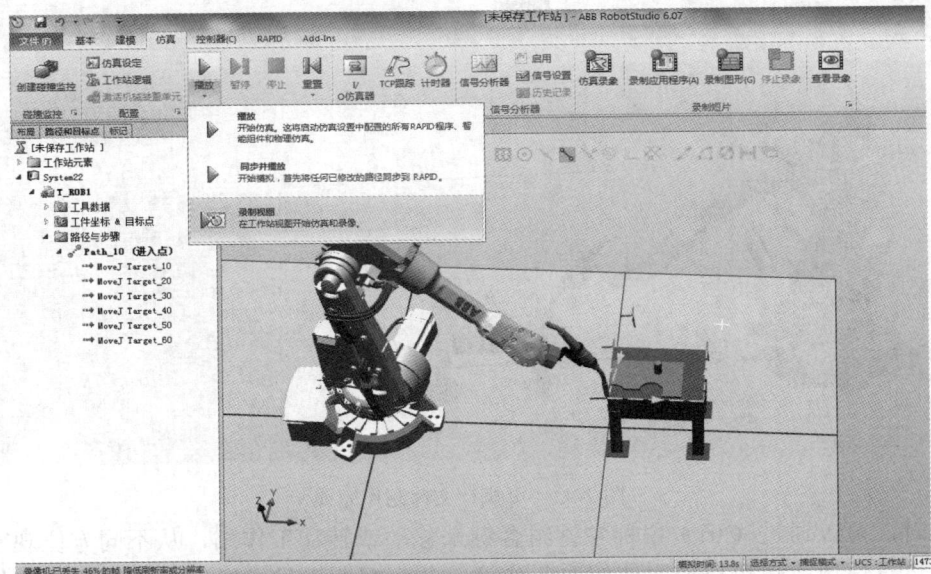

图 2-90　选择"录制视图"

(2) 录制视图完成后,在弹出的"另存为"对话框中指定保存位置,修改文件名,然后单击"保存"按钮,如图 2-91 所示。

图 2-91 保存录制的视图文件

(3) 视图录制完成后,可执行文件就制作完成了。双击打开保存的.exe 文件,单击"Play"按钮,即可观看工作站仿真运行,如图 2-92 所示。

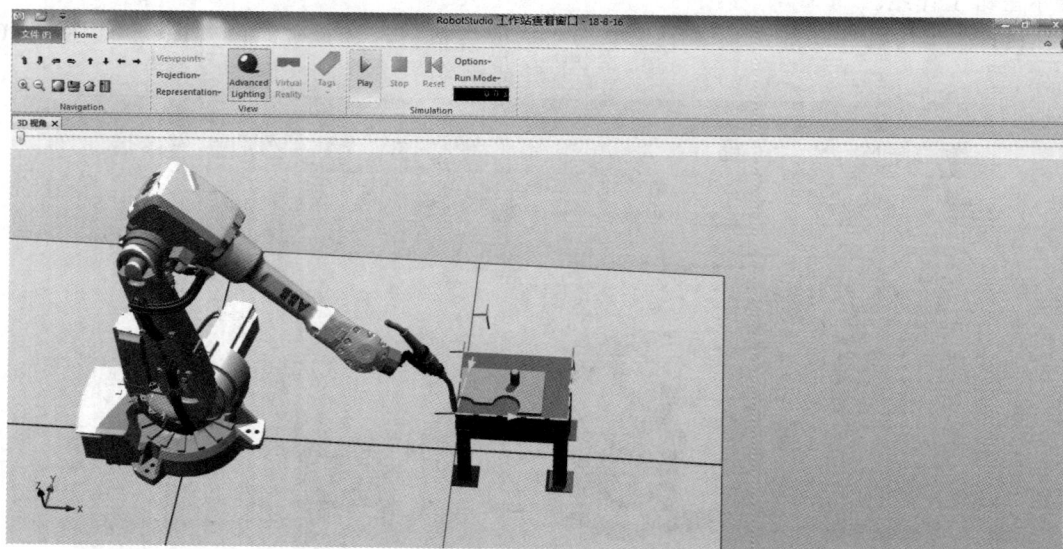

图 2-92 可执行文件制作完成

此时,可以通过 Ctrl + 鼠标左键组合键来移动或转动工作站,从不同方位观察工作站仿真运行情况;也可以放大或缩小工作站。仿真视图提供了脱机展示机器人工作站的便捷方式。

✦✦✦ 实 训 任 务 ✦✦✦

项 目 任 务 书

任务名称	工业机器人仿真工作站操作及视频录像		
小组成员			
指导老师		计划用时	
实施时间		实施地点	
任务内容与目标			
1. 练习工作站的解包和打包。2. 熟悉机器人模型的导入和建立。3. 录制工作站仿真视频			
考核项目	分享打包文件；建立一个新的工作站；进行机器人系统仿真进行和视频录制		
备注			

项目任务综合评价表

任务名称：**工业机器人仿真工作站操作及视频录像**   测评时间： 年 月 日

考核明细		标准分	实际得分								
			小组成员								
			小组自评	小组互评	教师评价	小组自评	小组互评	教师评价	小组自评	小组互评	教师评价
团队 (60分)	小组是否能在总体上把握学习目标与进度	10									
	小组是否分工明确	10									
	小组是否有互助意识	10									
	小组是否有创新想(做)法	10									
	小组是否如实完成任务项目书	10									
	小组是否存在问题和具有解决问题的方案	10									
个人 (40分)	个人是否服从团队安排	10									
	个人是否完成团队分配任务	10									
	个人是否能与团队成员及时沟通和交流	10									
	个人是否能够认真描述困难、错误和修改内容	10									
合计		100									

第三章　工业机器人工作站模型创建

　　创建工业机器人工作站时，需要创建或导入不同类型的三维模型、机械装置和机器人工具。本章介绍了 RobotStudio 部分建模功能，包括基本模型创建、测量工具的使用、机器人工具创建、创建机器人机械装置等。通过对本章的学习，用户可以掌握创建工作站系统模型的基本方法和技能，掌握创建基本模型和使用测量工具的方法，并且能够处理一般的机械模型并创建机器人工具。

◆ **知识目标**

　　(1) 掌握测量工具的基本类型、创建机械装置的基本原理、RobotStudio 创建三维模型的基本方法。

　　(2) 熟悉创建机器人工具的具体步骤，会使用不同测量工具进行测量。

　　(3) 了解 RobotStudio 创建三维模型的原理、第三方模型导入的基本方法。

◆ **能力目标**

　　(1) 具备创建活塞等简易机械装置的能力、设置机械装置运动特性的能力和创建机器人工具的能力。

　　(2) 学会导入第三方模型的方法。

3.1　基本模型创建

在 RobotStudio 中可以进行矩形体、圆柱体等基本模型的创建。本节通过创建两个基本的 3D 模型，让用户对 RobotStudio 建模有一个初步的认识，为创建其他模型打下基础。

3.1.1　矩形体创建

使用 RobotStudio 创建矩形体的具体操作步骤如下：

(1) 新建空工作站。选择"文件"功能选项卡，单击"新建"→"空工作站"→"创建"，新建空工作站，如图 3-1 所示。

图 3-1　新建空工作站

(2) 创建矩形体。选择"建模"功能选项卡，单击"固体"，然后选择"矩形体"选项，开始创建几何体，如图 3-2 所示。

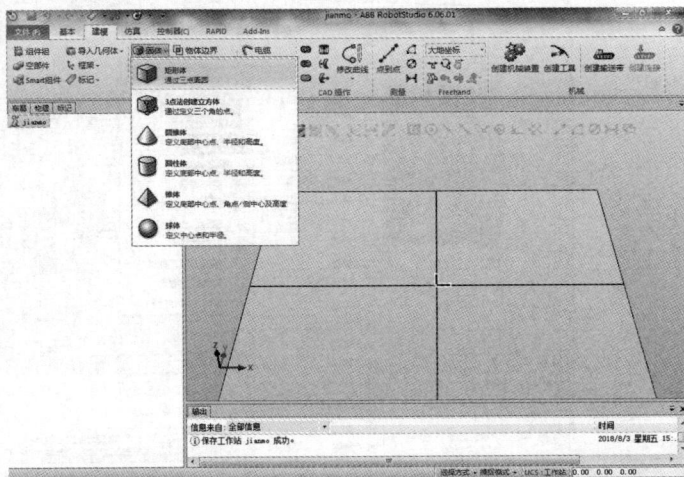

图 3-2　创建矩形体

（3）参数设定。

① 在界面左侧选择"创建方体"输入框，设定长度为 800 mm、宽度为 400 mm，高度为 200 mm。

② 单击"创建"按钮，创建矩形体，如图 3-3 所示。

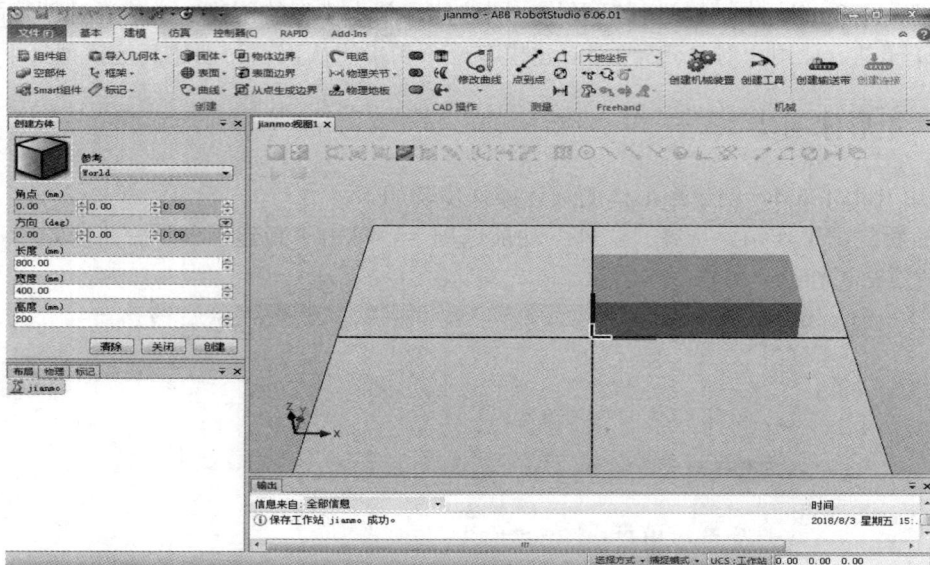

图 3-3　参数设定

（4）颜色设定。在视图中右键单击矩形体模型，在弹出菜单中单击"修改(M)"→"设定颜色…"，进行颜色设定，选择为红色，如图 3-4、图 3-5 所示。

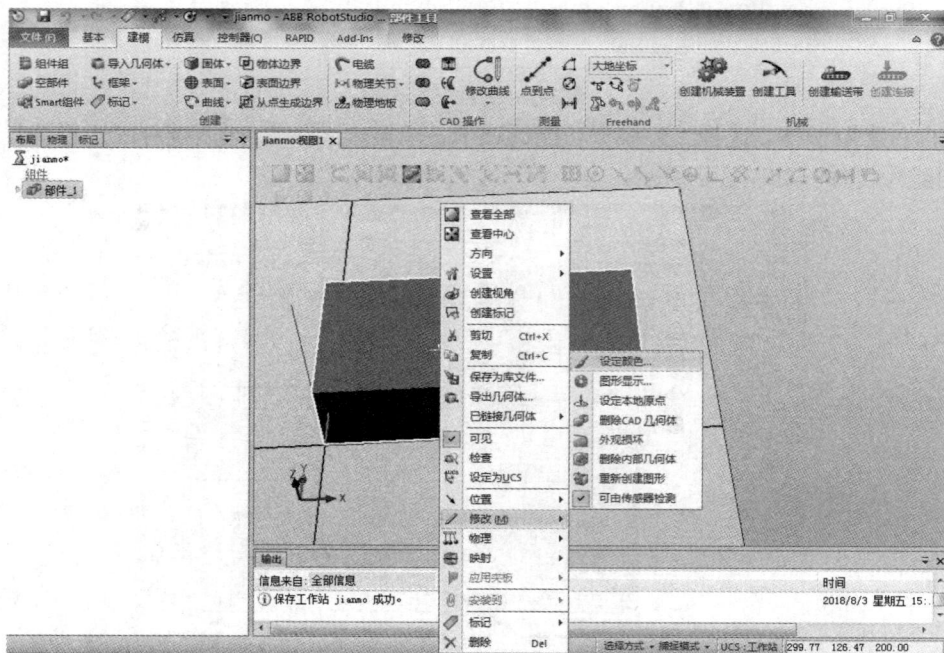

图 3-4　颜色设定

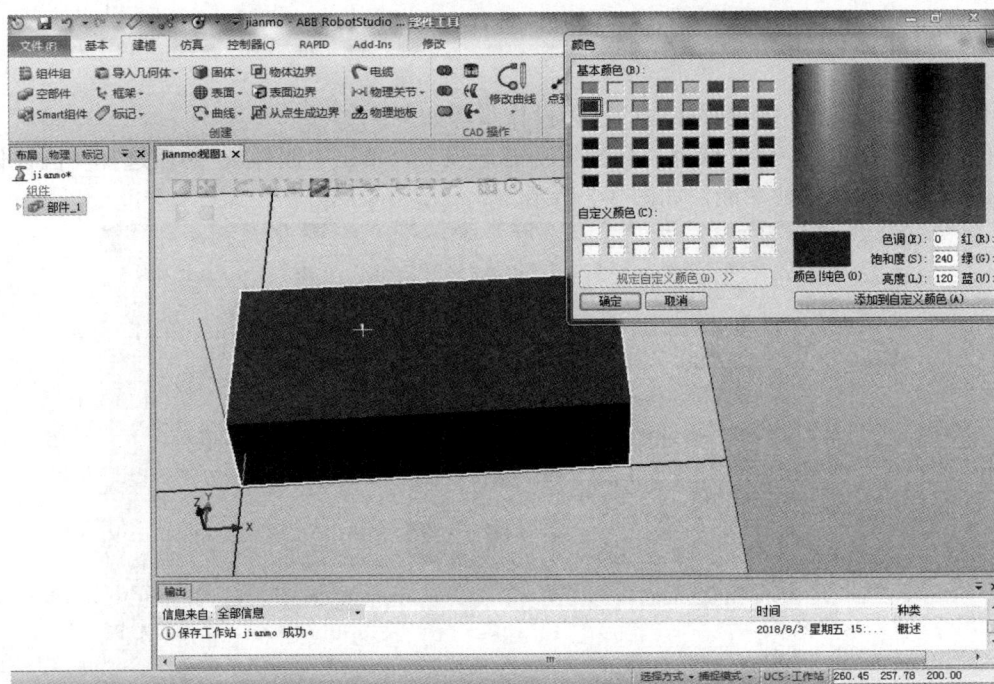

图 3-5　颜色选择

(5) 保存文件。右键单击矩形体模型，在弹出菜单中单击"保存为库文件..."，将创建的模型保存为库文件，如图 3-6 所示。

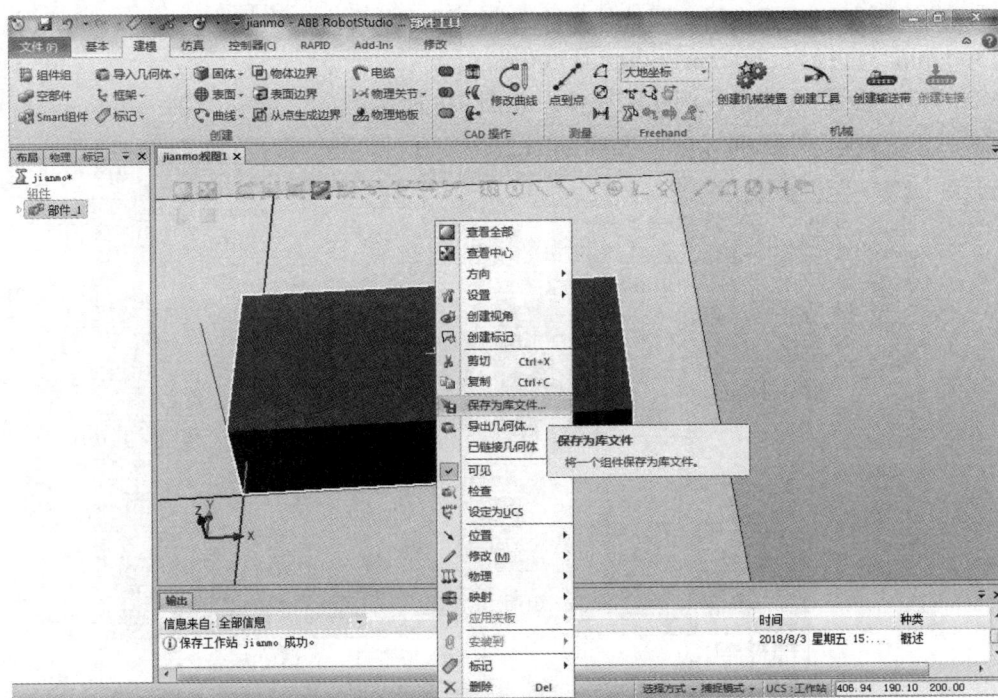

图 3-6　保存文件

3.1.2　圆柱体创建

使用 RobotStudio 创建圆柱体的具体操作步骤如下：

（1）开始创建圆柱体。选择"建模"功能选项卡，单击"固体"，然后选择"圆柱体"选项，打开圆柱体创建功能，如图 3-7 所示。

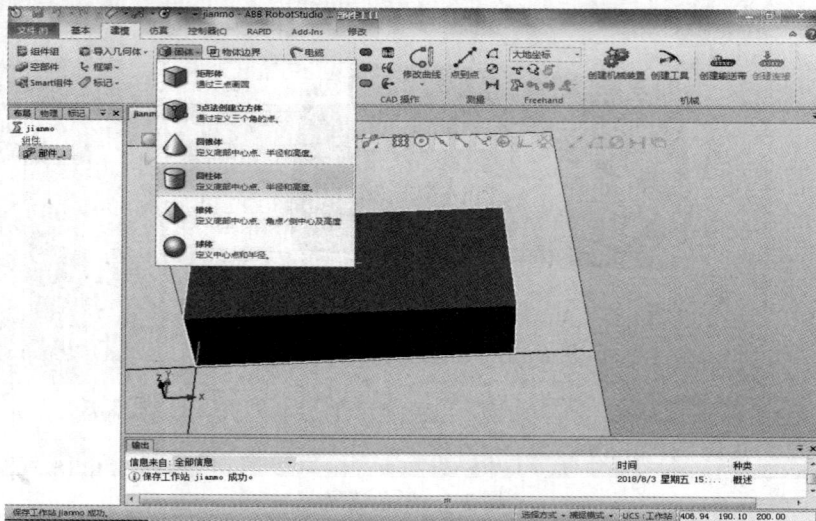

图 3-7　创建圆柱体

（2）参数设定。

① 在界面左侧选择"创建圆柱体"输入框，设定基座中心坐标为(−400，200，0)、半径为 300 mm、直径为 600 mm、高度为 400 mm。

② 单击"创建"按钮，创建圆柱体，如图 3-8 所示。

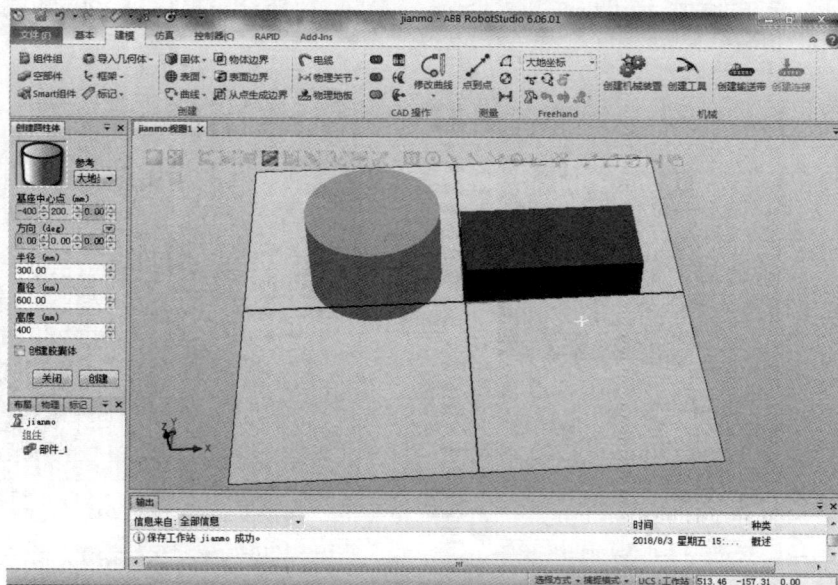

图 3-8　参数设定

(3) 颜色设定。在界面左侧选择"布局"栏，右键单击"部件_2"，在弹出菜单中单击"修改(M)"→"设定颜色..."，进行颜色设定，选择为蓝色，如图3-9、图3-10所示。

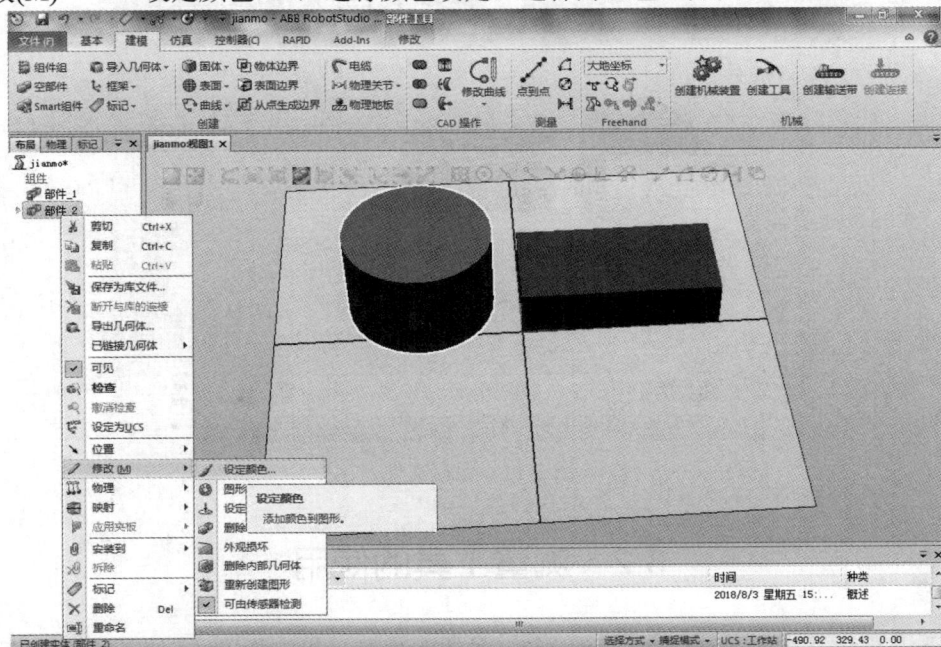

图3-9 选择部件并进行颜色设定

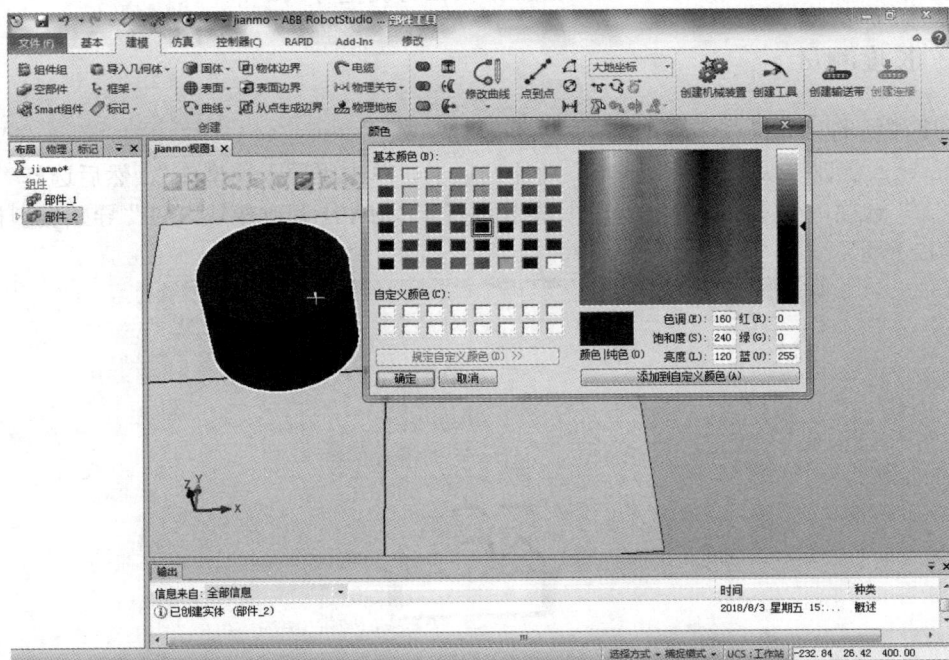

图3-10 颜色选择

(4) 保存文件。右键单击"部件_2"，在弹出菜单中单击"保存为库文件..."，将创建的模型保存为库文件，如图3-11所示。

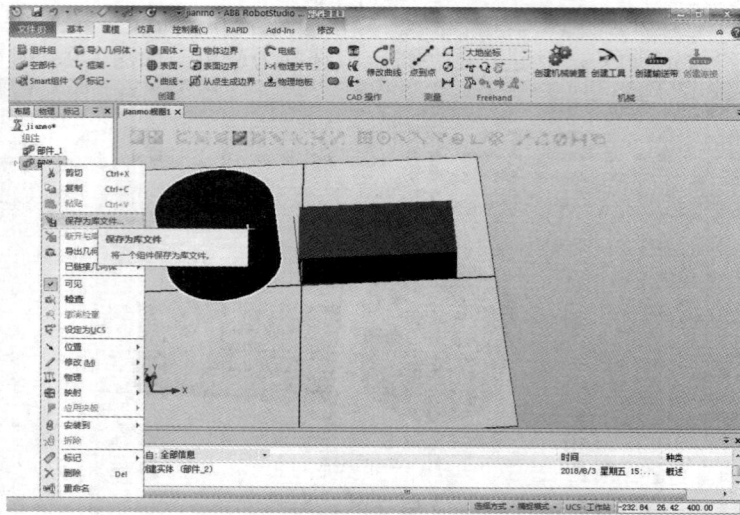

图 3-11　保存文件

3.2　测量工具的使用

RobotStudio 提供了长度、角度、直径、最短距离测量等测量方式。本节通过对基础实训模块的参数测量，直观展示了 RobotStudio 的四种测量方式。

3.2.1　长度测量

长度测量的具体操作步骤如下：

(1) 导入实训模块。选择"基本"功能选项卡，单击"导入模型库"，然后选择"浏览库文件…"选项，在弹出的浏览窗口中选中并打开"MA01 基础模块.SAT"导入实训模块，如图 3-12 所示。

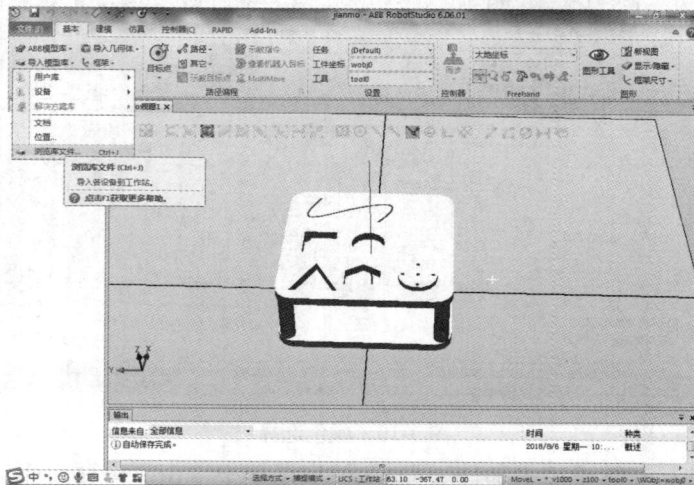

图 3-12　导入实训模块

(2) 设置对象。单击"选择部件"图标，将对象选择方式设定为"选择部件"；单击"捕捉末端"图标，将对象捕捉模式设定为"捕捉末端"，如图 3-13 所示。

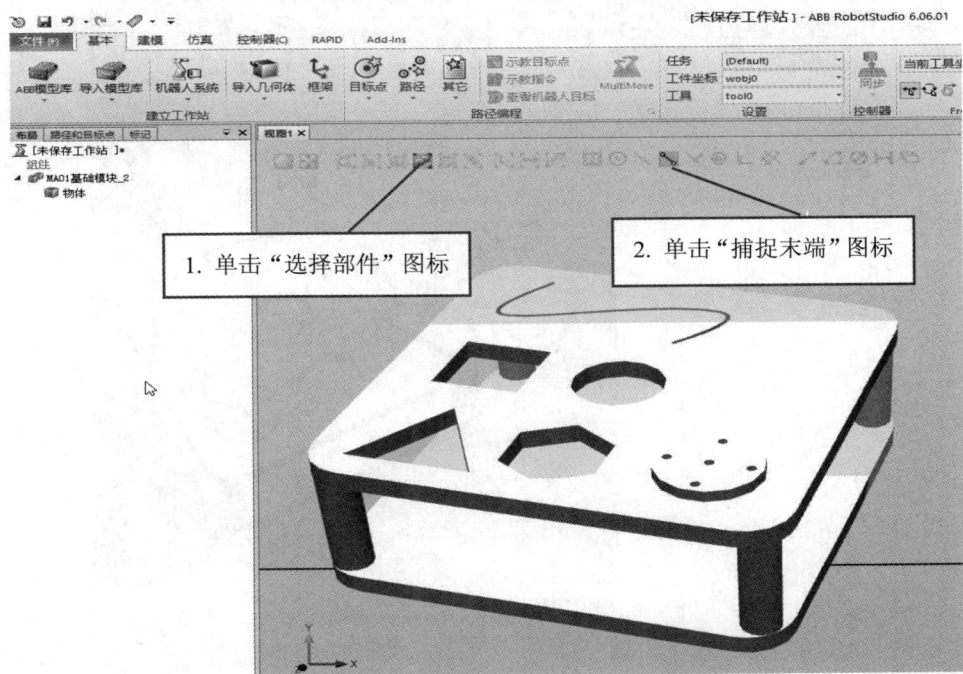

图 3-13　设置对象

(3) 开始点到点测量。选择"建模"功能选项卡，单击"点到点"按钮，测量两点距离，如图 3-14 所示。

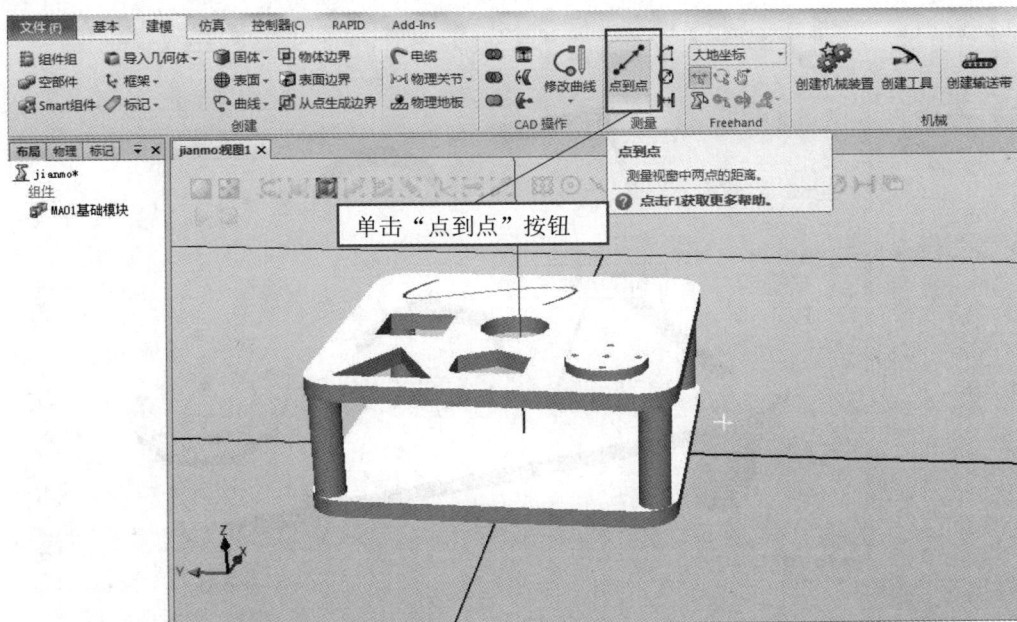

图 3-14　测量两点距离

（4）选取测量点。单击图中 P1、P2 点，将其作为测量点，如图 3-15 所示。

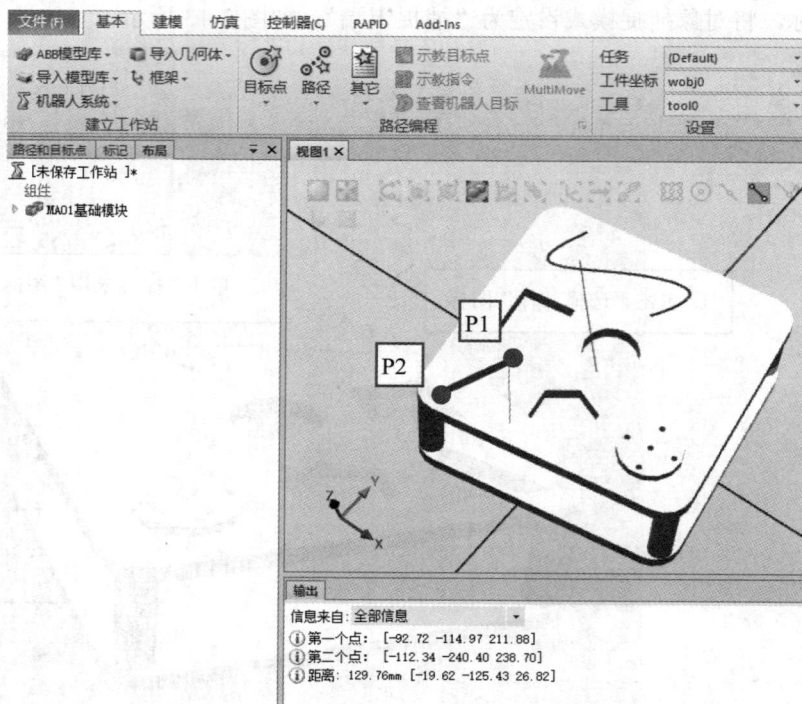

图 3-15　选取测量点

（5）点到点测量完成。最终显示如图 3-16 所示测量结果。

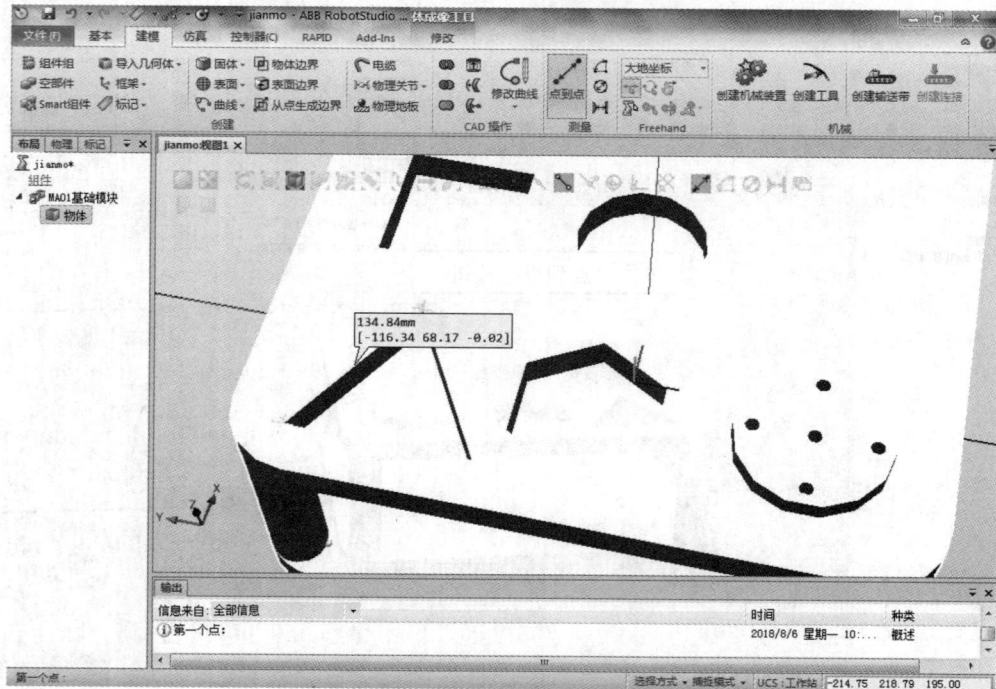

图 3-16　测量完成显示

3.2.2 角度测量

角度测量的具体操作步骤如下：

(1) 开始角度测量。单击"角度"图标按钮，打开测量两直线的相交角度功能，如图 3-17 所示。

图 3-17 打开角度测量功能

(2) 设置对象。单击"选择部件"图标，将对象选择方式设定为"选择部件"；单击"捕捉末端"图标，将对象捕捉模式设定为"捕捉末端"，如图 3-18 所示。

图 3-18 设置对象

(3) 选取测量点。依次单击图中 P1、P2、P3 点,将其作为测量点,以测量∠P1,如图 3-19 所示。

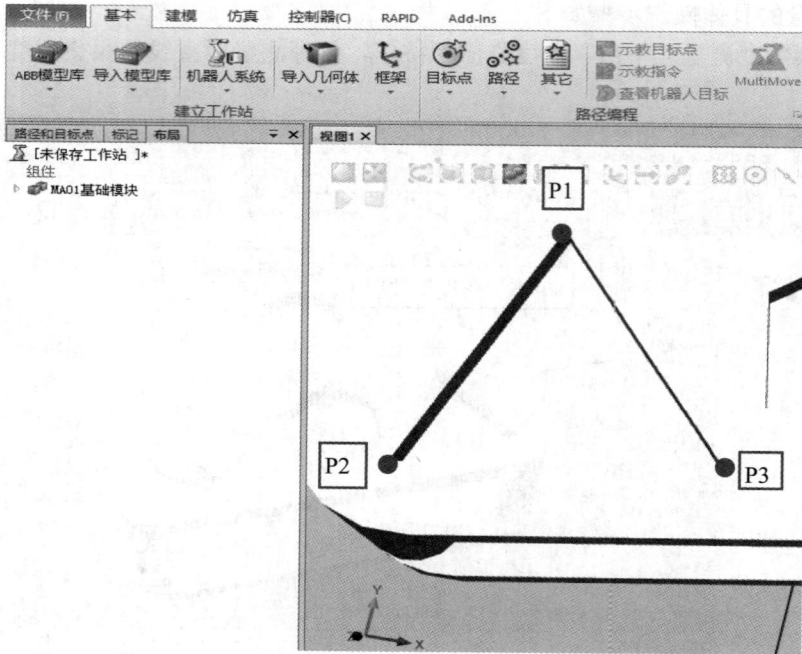

图 3-19 选取测量点

(4) 角度测量完成。最终显示如图 3-20 所示测量结果。

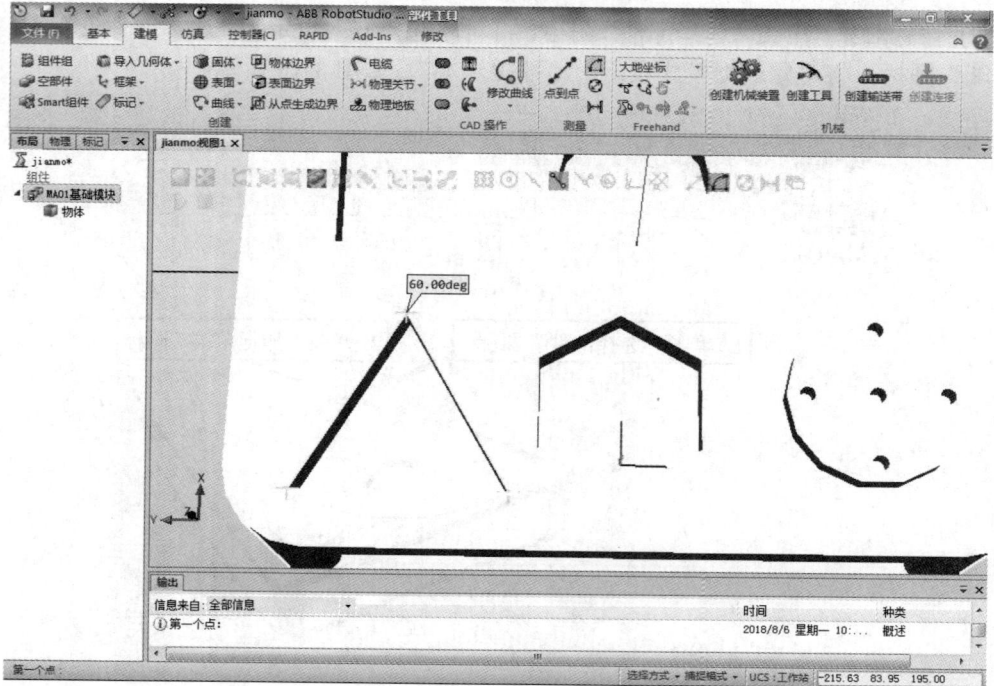

图 3-20 测量完成显示

3.2.3 直径测量

直径测量的具体操作步骤如下：

(1) 开始直径测量。单击"直径"按钮，打开测量圆的直径的功能，如图 3-21 所示。

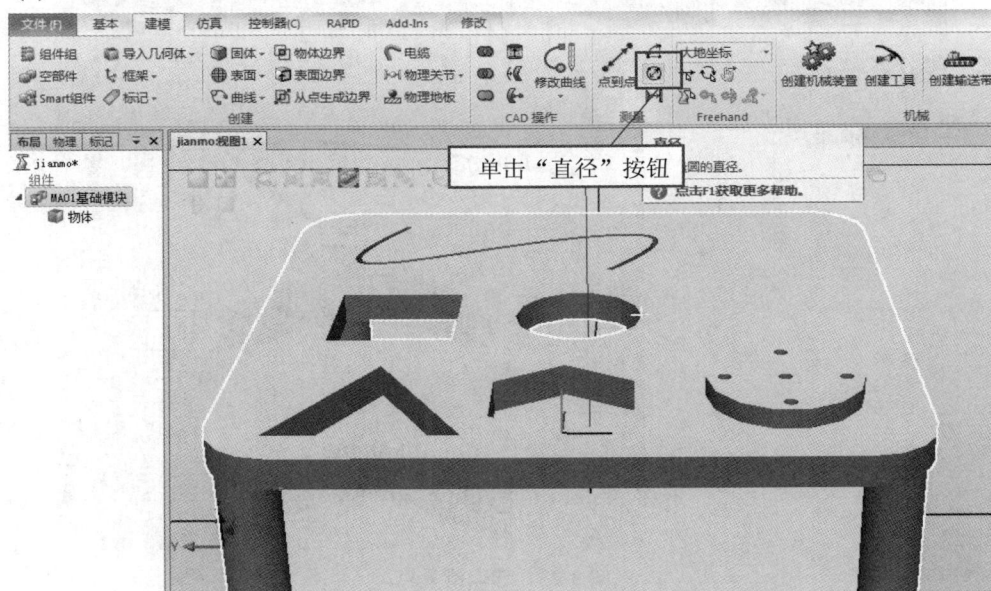

图 3-21 开始直径测量

(2) 设置对象。单击"选择部件"图标，将对象选择方式设定为"选择部件"；单击"捕捉边缘"图标，将对象捕捉模式设定为"捕捉边缘"，如图 3-22 所示。

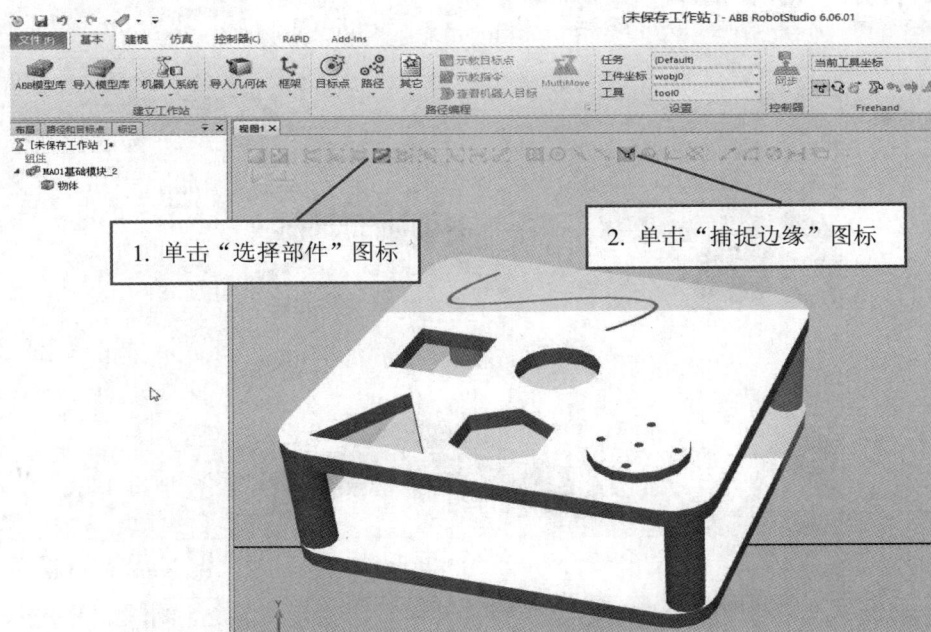

图 3-22 设置对象

（3）选取测量点。依次单击图中圆弧边缘 P1、P2、P3 点，将其作为测量点，如图 3-23 所示。

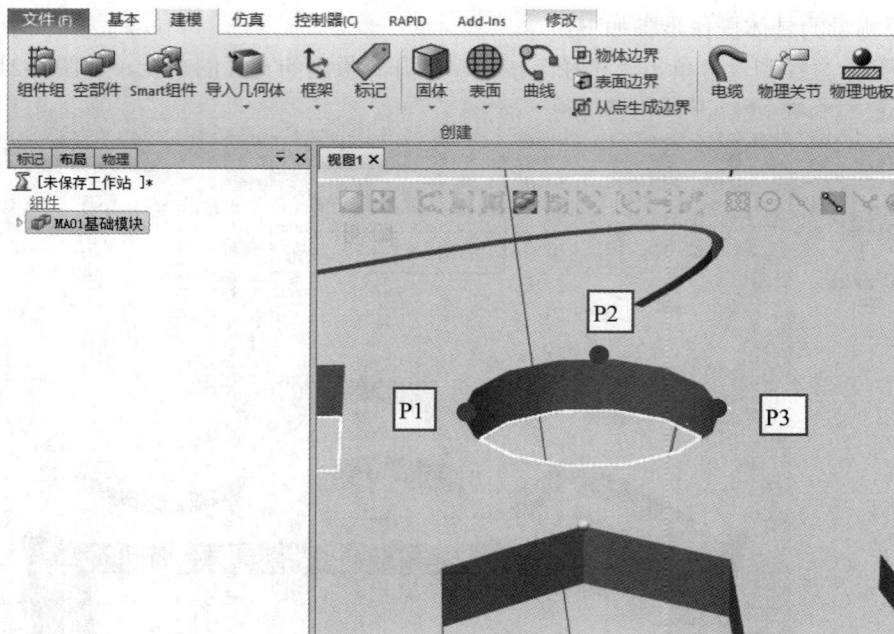

图 3-23　选取测量点

（4）直径测量完成。最终显示如图 3-24 所示测量结果。

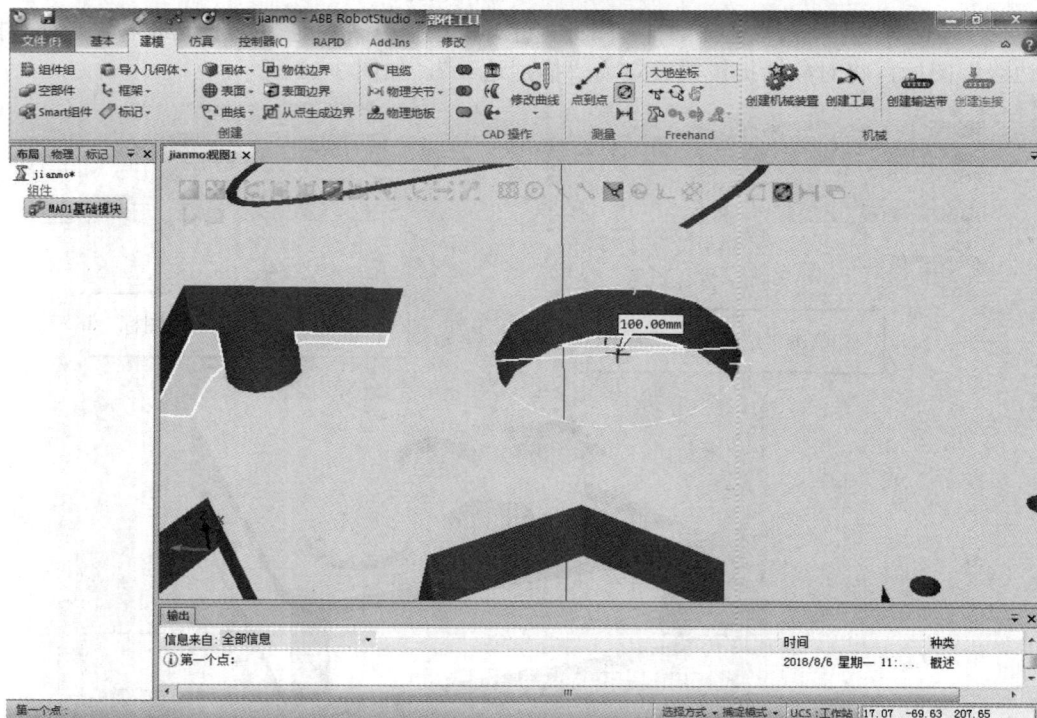

图 3-24　测量完成显示

3.2.4　最短距离测量

最短距离测量的具体操作步骤如下：

(1) 开始最短距离测量。单击"最短距离"图标按钮，打开测量两个对象的直线距离的功能，如图 3-25 所示。

图 3-25　开始最短距离测量

(2) 设置对象。单击"选择表面"图标，将对象选择方式设定为"选择表面"，如图 3-26 所示。捕捉模式不需设置。

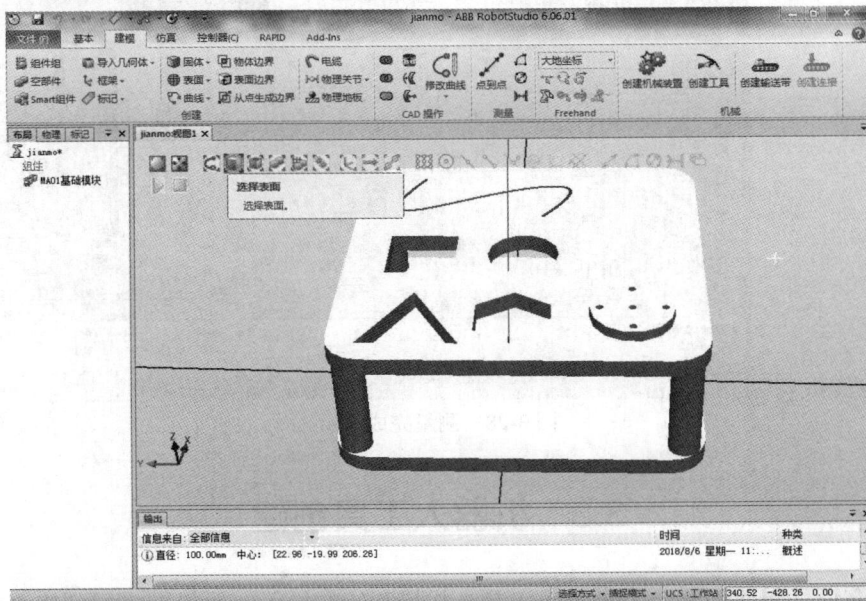

图 3-26　设置对象

(3) 选取测量面。依次单击图中 S1、S2 平面，将其作为测量面，如图 3-27 所示。

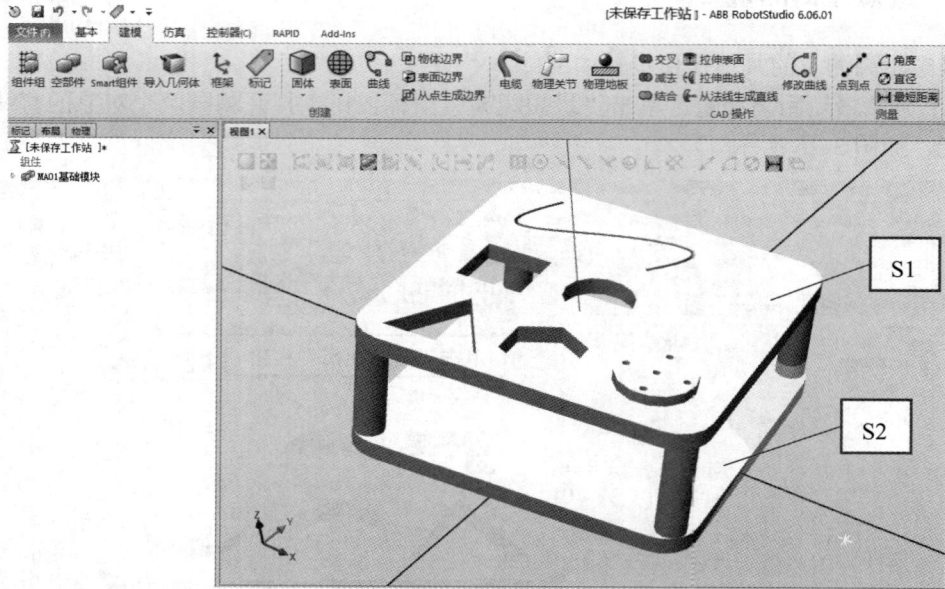

图 3-27　选取测量面

(4) 最短距离测量完成。最终显示如图 3-28 所示测量结果。

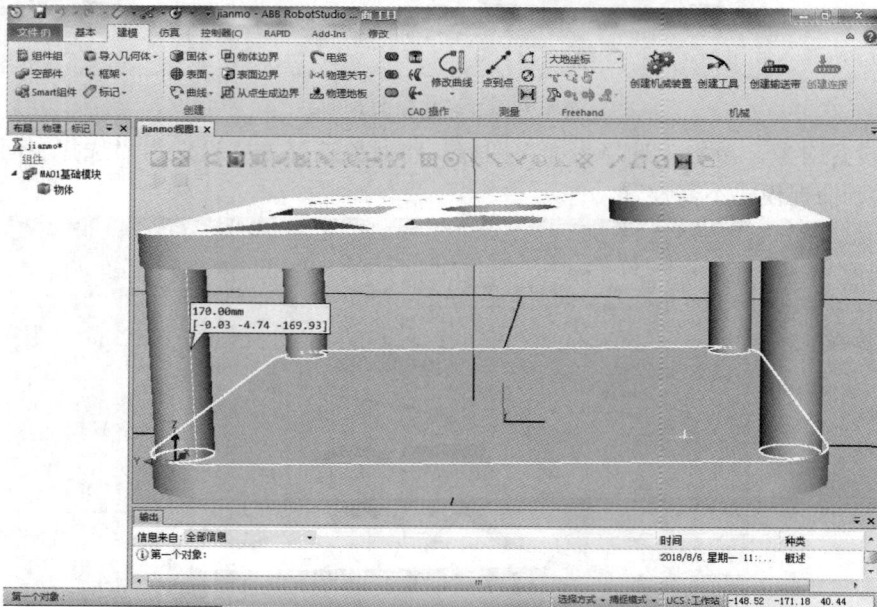

图 3-28　测量完成显示

3.3　机器人工具创建

本节介绍了如何创建一个机器人工具，从最开始的导入一般机械模型到修改原点、调整位置、创建工具坐标系，再到最后的创建机器人工具库文件，逐步介绍，循序渐进，让用户清楚地认识到机器人工具的创建过程。

3.3.1　模型原点修改

修改模型原点的具体操作步骤如下：

(1) 导入几何体。选择"建模"功能选项卡，单击"导入几何体"按钮，然后选择"浏览几何体"选项，在浏览窗口中选中并打开"夹具.sat"，如图 3-29 所示。

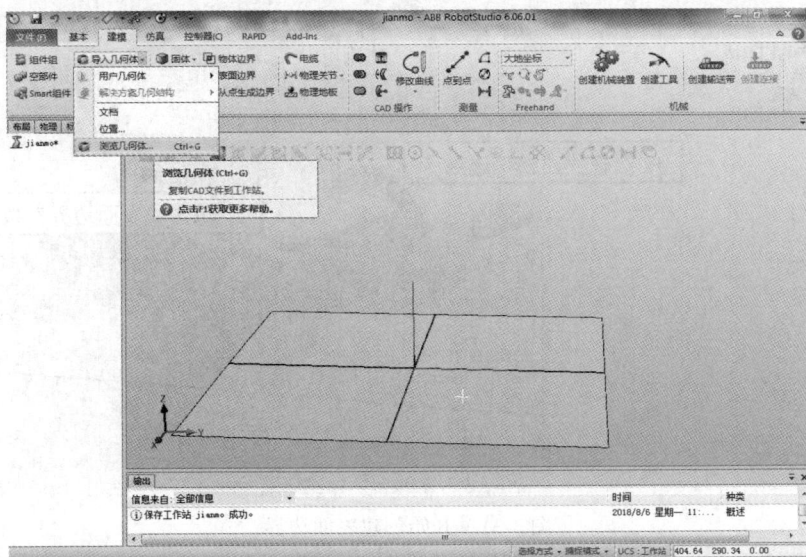

图 3-29　导入几何体

(2) 机械模型导入完成，如图 3-30 所示。

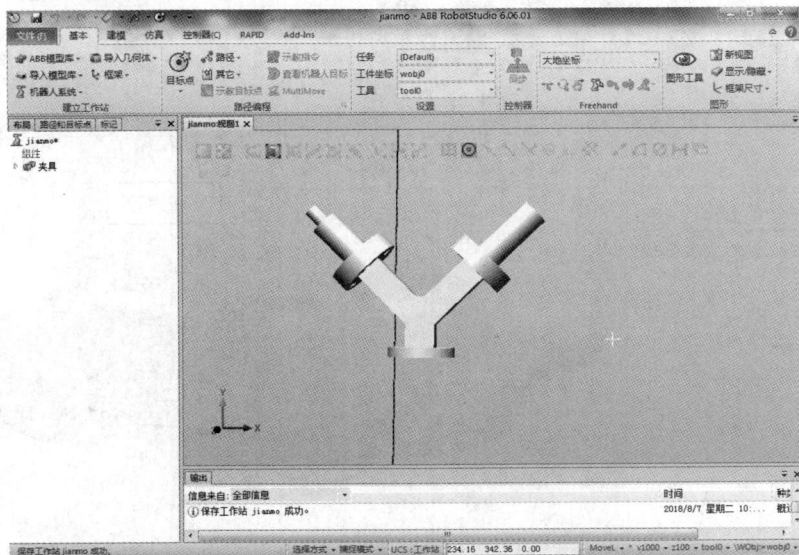

图 3-30　机械模型导入

(3) 开始创建表面边界。

① 将视图视角调整到合适位置。

② 选择"建模"功能选项卡，单击"表面边界"按钮，开启表面边界创建功能，如图 3-31 所示。

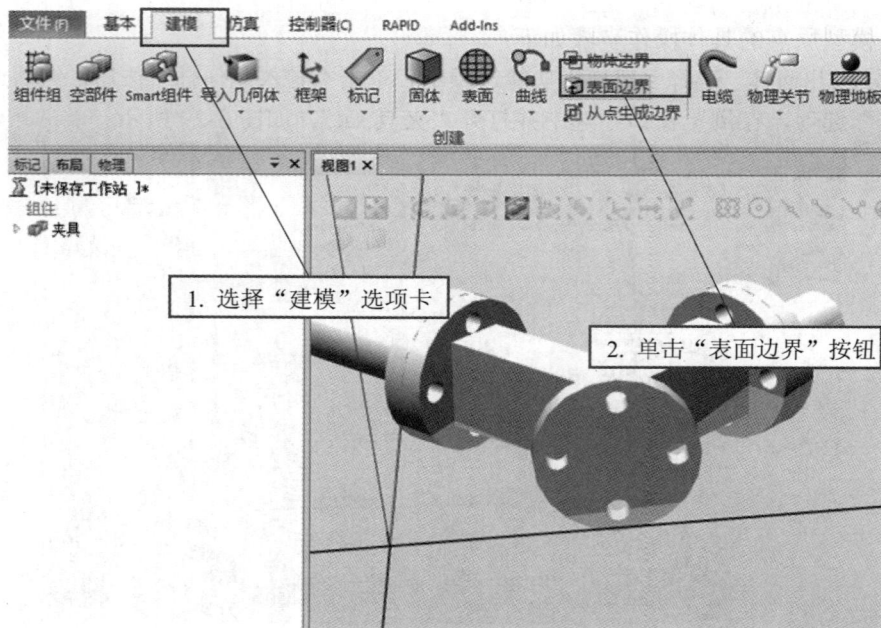

图 3-31　开始创建表面边界

(4) 选择表面。单击视图所标注的工具法兰盘表面，选中的表面会自动更新到界面左侧的"选择表面"的输入框内，如图 3-32 所示。

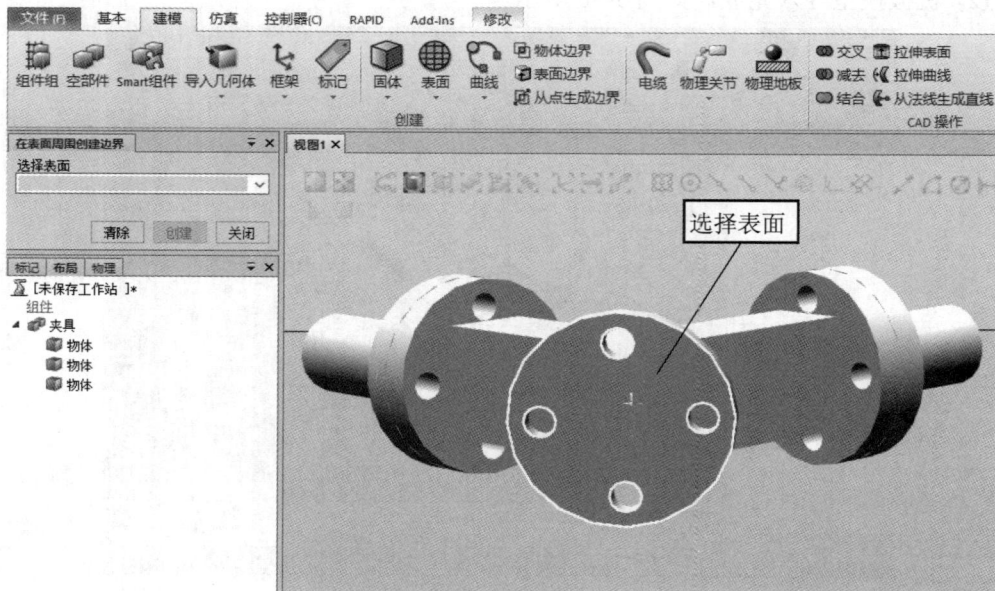

图 3-32　选择表面

（5）创建表面边界。在界面左侧选择"在表面周围创建边界"输入框，单击"创建"按钮，创建表面边界，如图 3-33 所示。

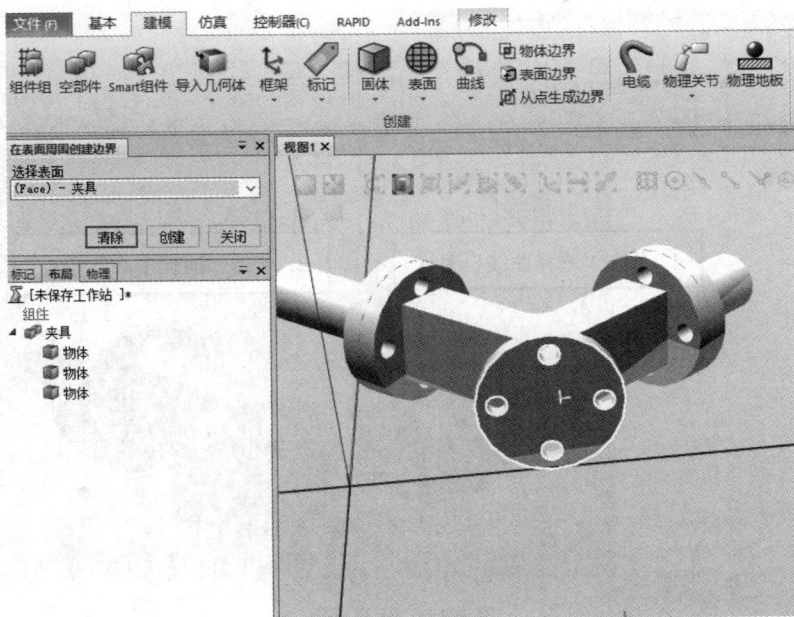

图 3-33　创建表面边界

（6）打开"两点"法放置功能。在界面左侧选择"布局"栏，右键单击"夹具"，在弹出菜单中单击"位置"→"放置"→"两点"，如图 3-34 所示。

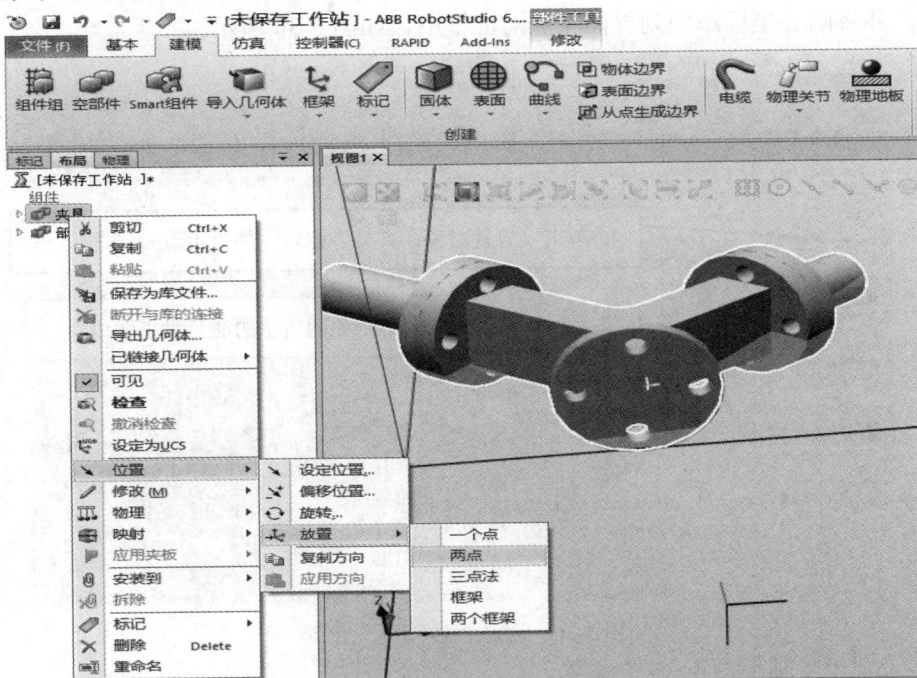

图 3-34　打开"两点"法放置功能

(7) 设置对象。单击"选择曲线"图标，将对象选择方式设定为"选择曲线"；单击"捕捉中心"图标，将对象捕捉模式设定为"捕捉中心"，如图 3-35 所示。

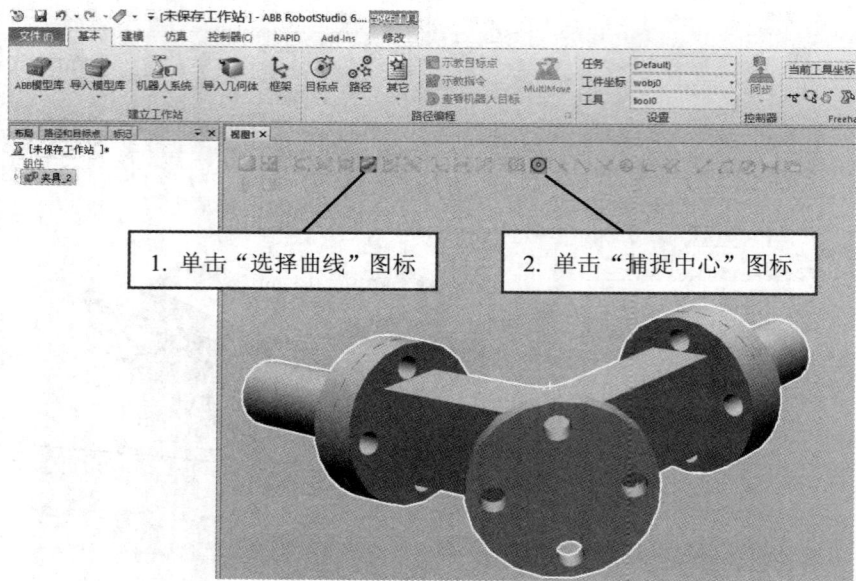

图 3-35　设置对象

(8) 设定"主点-从"位置。

① 在界面左侧单击"放置对象：夹具"窗口中的"主点-从"输入框。

② 在界面右侧视图中单击如图所示的法兰盘表面边界，系统则自动获取该边界对应的圆心，并将圆心坐标添加到界面左侧对应框中，如图 3-36 所示。

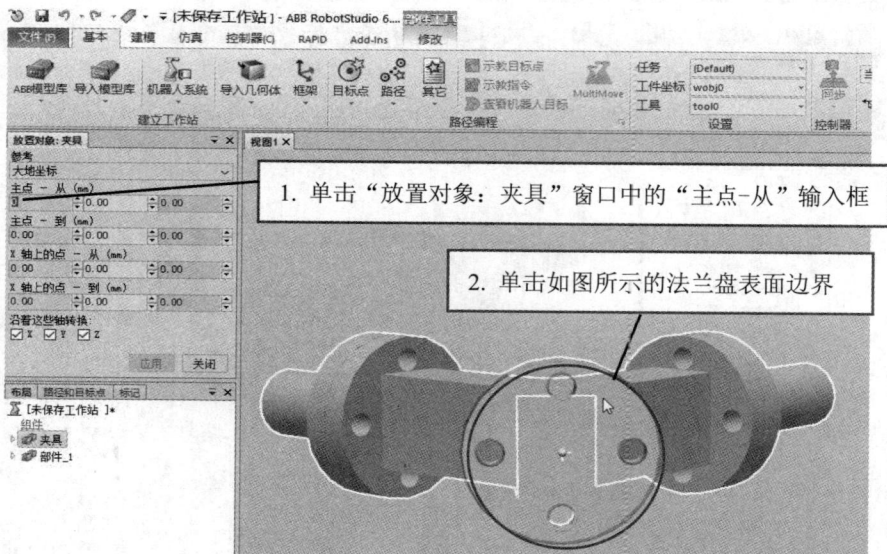

图 3-36　设定"主点-从"位置

(9) 设定"X 轴上的点-从"位置。

① 单击界面左侧的"X 轴上的点-从"输入框。

② 在视图中单击如图所示左侧安装孔的表面边界，系统自动获取该边界对应的圆心，并将圆心坐标添加到界面左侧对应框中，如图 3-37 所示。

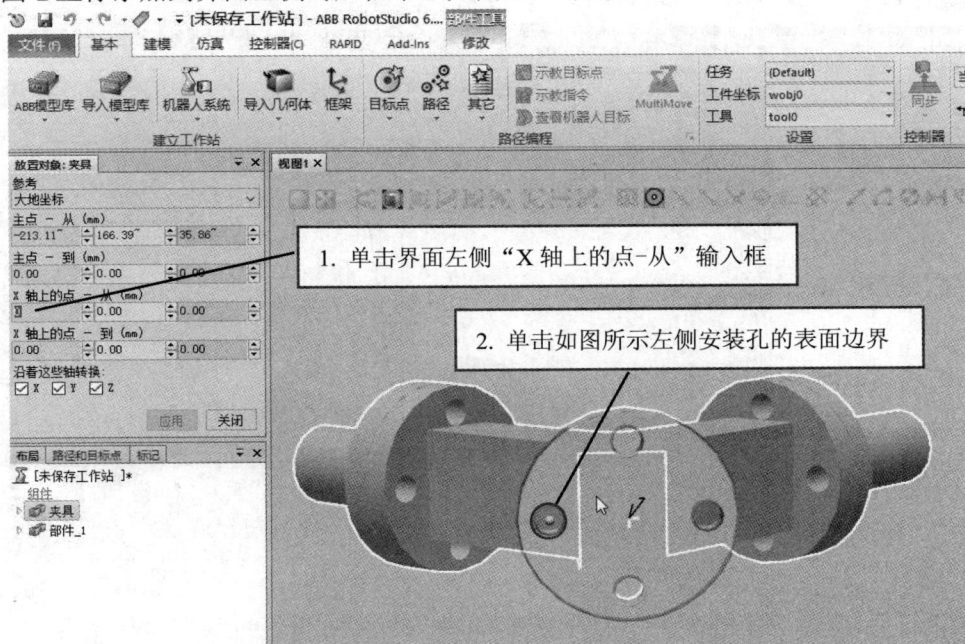

图 3-37 设定"X 轴上的点-从"位置

(10) 设定"到"位置。

① 在界面左侧"主点-到"输入框内输入坐标(0, 0, 0)。

② 在界面左侧"X 轴上的点-到"输入框内输入坐标(100, 0, 0)。

③ 单击"应用"按钮，确定应用以上设置，如图 3-38 所示。

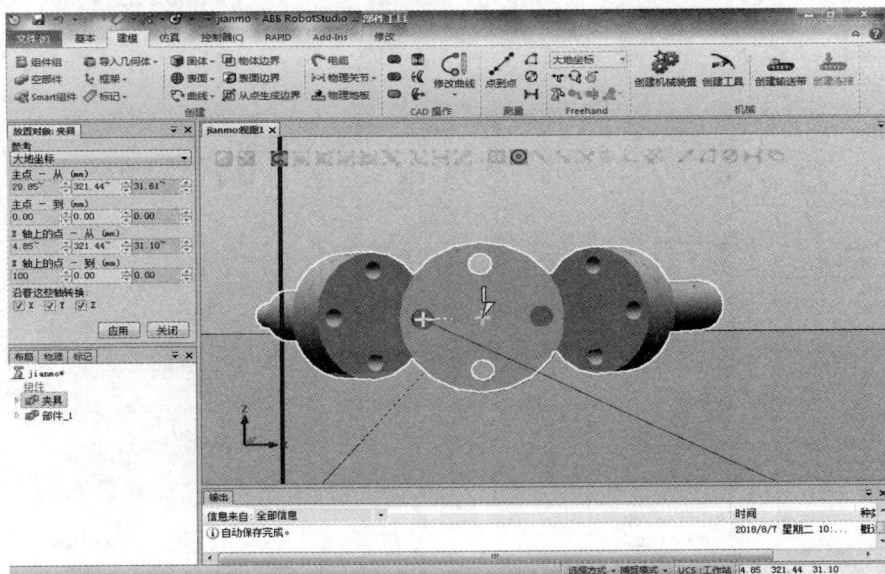

图 3-38 设定"到"位置

(11) 夹具放置完成，如图 3-39 所示。

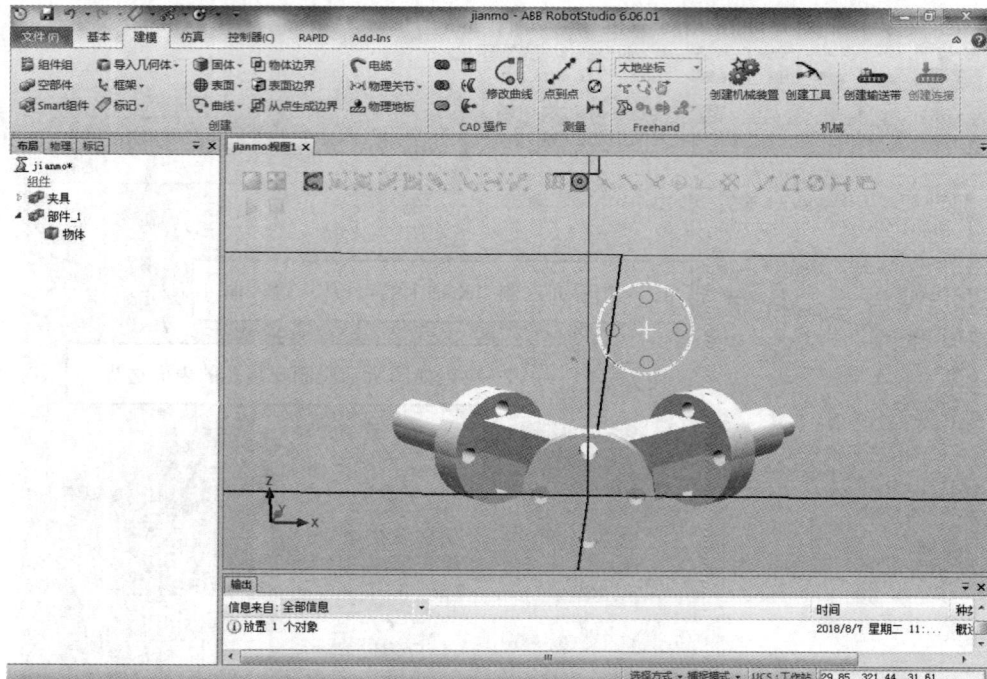

图 3-39　放置完成

(12) 删除辅助部件。在界面左侧选择"布局"栏，右键单击"部件_1"，在弹出菜单中单击"删除"，删除之前生成的辅助表面边界，如图 3-40 所示。

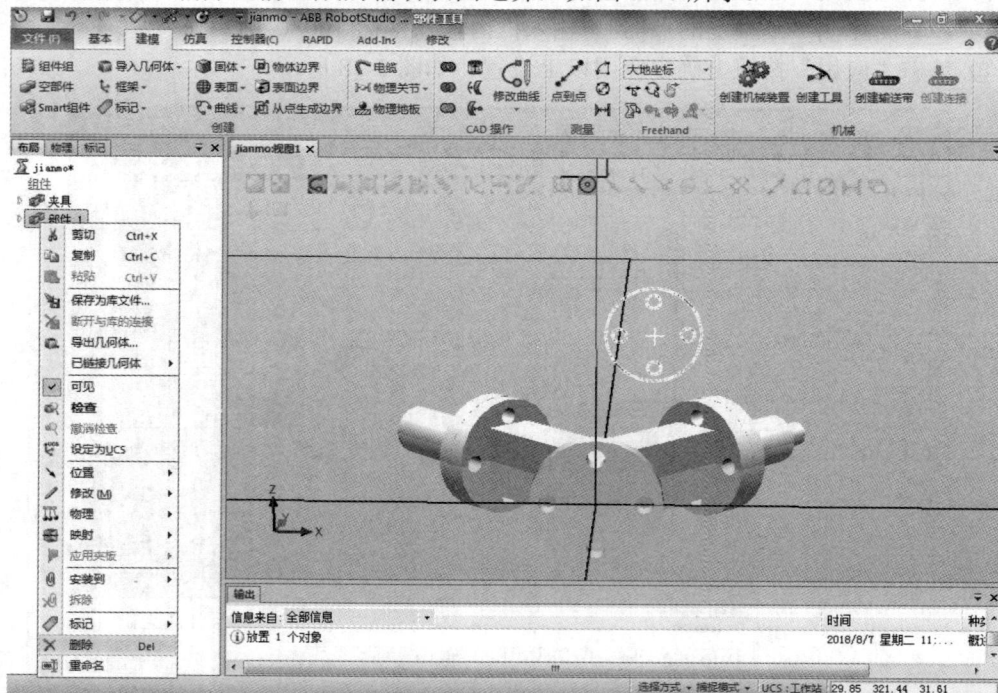

图 3-40　删除辅助部件

(13) 进入本地原点设置。在界面左侧"布局"栏右键单击"夹具",在弹出菜单中单击"修改"→"设定本地原点",如图 3-41 所示。

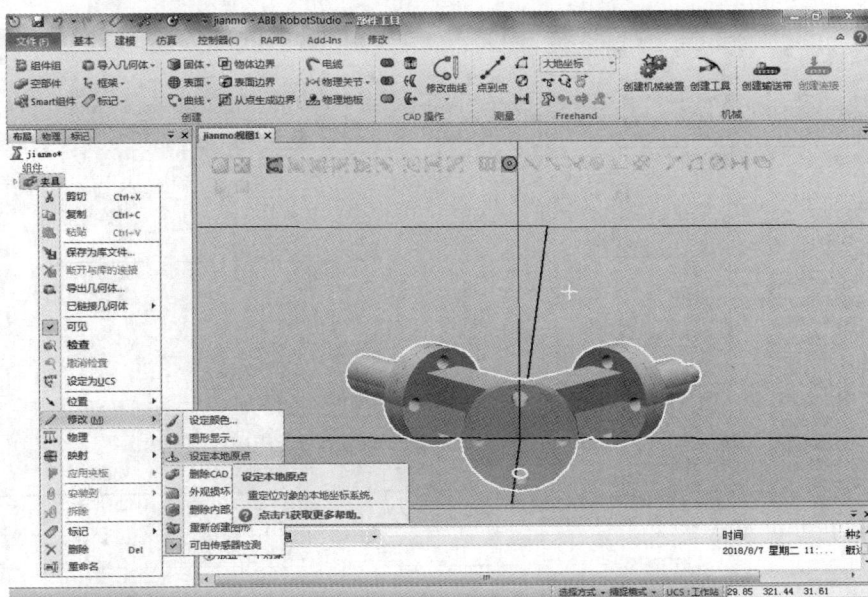

图 3-41 开始原点设置

(14) 修改本地原点设置。

① 在界面左侧选择"设置本地原点:夹具"窗口中的输入框,将位置和方向参数全部设置成 0。

② 单击"应用"按钮,确定将夹具模型的原点修改到设定的坐标系原点所在的位置,如图 3-42 所示。

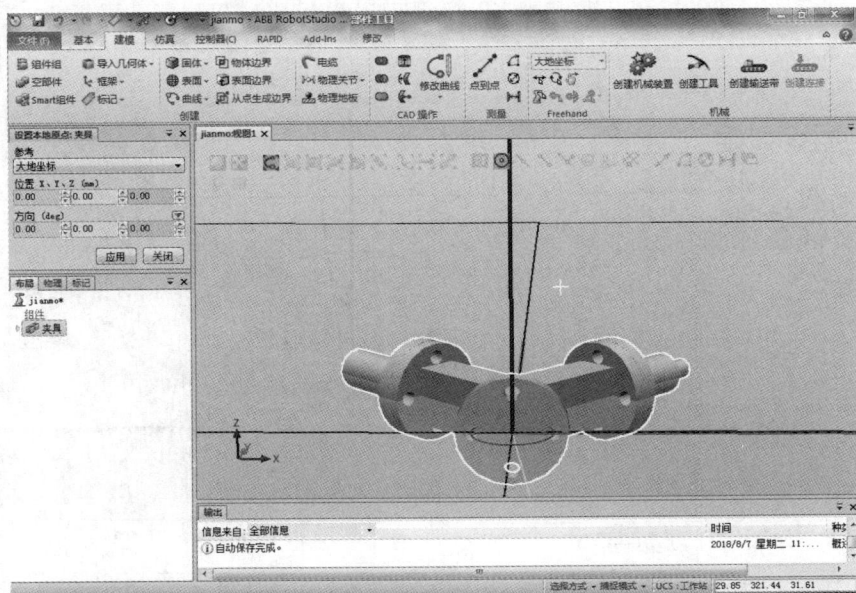

图 3-42 修改本地原点设置

　　(15) 打开设定位置功能。在界面左侧选择"布局"栏,右键单击"夹具",在弹出菜单中单击"位置"→"设定位置…",如图 3-43 所示。

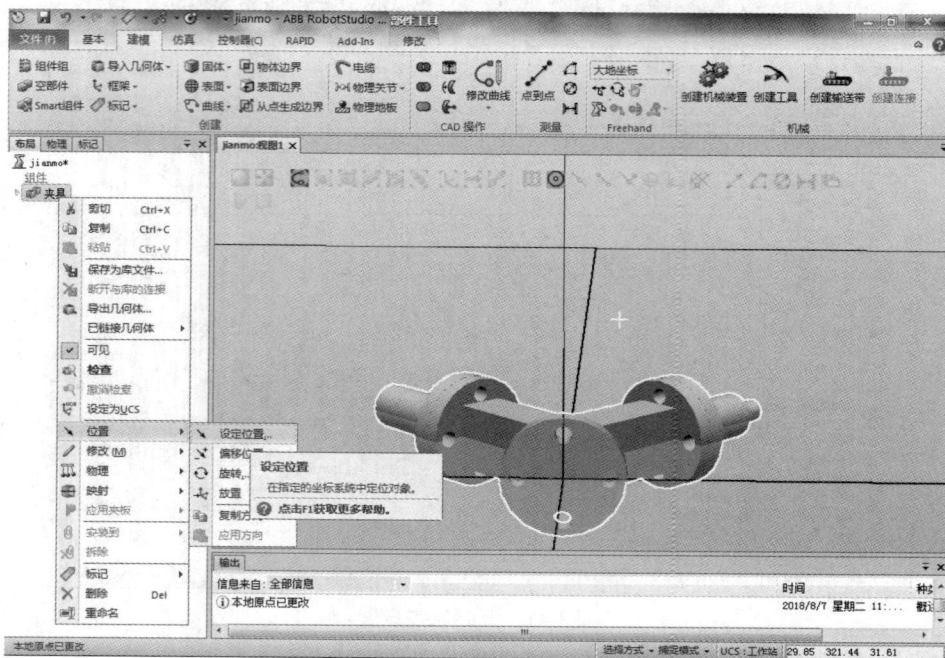

图 3-43　打开设定位置功能

　　(16) 设定位置。在左侧选择"设定位置:夹具"窗口中的输入框,设定"位置"坐标为(0, 0, 0),设定"方向"坐标为(90, 0, 0),然后单击"应用"按钮,如图 3-44 所示。

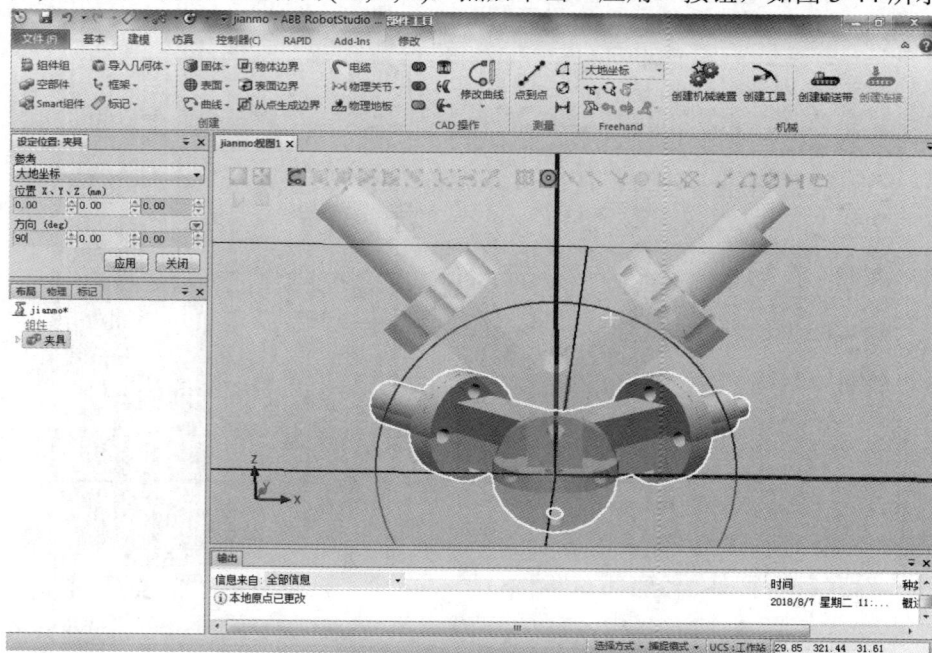

图 3-44　设定位置

(17) 进入本地原点设置。在界面左侧选择"布局"栏，右键单击"夹具"，在弹出菜单中单击"修改"→"设定本地原点"，如图 3-45 所示。

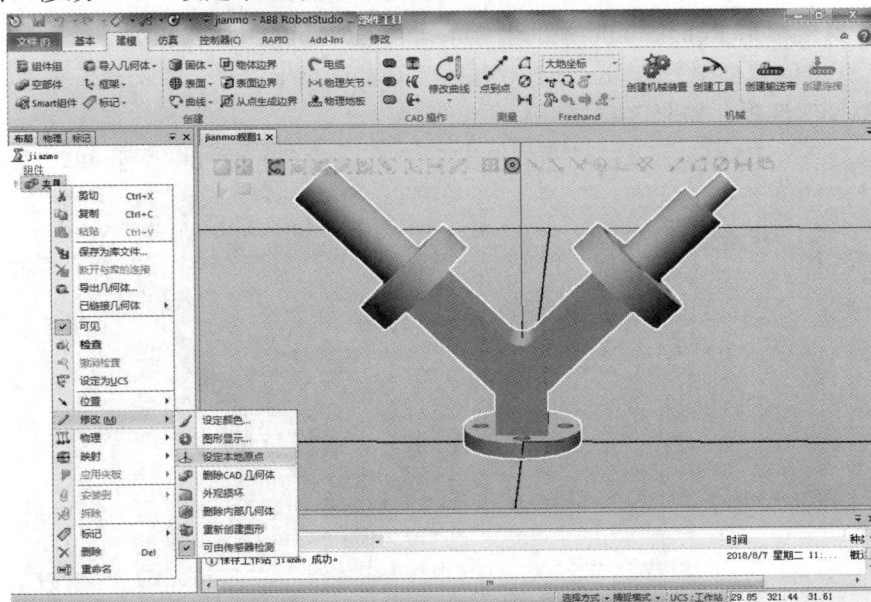

图 3-45 进入本地原点设置

(18) 修改本地原点设置。

① 在界面左侧选择"设置本地原点：夹具"窗口中的输入框，将位置和方向参数全部设置成 0。

② 单击"应用"按钮，此时夹具模型的原点与大地坐标系原点位置重合并且方向一致，如图 3-46 所示。

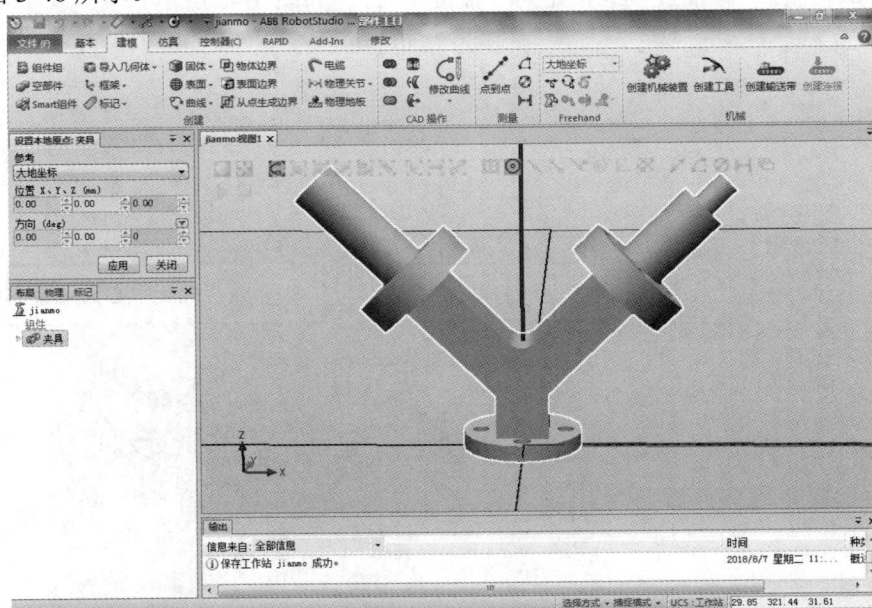

图 3-46 修改本地原点

3.3.2　工具坐标系添加

添加工具坐标系(RobotStudio 中的坐标系即"框架")的具体操作如下:

(1) 打开"创建框架"功能。选择"基本"功能选项卡,单击"框架"按钮,然后选择"创建框架"选项,如图 3-47 所示。

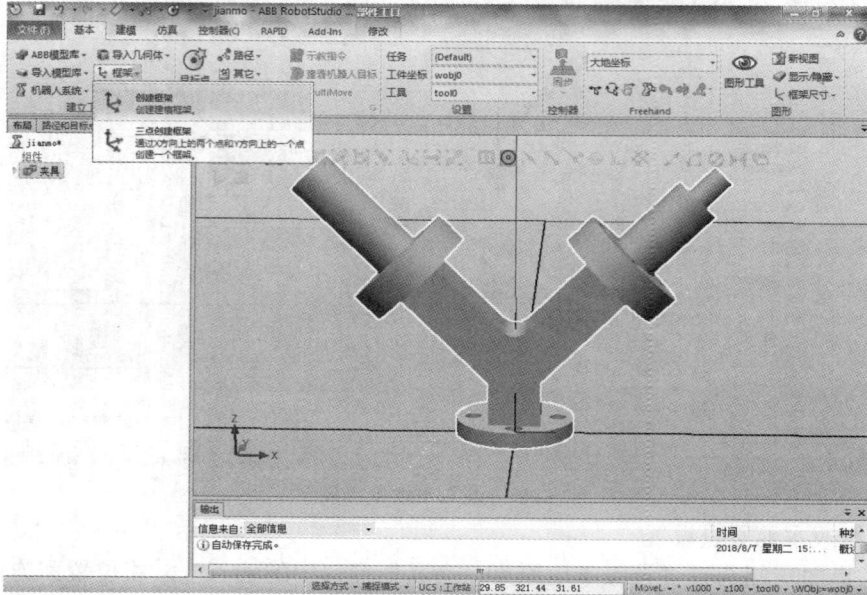

图 3-47　打开"创建框架"功能

(2) 设置对象。单击"选择部件"图标,将对象选择方式设定为"选择部件";单击"捕捉中心"图标,将对象捕捉模式设定为"捕捉中心",如图 3-48 所示。

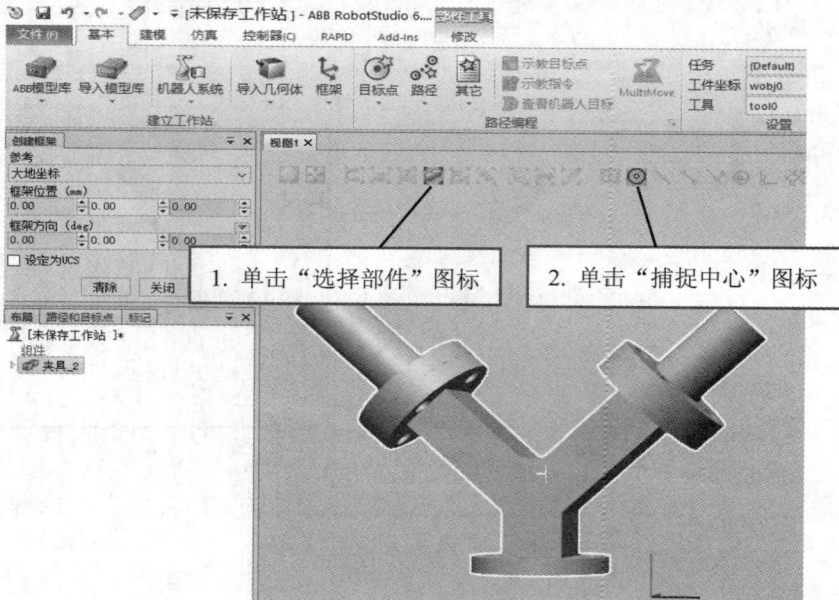

图 3-48　设置对象

(3) 框架参数设定。

① 在界面左侧选择"创建框架"窗口，单击"框架位置"输入框。

② 捕获图中工具末端圆心位置，如图 3-49 所示。

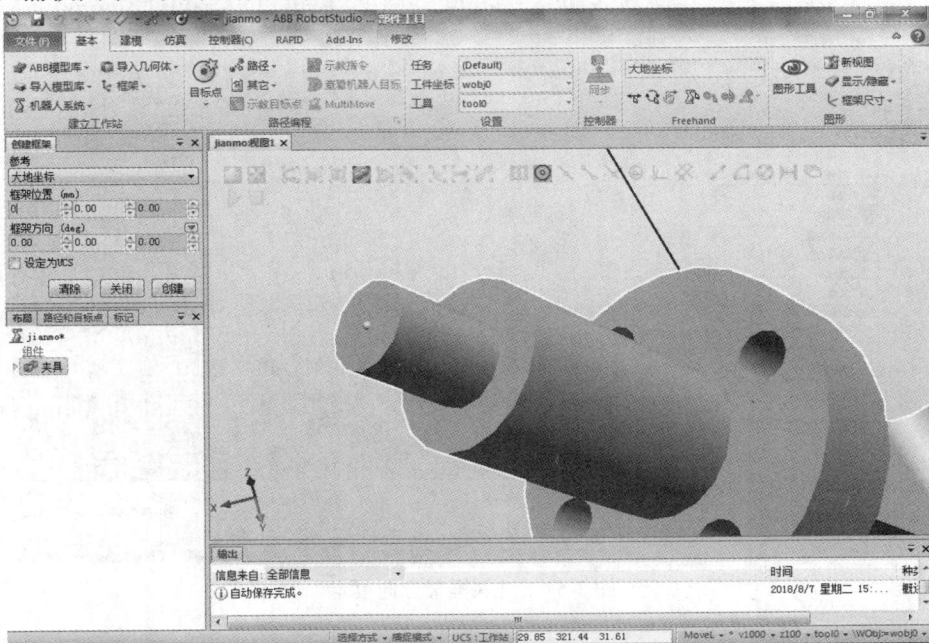

图 3-49　框架参数设定

(4) 创建框架。单击"创建"按钮，创建框架，如图 3-50 所示。

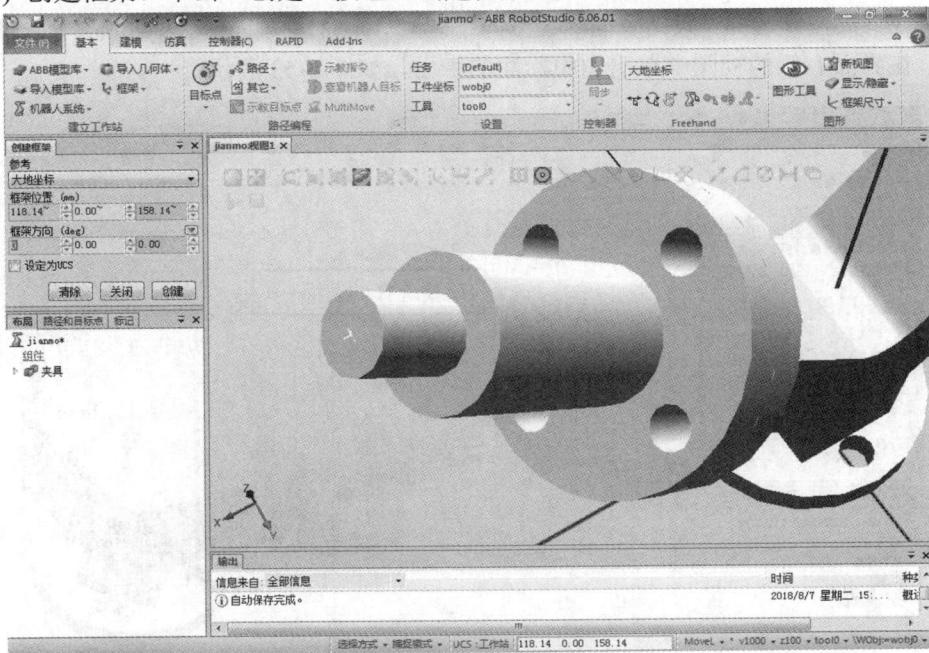

图 3-50　创建框架

(5) 进入框架方向设定。在界面左侧选择"布局"栏，右键单击"框架_1"，在弹出菜单中单击"设定为表面的法线方向",以重新设定框架的方向,如图 3-51 所示。

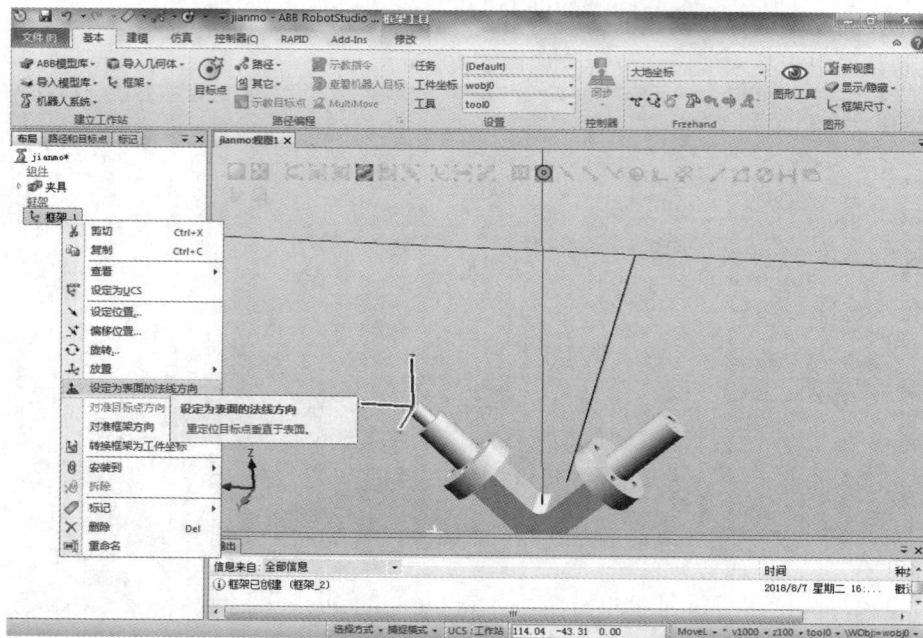

图 3-51　进入框架方向设定

(6) 重新设定框架方向。

① 单击"选择表面"按钮,将对象选择方式设定为"选择表面",对象捕捉模式不需设置。

② 在界面左侧选择"设定表面法线方向:框架_1"窗口,单击"表面或部分"输入框。

③ 在界面右侧的视图中单击图中标注的表面,如图 3-52 所示。

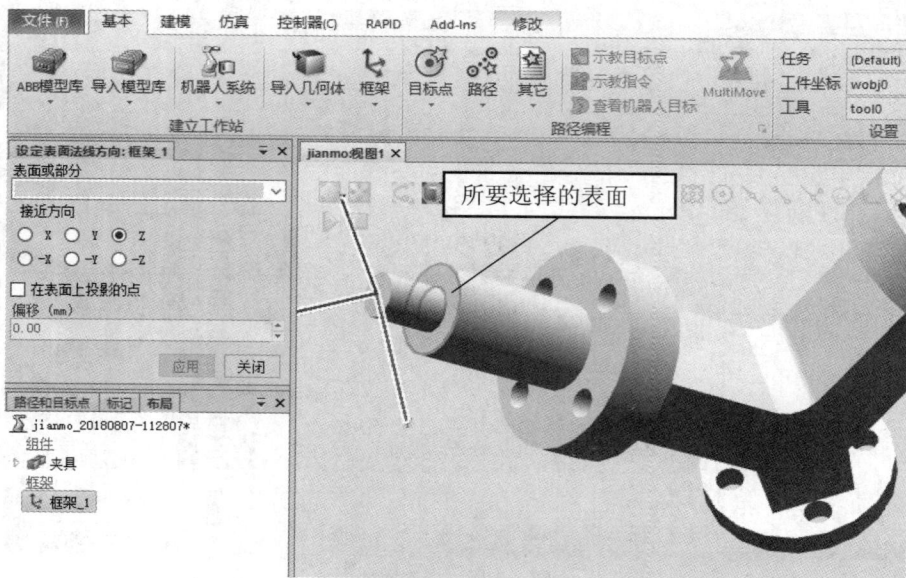

图 3-52　重新设定框架方向

(7) 设定接近方向并应用设置。

① 在界面左侧的"设定表面法线方向:框架_1"窗口中,将"接近方向"设定为"Z"。

② 单击"应用"按钮,确定应用以上设置,如图 3-53 所示。

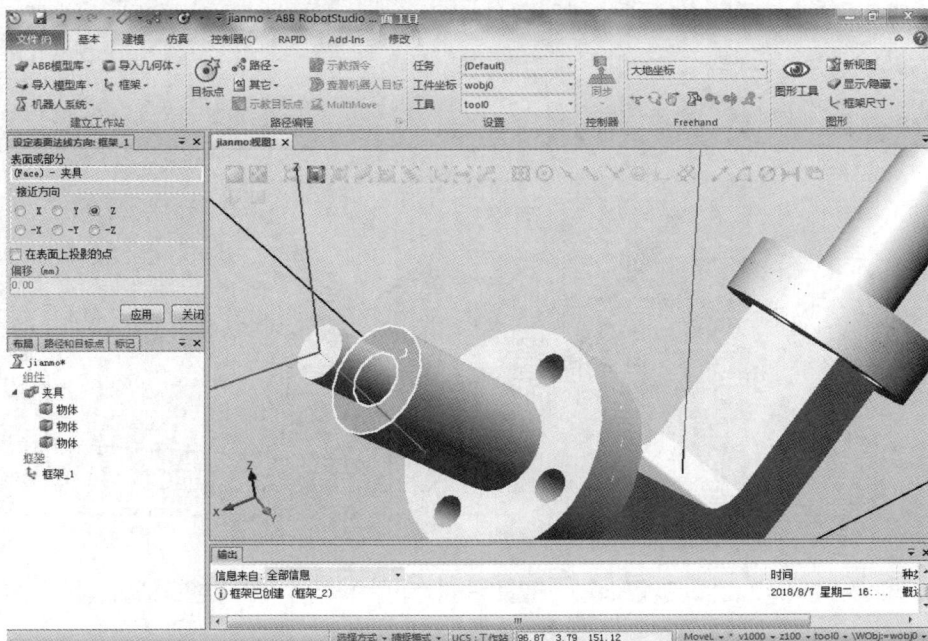

图 3-53 设定接近方向并应用设置

(8) 框架_1 重命名。在界面左侧选择"布局"栏,右键单击"框架_1",在弹出菜单中单击"重命名",将框架_1 重命名为"TCPAir",如图 3-54 所示。

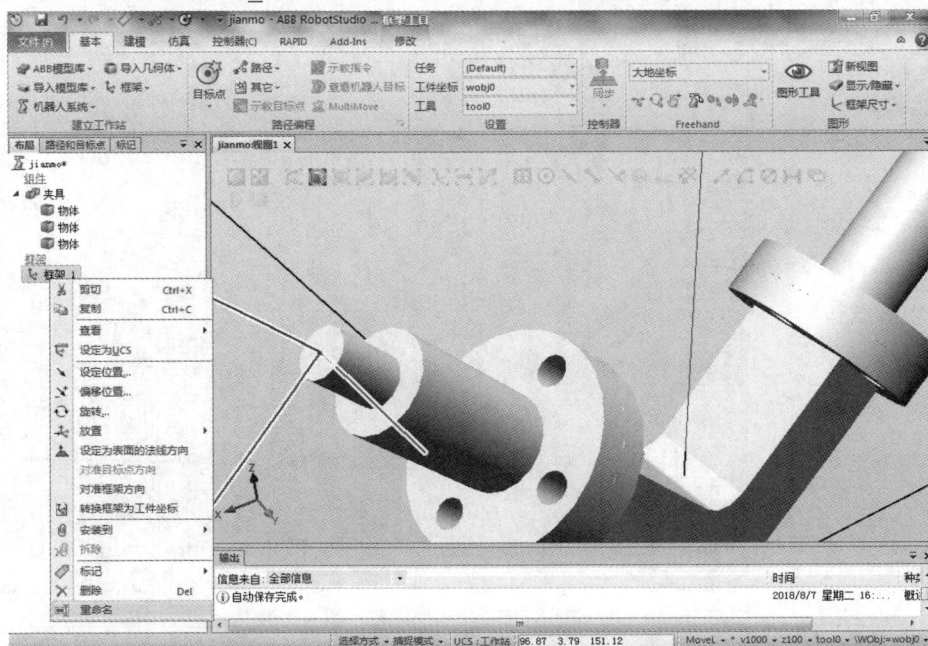

图 3-54 框架_1 重命名

(9) 框架创建完成。显示结果如图 3-55 所示。

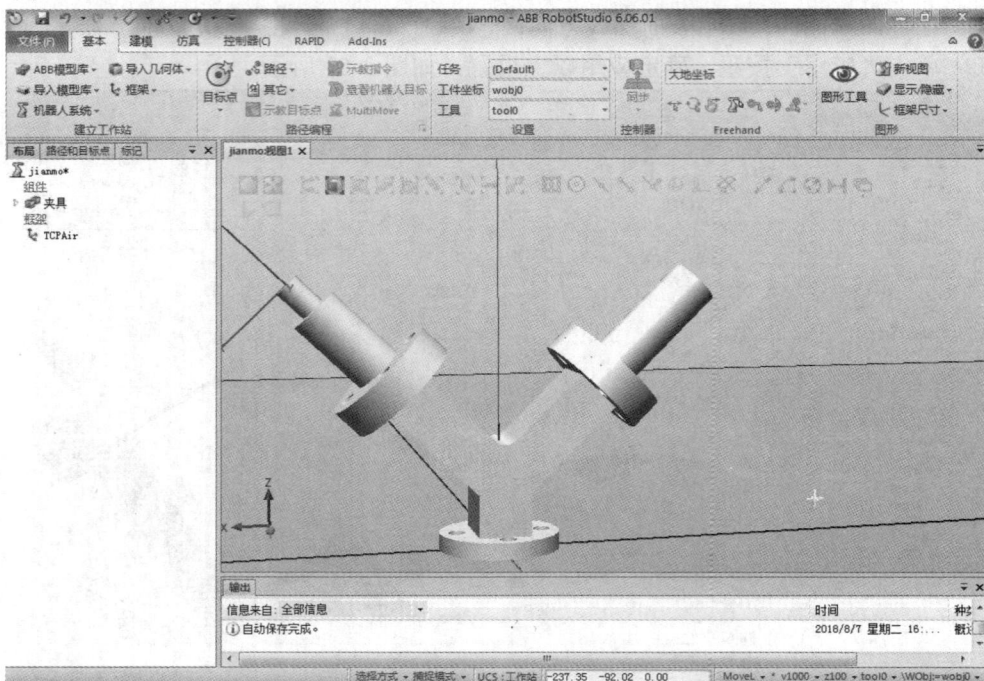

图 3-55　框架创建完成

(10) 继续执行创建框架操作。选择"建模"功能选项卡，单击"框架"按钮，然后选择"创建框架"选项，如图 3-56 所示。

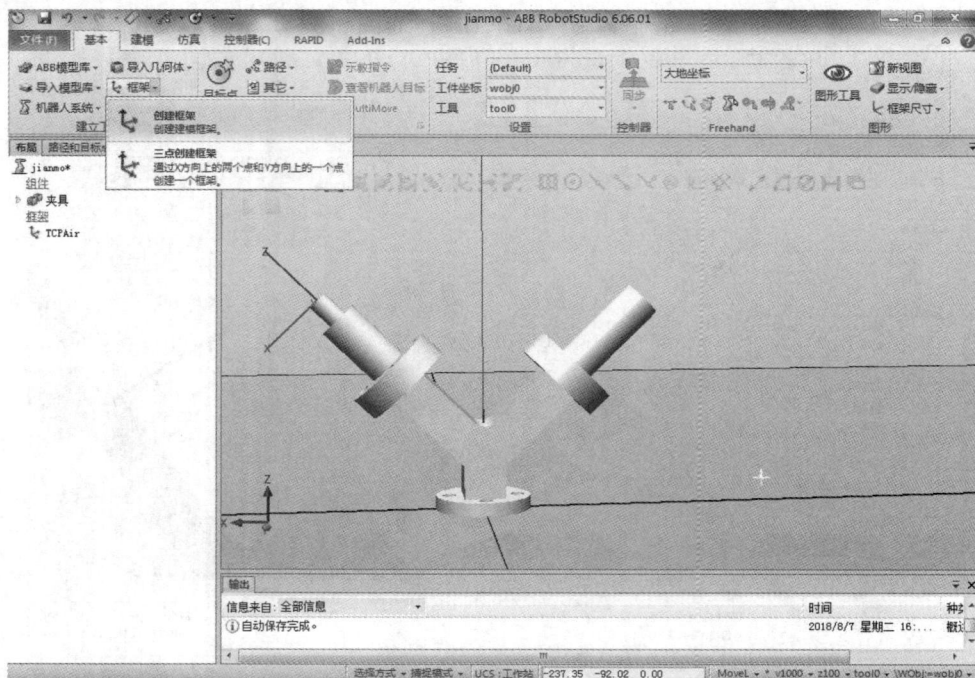

图 3-56　继续执行创建框架操作

(11) 设置对象。单击"选择表面"图标，将对象选择方式设定为"选择表面"；单击"捕捉中心"图标，将对象捕捉模式设定为"捕捉中心"，如图 3-57 所示。

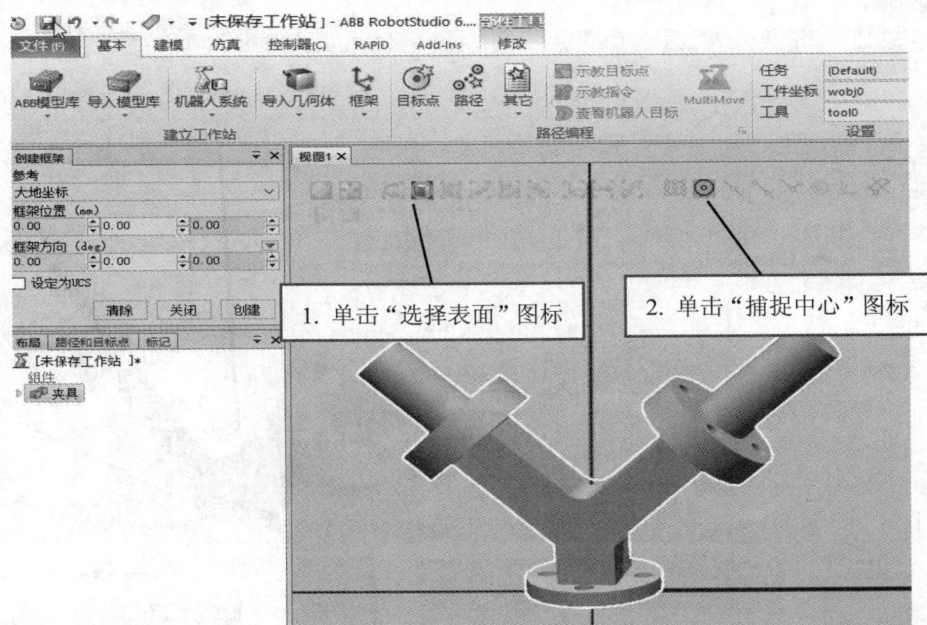

图 3-57　设置对象

(12) 框架参数设定。

① 在界面左侧选择"创建框架"窗口，单击"框架位置"输入框。

② 捕获图中工具末端圆心位置，如图 3-58 所示。

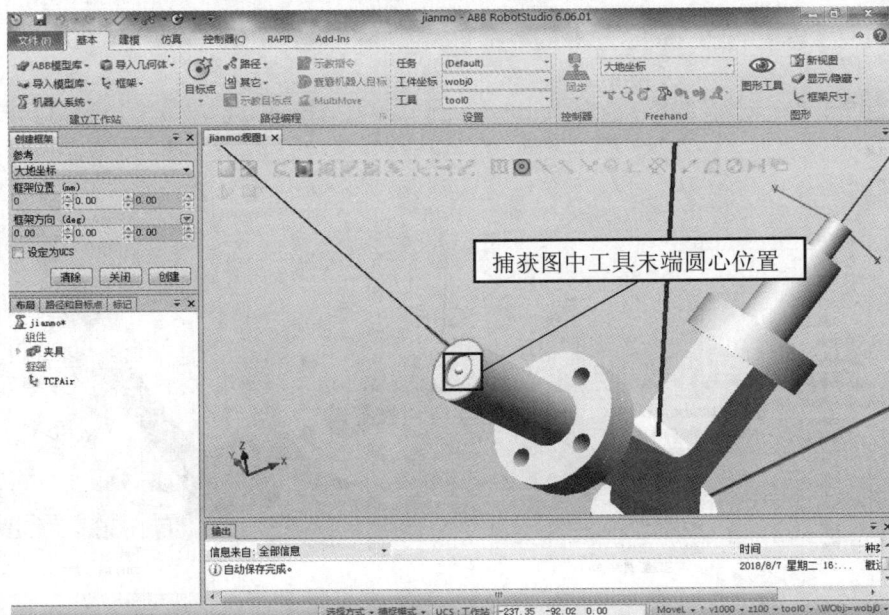

图 3-58　框架参数设定

(13) 创建框架。单击"创建"按钮，创建框架，如图 3-59 所示。

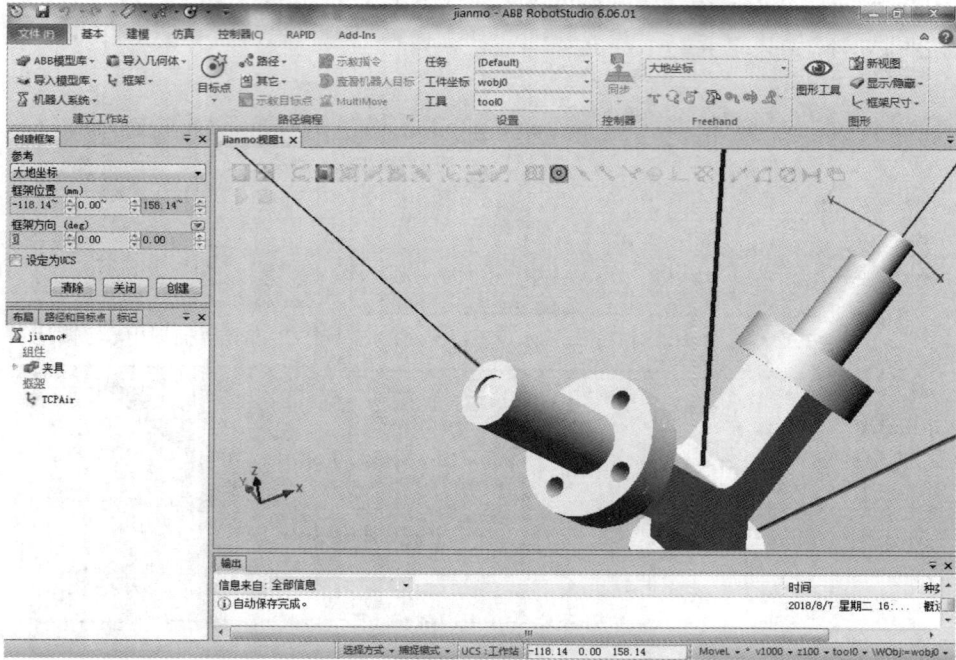

图 3-59　创建框架

(14) 进入框架方向设定。在界面左侧选择"布局"栏，右键单击"框架_2"，在弹出菜单中单击"设定为表面的法线方向"，重新设定框架的方向，如图 3-60 所示。

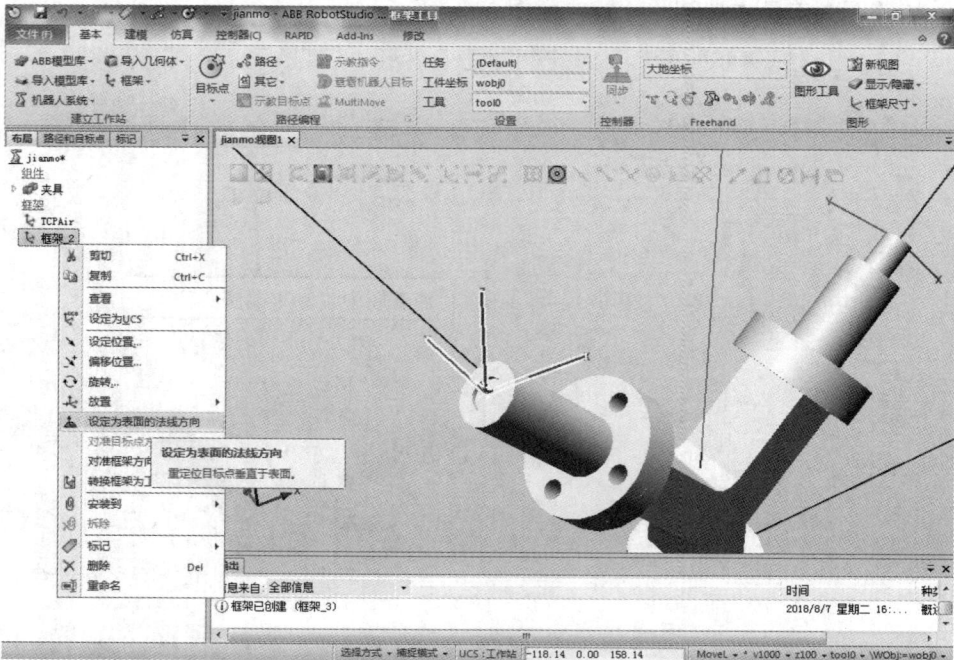

图 3-60　进入框架方向设定

(15) 重新设定框架方向。

① 单击"选择表面"按钮，将对象选择方式设定为"选择表面"，对象捕捉模式不需设置。

② 在界面左侧选择"设定表面法线方向：框架_2"窗口，单击"表面或部分"输入框。

③ 在界面右侧的视图中单击图中所标注的表面，如图 3-61 所示。

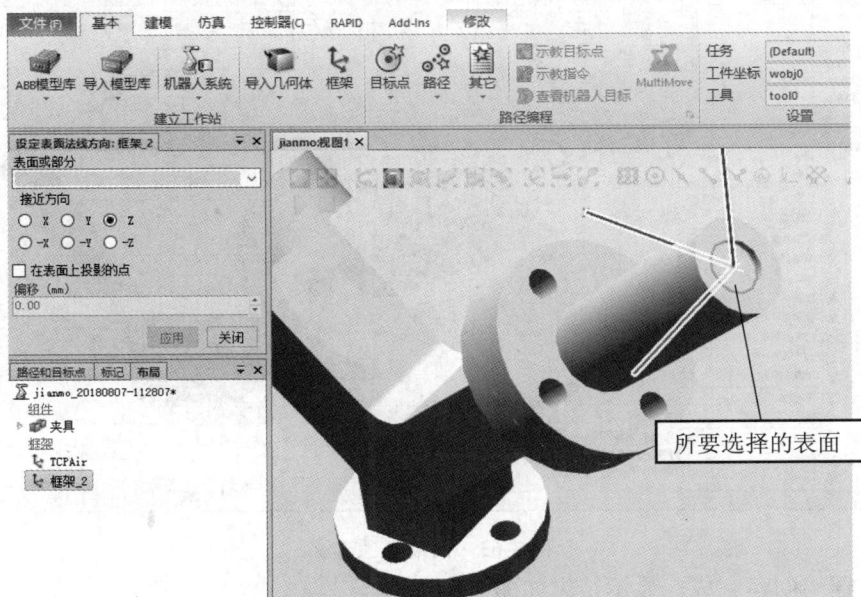

图 3-61 重新设定框架方向

(16) 设定接近方向并应用设置。在"设定表面法线方向：框架_2"窗口中，将"接近方向"设定为"Z"。单击"应用"按钮，确定应用以上设置，如图 3-62 所示。

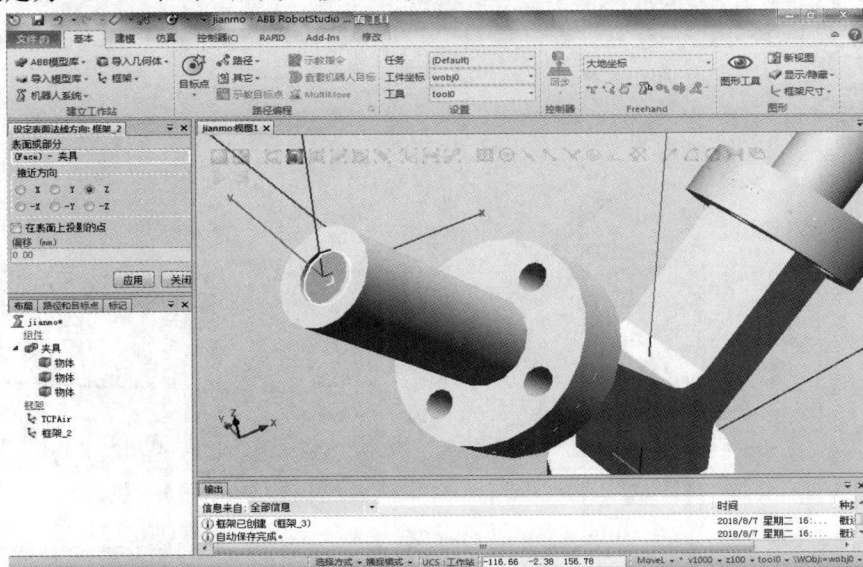

图 3-62 设定接近方向并应用设置

(17) 框架_2 重命名。在界面左侧选择"布局"栏，右键单击"框架_2"，在弹出菜单中单击"重命名"，将框架_2 重命名为"TCPLir"，如图 3-63 所示。

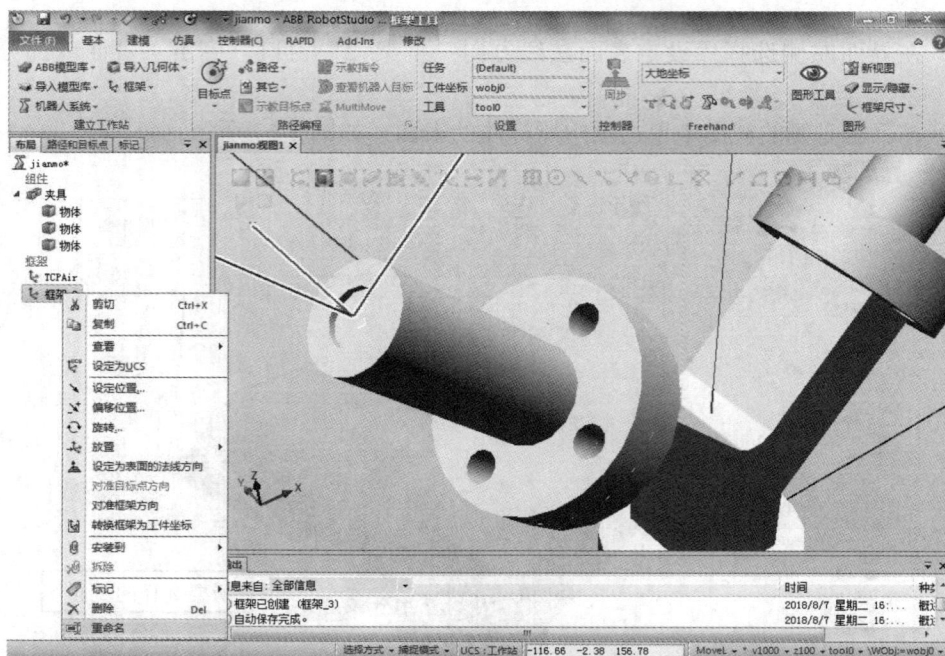

图 3-63　框架_2 重命名

(18) 框架创建完成。显示结果如图 3-64 所示。

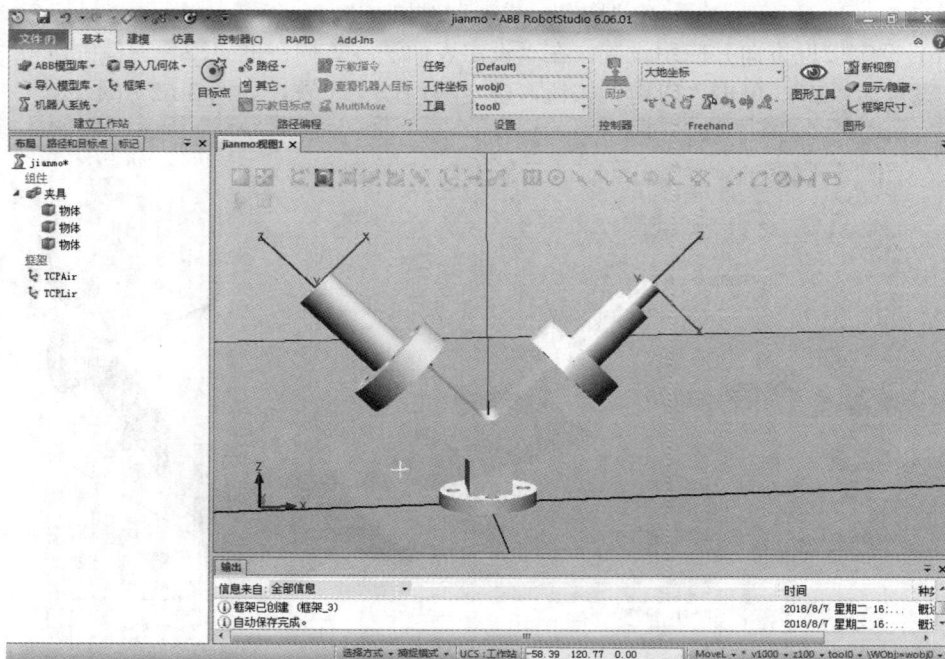

图 3-64　框架创建完成

3.3.3 工具创建

创建工具的具体操作步骤如下：

(1) 开始创建工具。选择"建模"功能选项卡，单击"创建工具"按钮，开启工具创建功能，如图 3-65 所示。

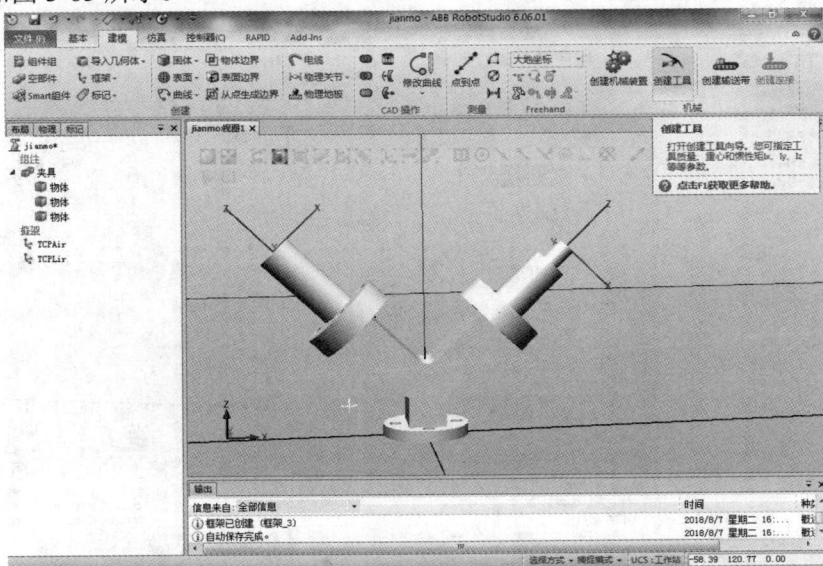

图 3-65 开始创建工具

(2) 工具信息设定。

① 在弹出的"创建工具"对话框中将"Tool 名称"设定为"J01Y 型夹具"。

② 将"选择部件"设定为"使用已有的部件"。

③ 单击"下一个"按钮，如图 3-66 所示。

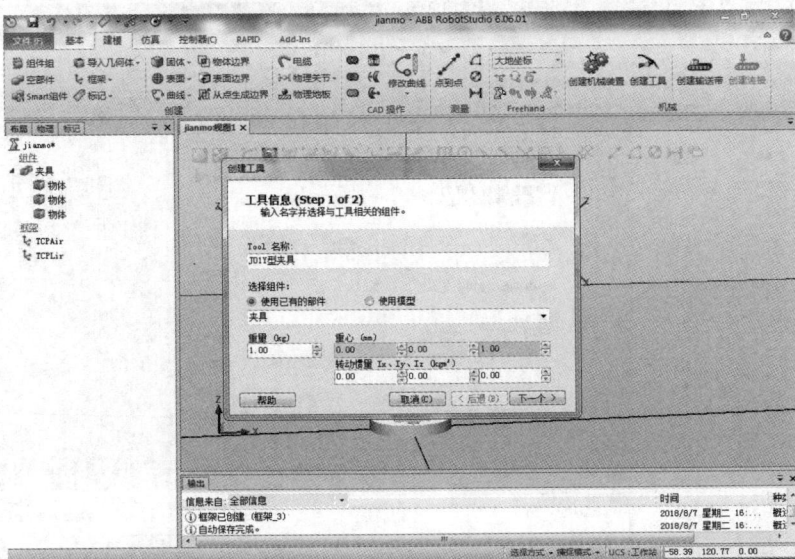

图 3-66 工具信息设定

（3）TCPAir 信息设定。

① 在弹出的"创建工具"对话框中将"TCP 名称"设定为"TCPAir"。

② 将"数值来自目标点/框架"设定为"TCPAir"。

③ 单击向导键，将 TCPAir 添加到右侧窗口，如图 3-67 所示。

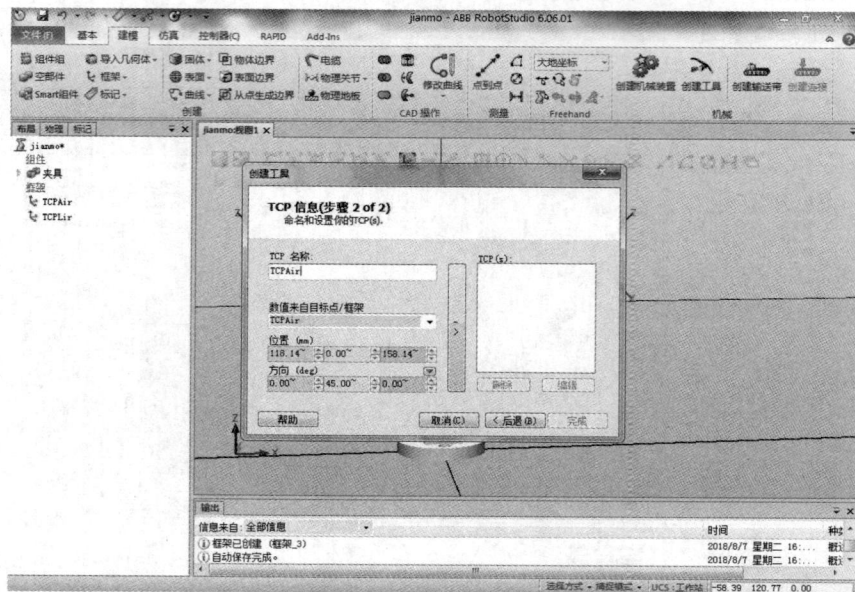

图 3-67　TCPAir 信息设定

（4）TCPLir 信息设定。

① 再将"TCP 名称"设定为"TCPLir"。

② 将"数值来自目标点/框架"设定为"TCPLir"，

③ 单击向导键，将 TCPLir 添加到右侧窗口，如图 3-68 所示。

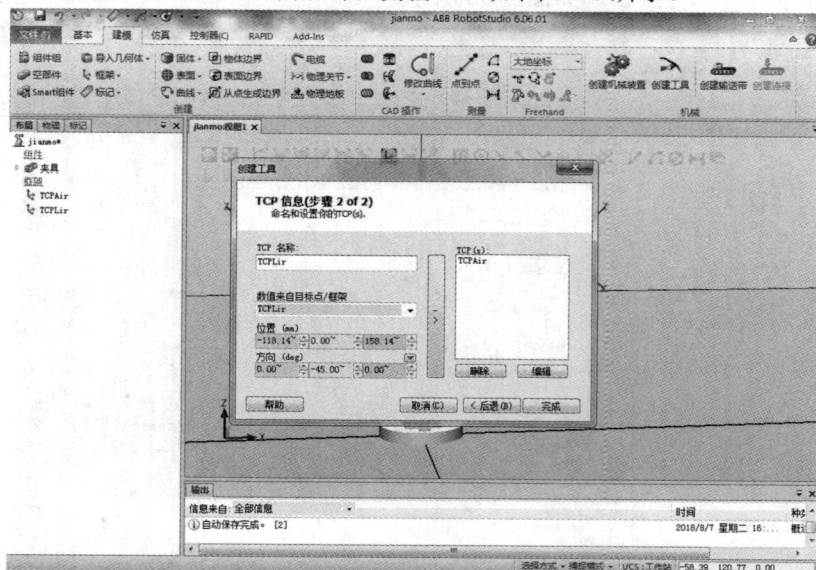

图 3-68　TCPLir 信息设定

(5) 完成工具创建。单击"完成"按钮，完成工具创建，如图 3-69 所示。

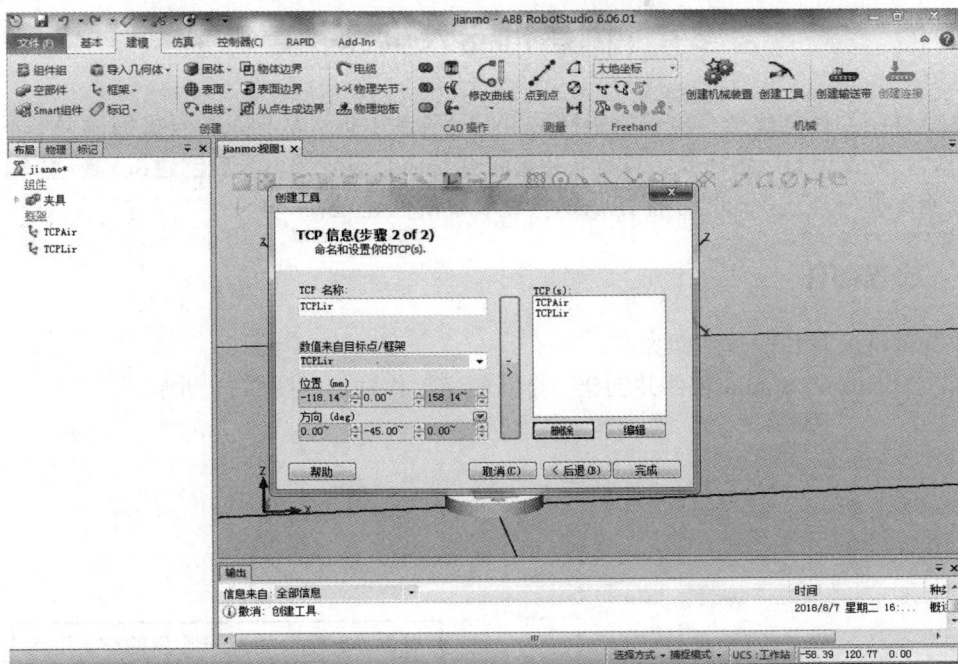

图 3-69　完成工具创建

(6) 保存文件。在界面左侧选择"布局"栏，右键单击"J01Y 型夹具"，在弹出菜单中单击"保存为库文件…"，保存以上设置，如图 3-70 所示。

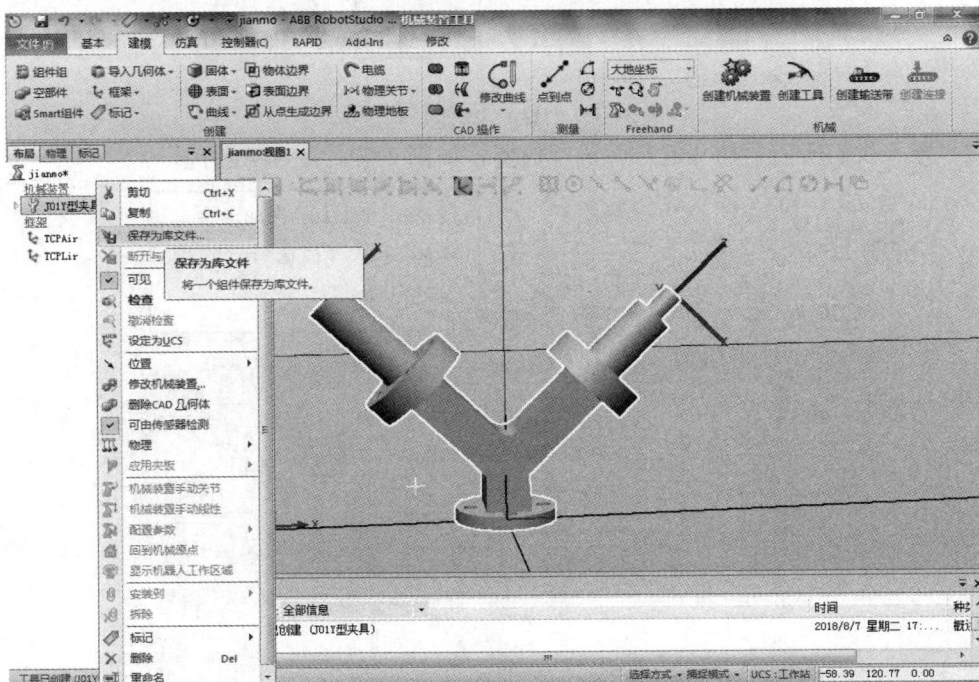

图 3-70　保存文件

3.4　创建机器人机械装置

本节介绍如何创建一个机器人机械装置——气动手抓。从导入一般机械模型到不同部件的组合、位置调整、本地原点设置、装置张开与闭合设置等，最后创建机械装置库文件，步骤分明，循序渐进，有助于清楚认识机械装置的创建过程。

3.4.1　放置部件

放置部件的具体操作步骤如下：

(1) 打开 RobotStudio 软件并创建一个新的空工作站，如图 3-71 所示。

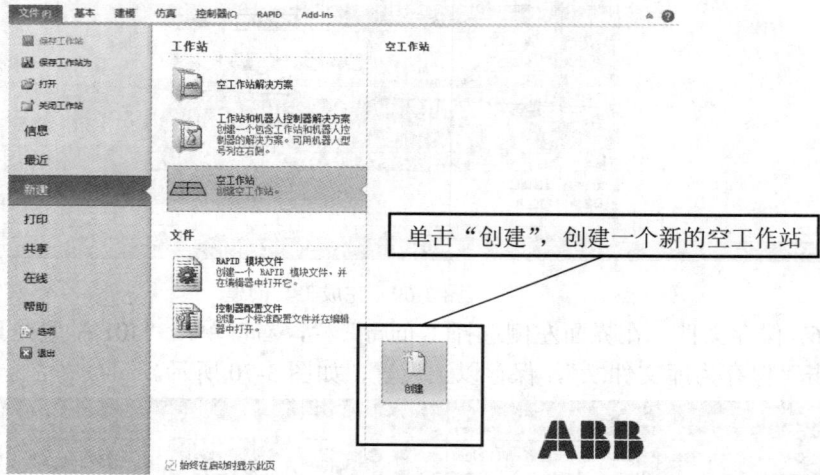

图 3-71　创建一个新的空工作站

(2) 导入我们所需要的几何体并进行放置，如图 3-72、图 3-73 所示。

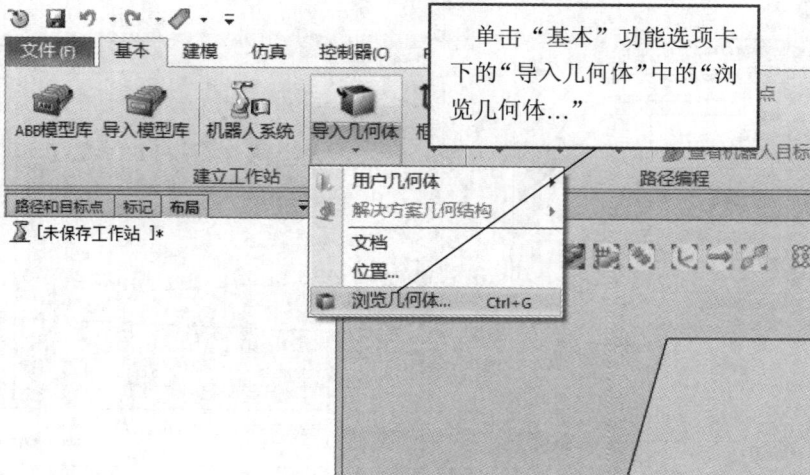

图 3-72　导入几何体

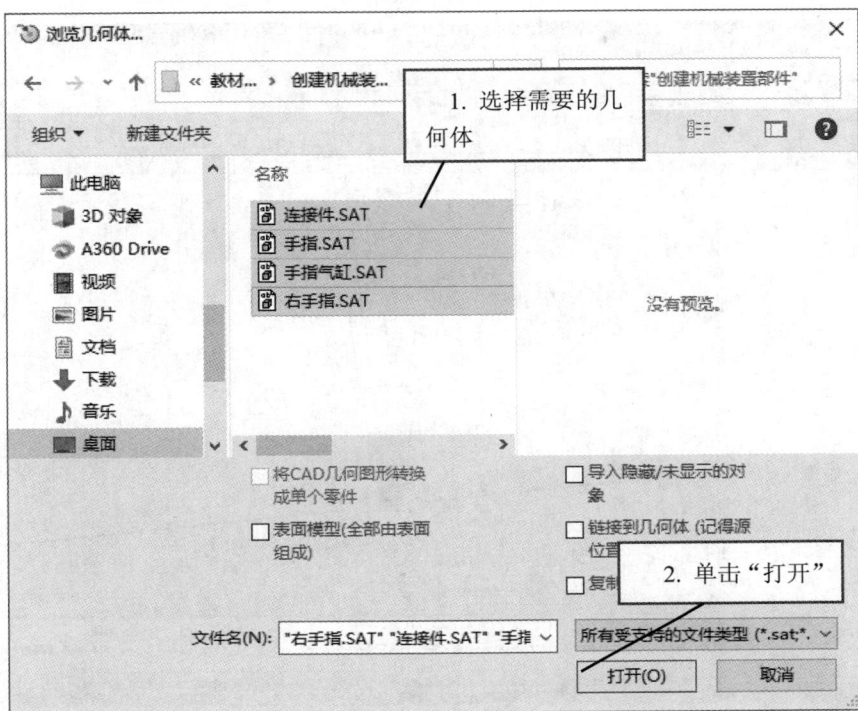

图 3-73　放置几何体"手指"

(3) 我们需要两个手指，所以按照上面的方法再导入一个"手指"，如图 3-74 所示。

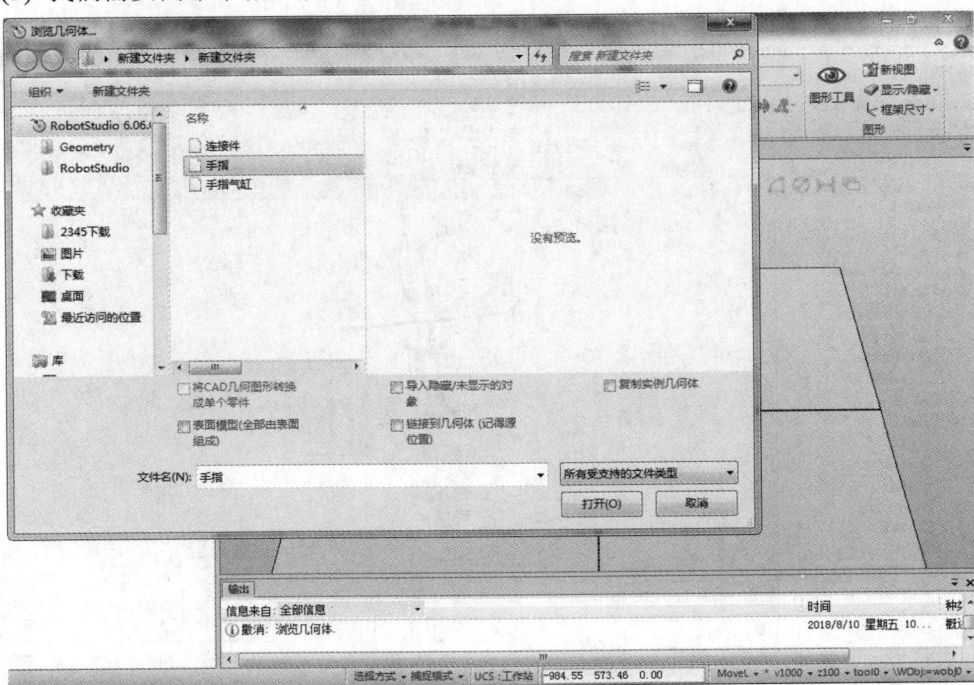

图 3-74　导入另一个"手指"

(4) 打开所需要的几何体之后将它们放置整齐，如图 3-75 所示。

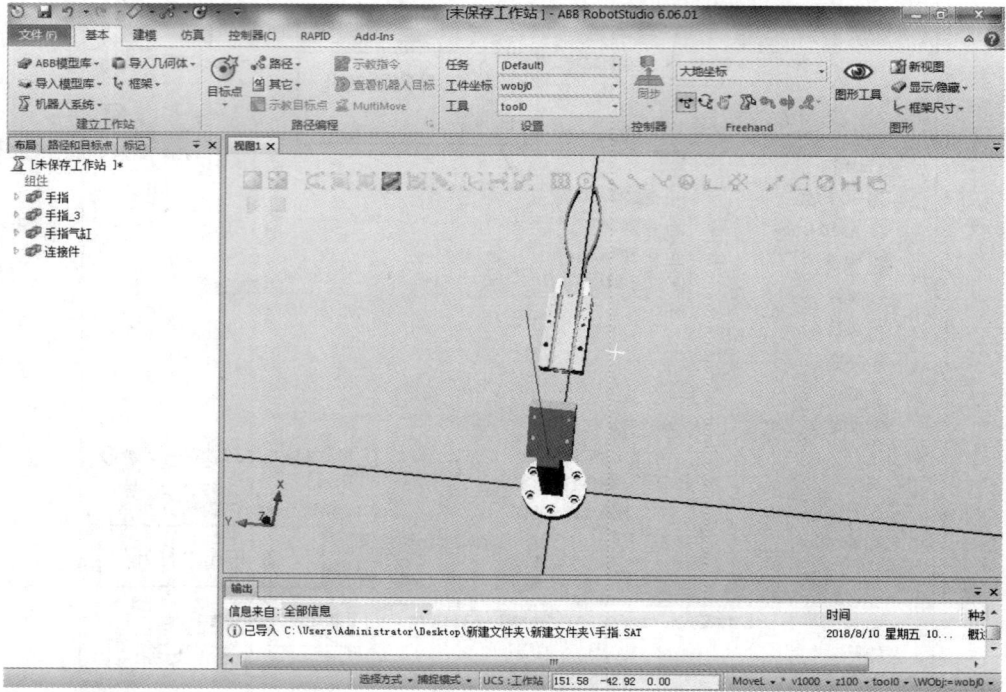

图 3-75　整齐放置几何体

(5) 给部件重命名。右键单击"手指"，重命名为"左手指"(左边)，如图 3-76 所示；右键单击"手指_3"，重命名为"右手指"(右边)，如图 3-77 所示。

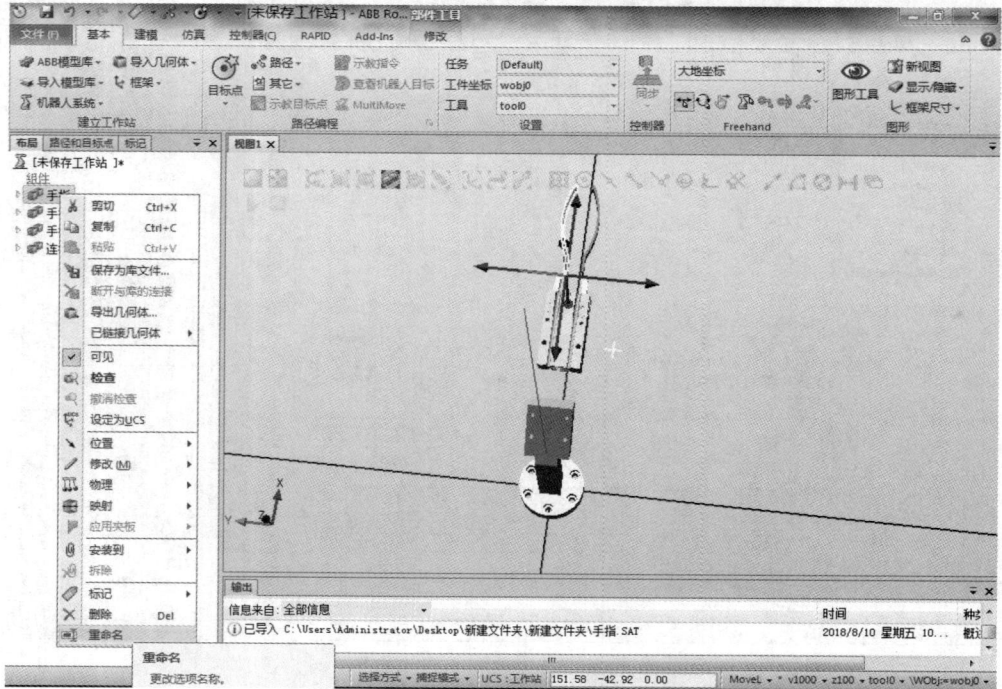

图 3-76　重命名"左手指"

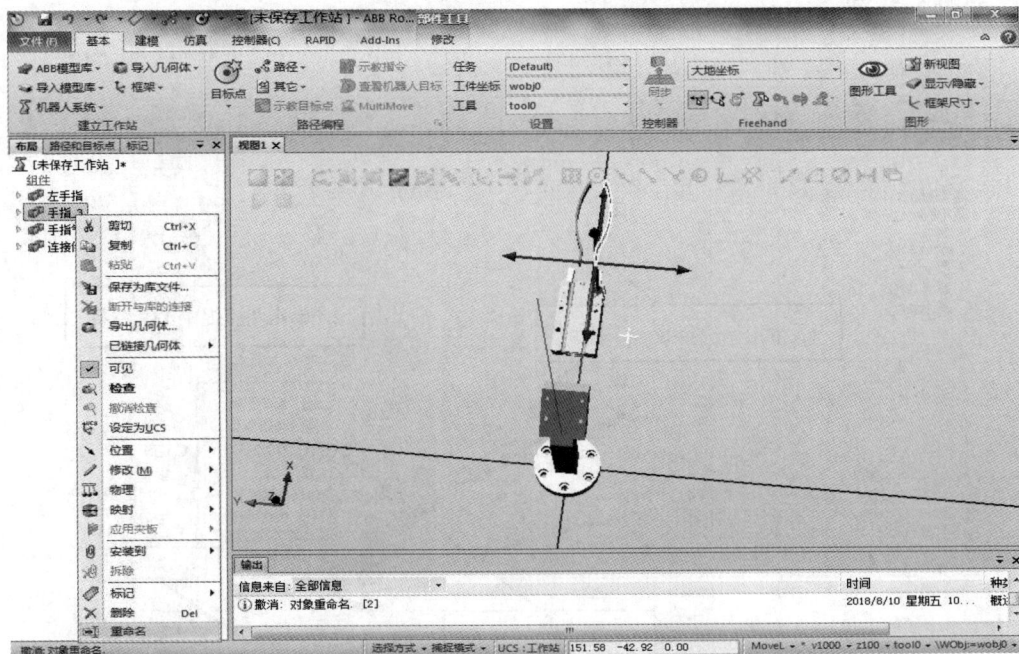

图 3-77　重命名"右手指"

(6) 放置几何体，右键单击"手指气缸"，选择"位置"→"放置"→"三点法"，如图 3-78 所示。

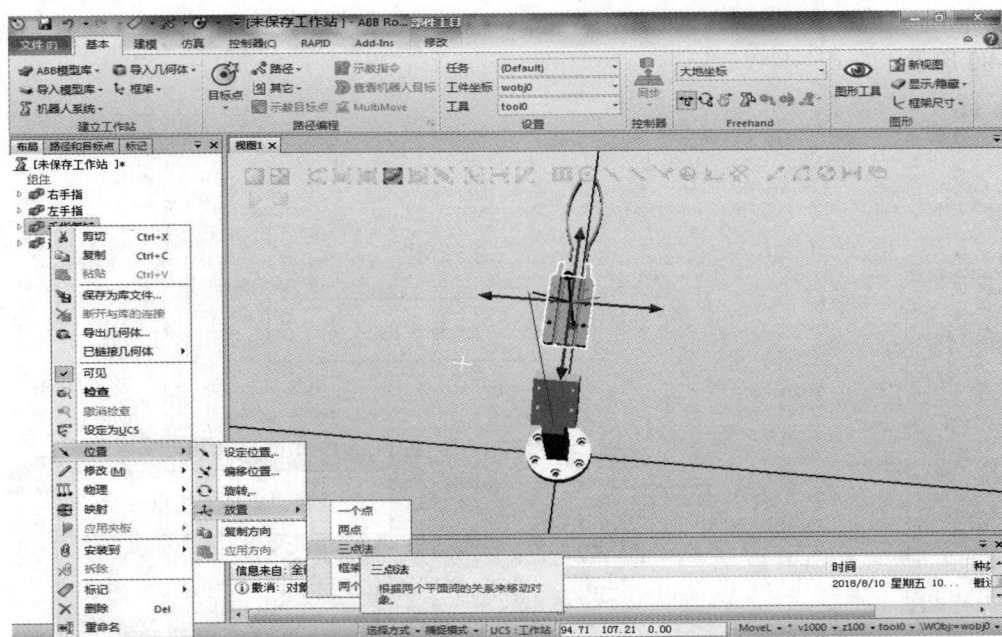

图 3-78　放置几何体

(7) 单击"选择表面"图标，将对象选择方式设为"选择表面"；单击"捕捉中心"图标，将对象捕捉模式设为"捕捉中心"。然后右键单击右侧表面，单击"方向"，选择"底部"，如图 3-79 所示。

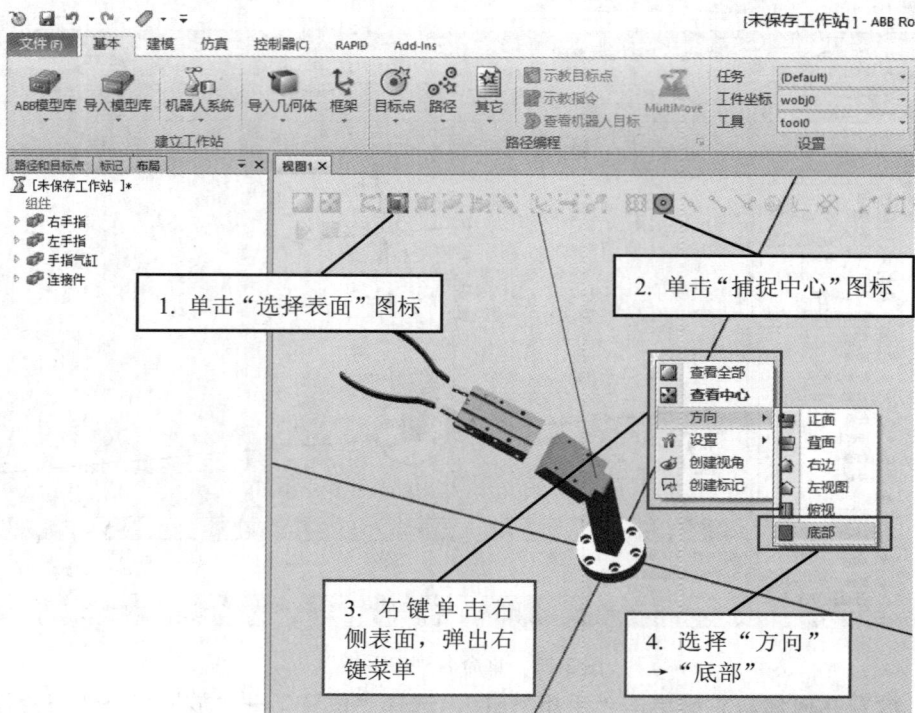

图 3-79　对象选择方式

(8) 设置"主点-从""X 轴上的点-从""Y 轴上的点-到"，再单击"应用"按钮，如图 3-80 所示。

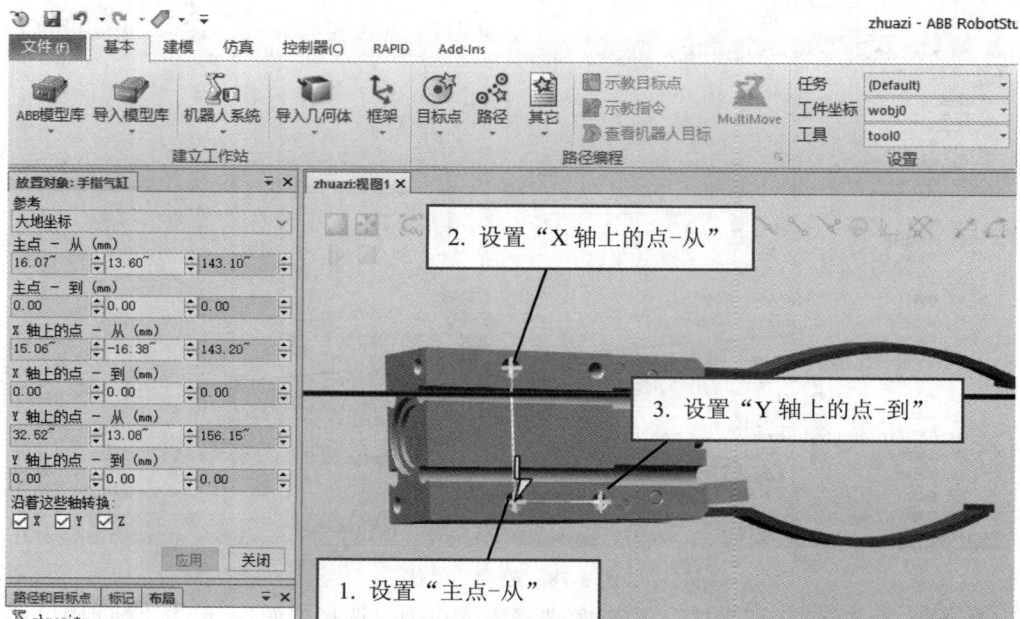

图 3-80　设置点对象

(9) 在视图中右键单击空白点，选择"方向"→"俯视"，如图 3-81 所示。

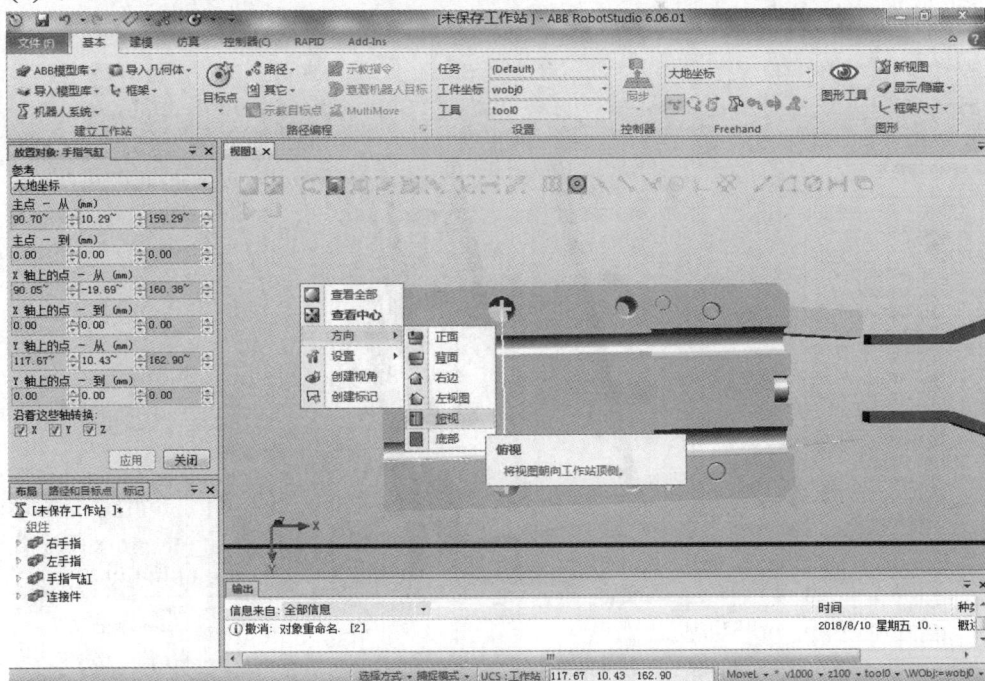

图 3-81　设定"俯视"方向

(10) 设置"主点-到""X 轴上的点-到""Y 轴上的点-到"，再单击"应用"按钮，如图 3-82 所示。

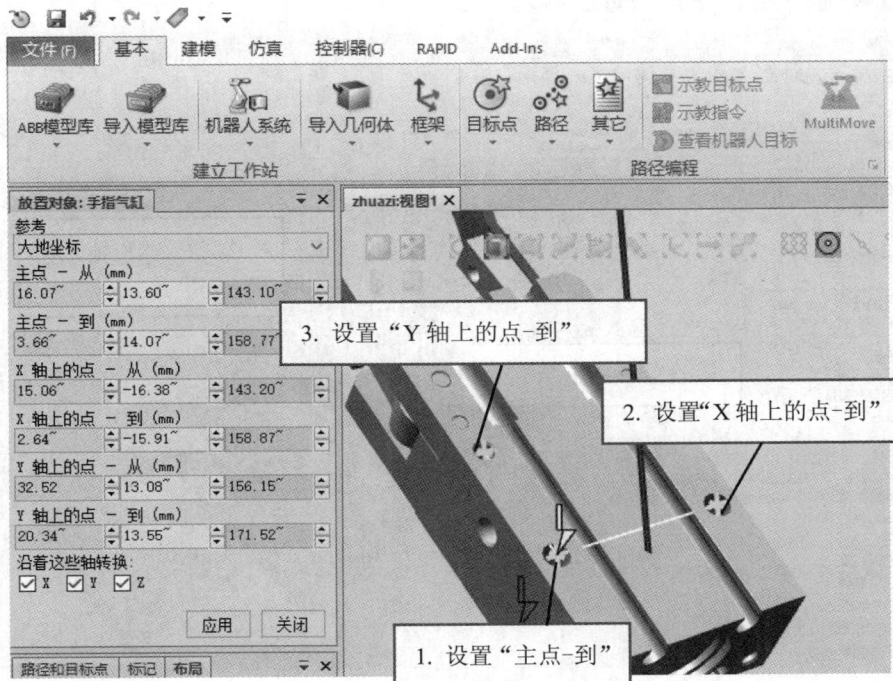

图 3-82　设置其他点对象

(11) 右键单击"右手指",选择"位置"→"放置"→"两点",如图 3-83 所示。

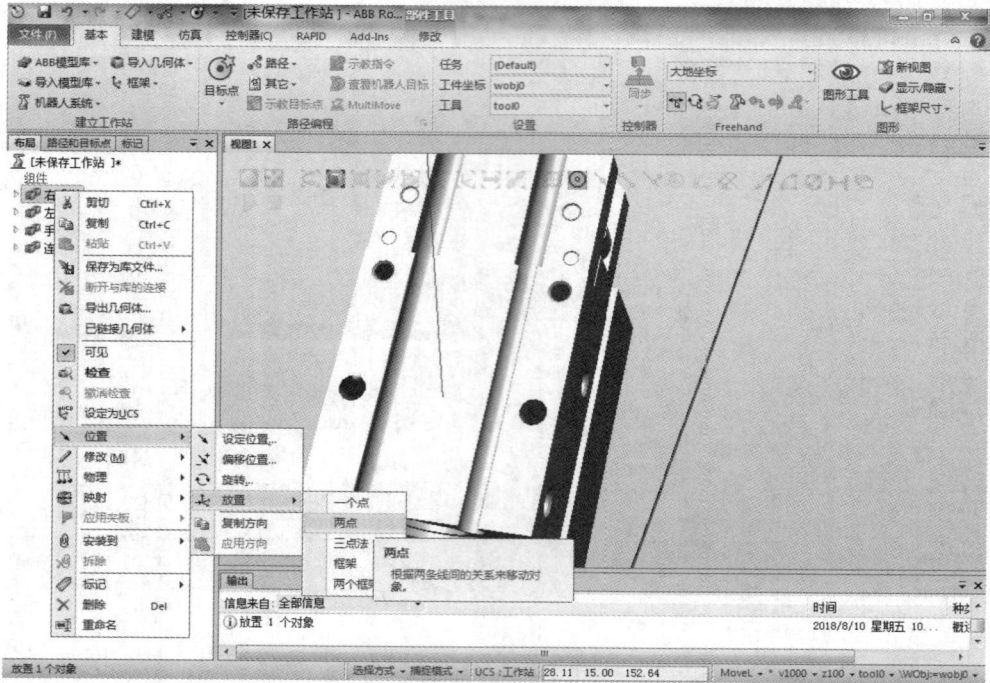

图 3-83　选择"两点"法

(12) 设置"主点-从""X 轴上的点-从",再单击"应用"按钮,如图 3-84 所示。

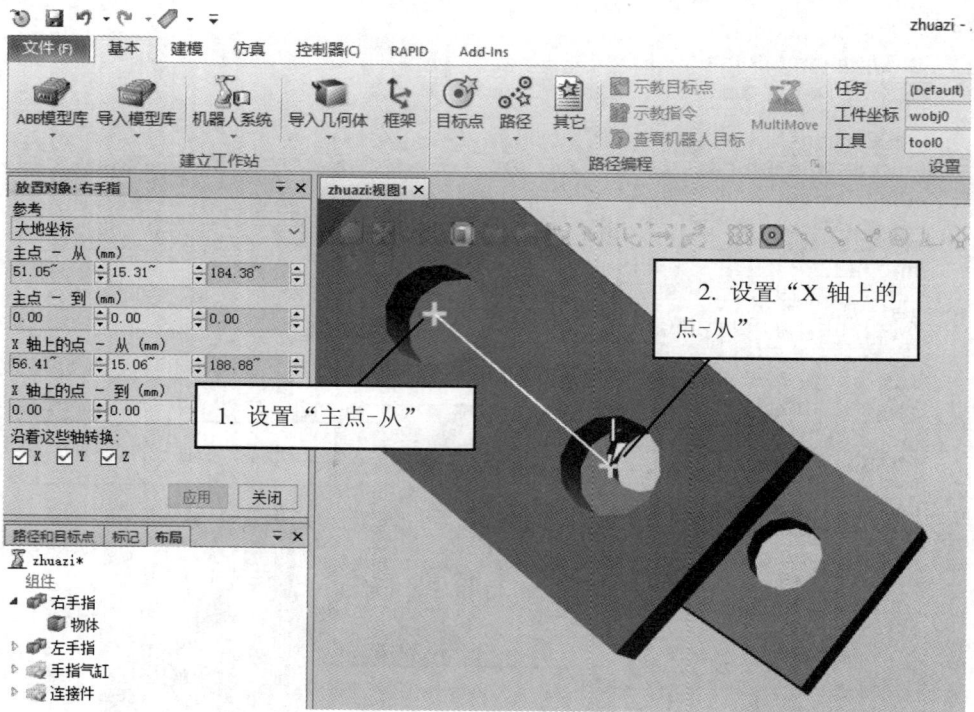

图 3-84　设置点位置

(13) 设置"主点-到""设置 X 轴上的点-到",再单击"应用"按钮,如图 3-85 所示。

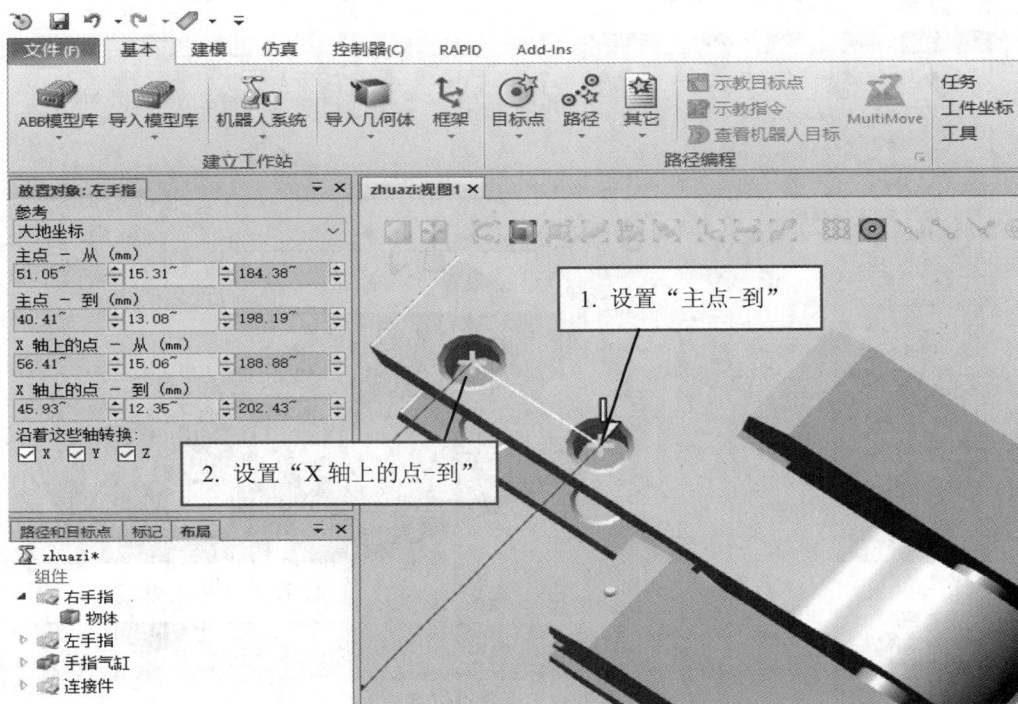

图 3-85　设置位置后应用

(14) 右键单击"左手指",选择"位置"→"放置"→"两点",如图 3-86 所示。

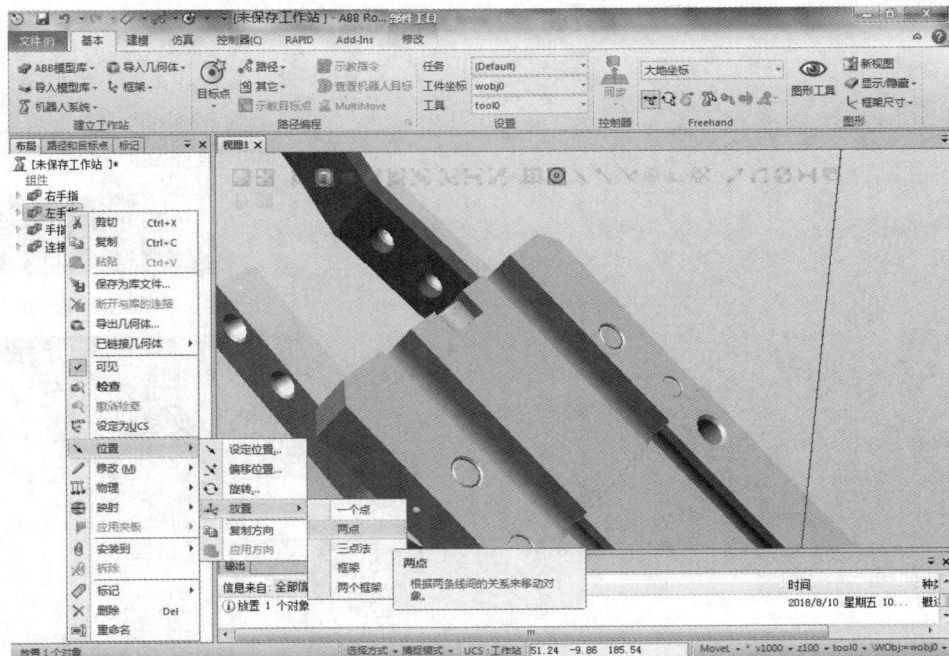

图 3-86　设置"两点"法

(15) 设置"主点-从""X 轴上的点-从"，再单击"应用"按钮，如图 3-87 所示。

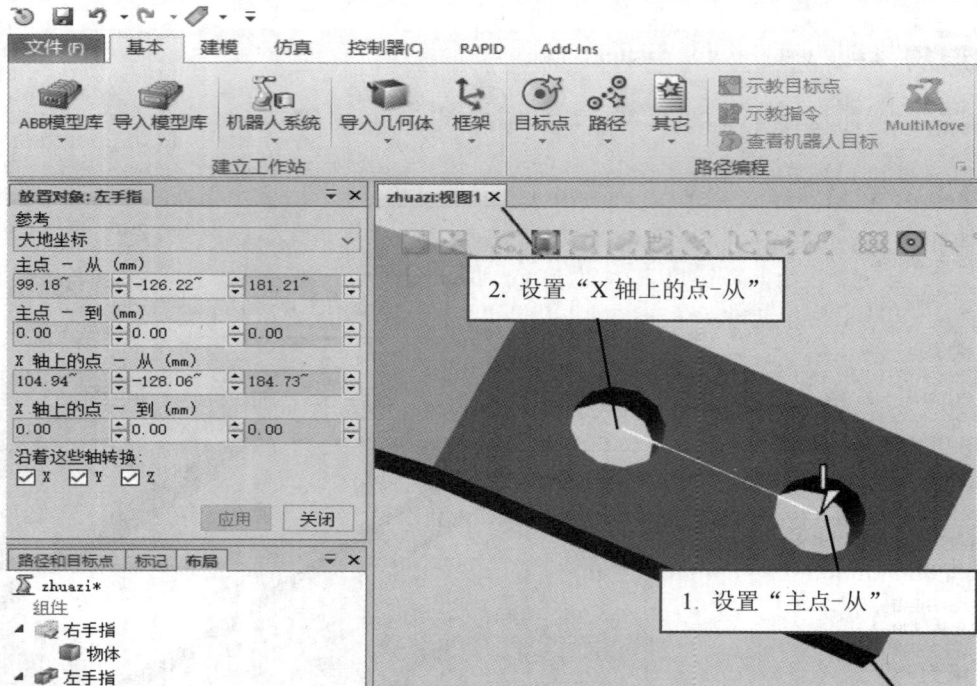

图 3-87　设置点位置

(16) 设置"主点-到""设置 X 轴上的点-到"，再单击"应用"按钮，如图 3-88 所示。

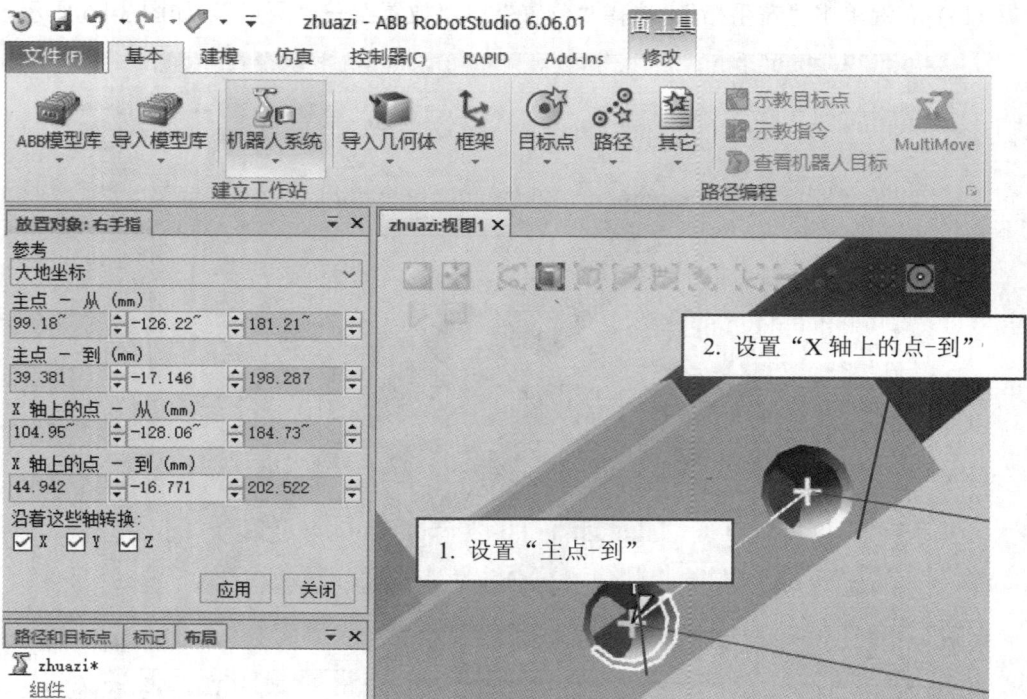

图 3-88　点设置完成后应用

3.4.2　移动部件并创建本地原点

移动部件并创建本地原点的具体操作步骤如下：

(1) 把"右手指""左手指""手指气缸""连接件"依次展开，单击白色小三角，如图 3-89 所示。展开完之后如图 3-90 所示。

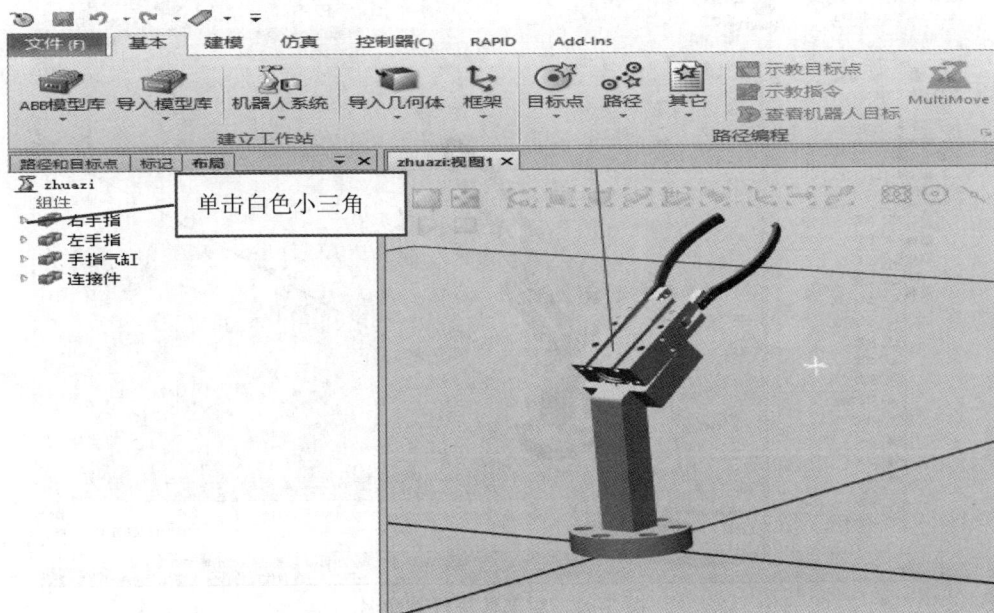

图 3-89　展开部件

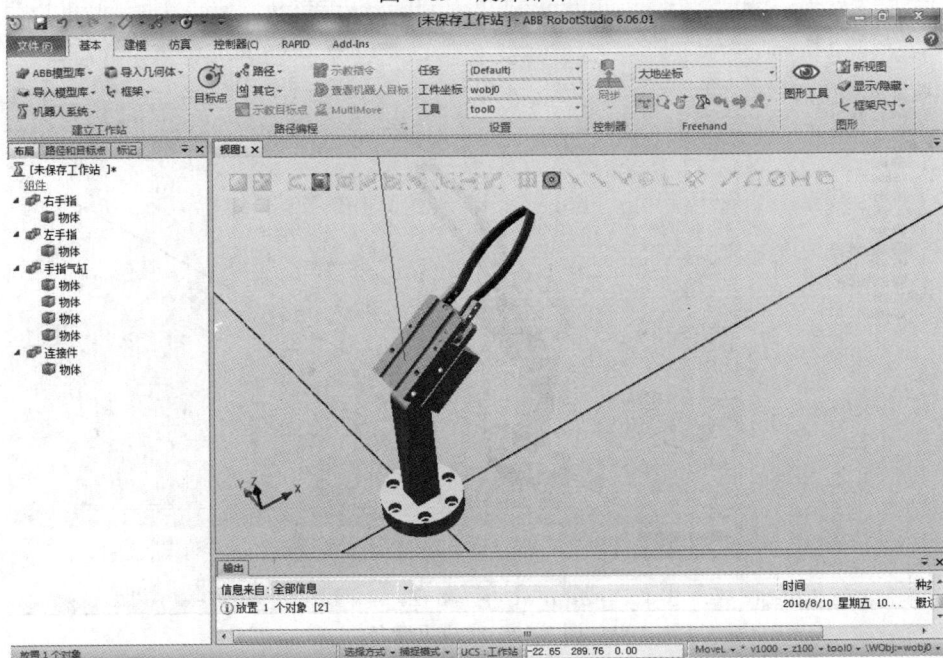

图 3-90　展开完的部件

(2) 在界面左侧选择"布局"栏，右键单击"手指气缸"下的第一个"物体"，重命名为"外壳"，如图 3-91 所示。同上述方法，依次将第二个"物体"重命名为"主体"，第三个重命名为"左手指部件"，第四个重命名为"右手指部件"。全部完成后系统将自动对组件按名称重新排序，如图 3-92 所示。

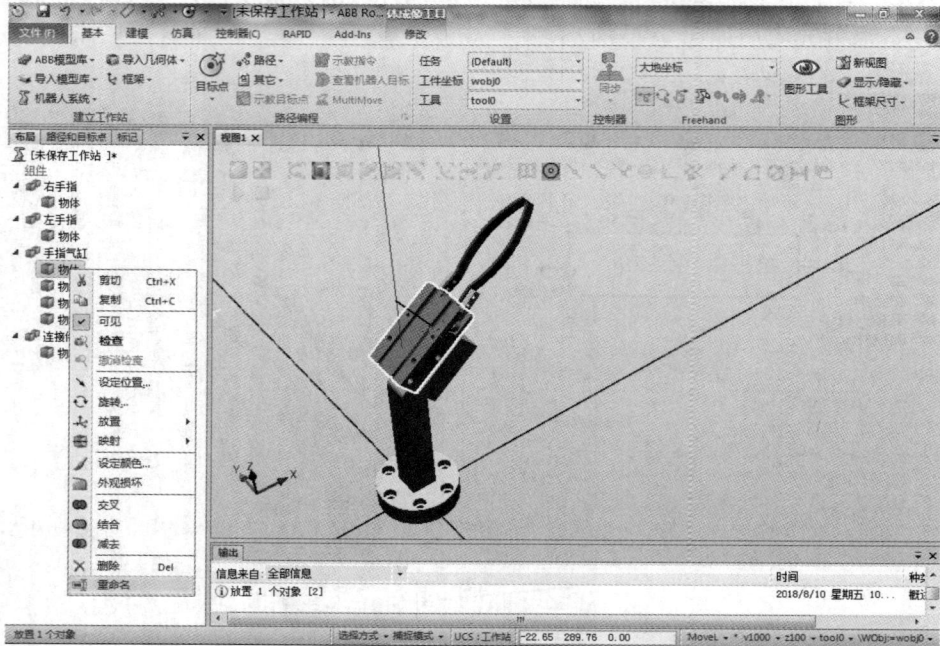

图 3-91　对部件进行重命名

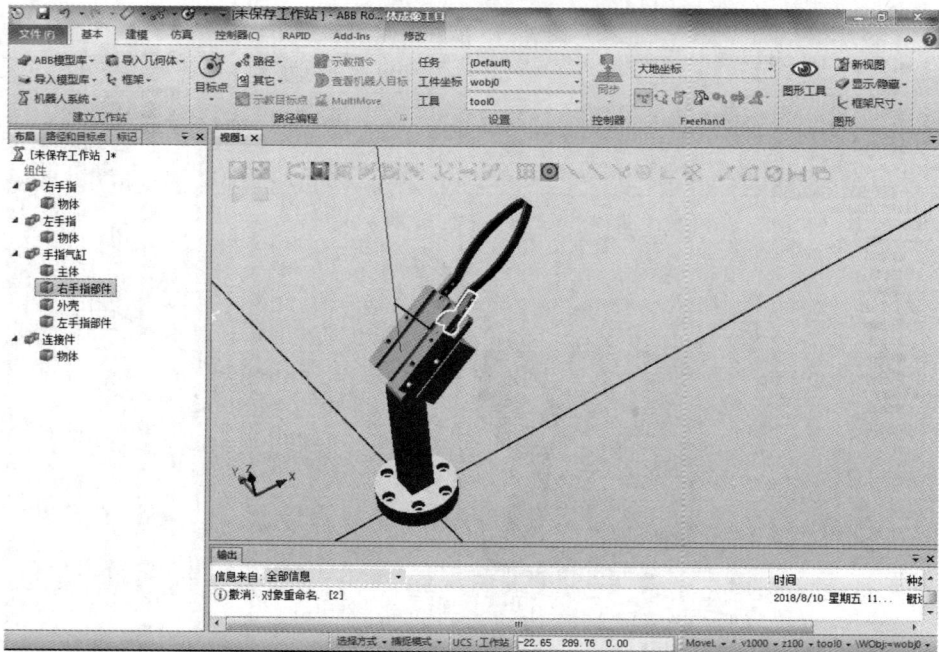

图 3-92　完成重命名

(3) 把所需的部件移动到需要的部件当中。把"手指气缸"下的"右手指部件"移动到"右手指"里面，把"左手指"部件移动到"左手指"里面，把"外壳"移动到"连接件"里面。移动时单击"否"，如图 3-93 所示。完成后如图 3-94 所示。

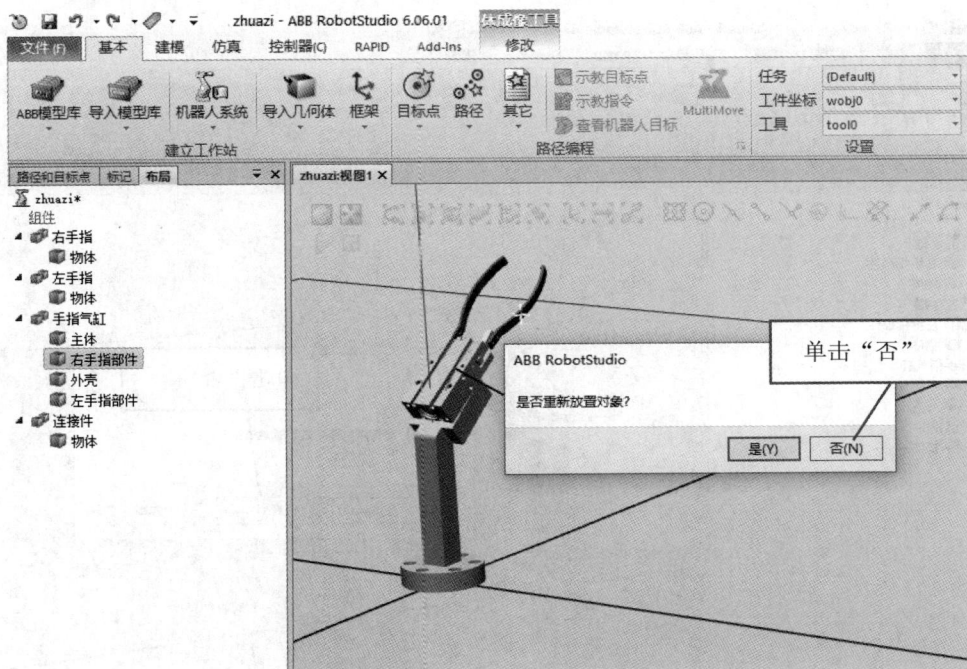

图 3-93　移动部件

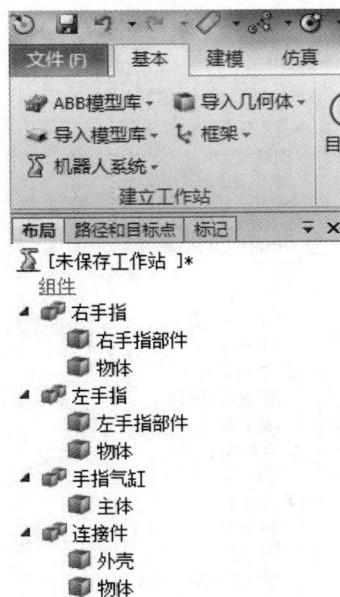

图 3-94　完成部件的移动

(4) 把"右手指""左手指""手指气缸"移动到"连接件"里面，移动时单击"否"，如图 3-95 所示，完成后如图 3-96 所示。

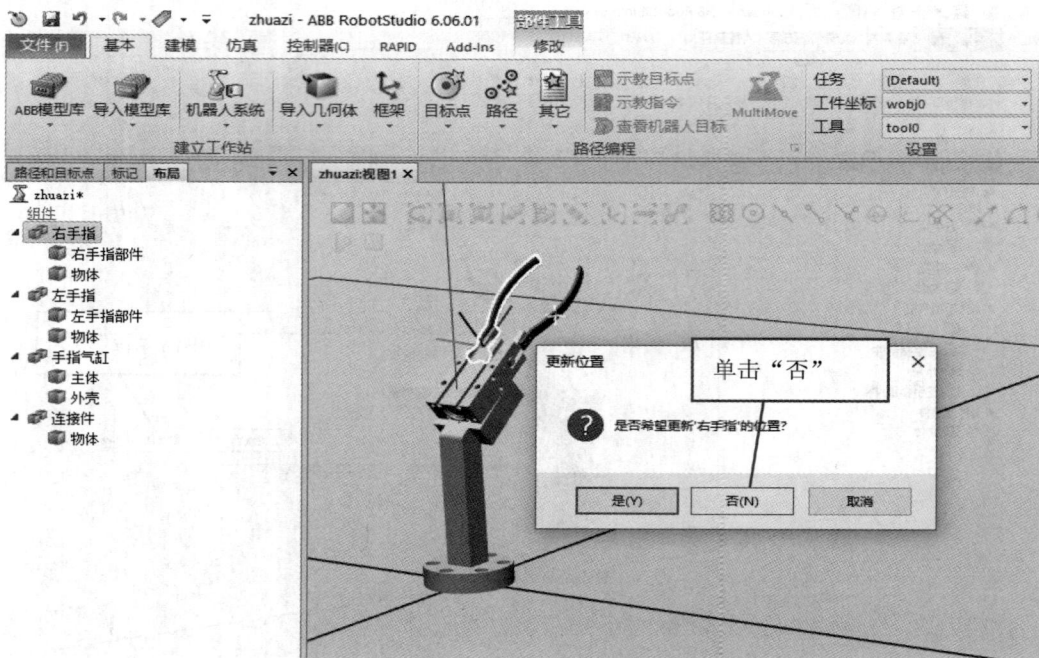

图 3-95　移动部件到"连接件"

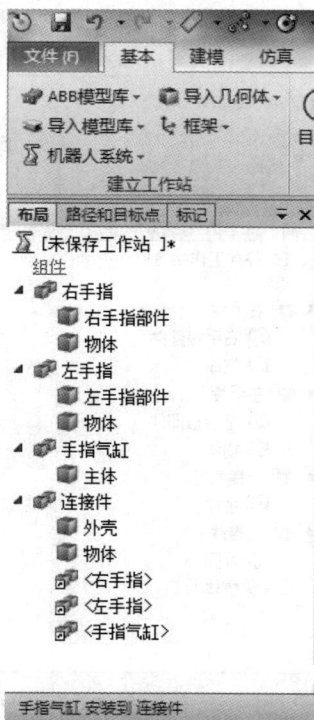

图 3-96　完成部件的移动

(5) 右键单击"连接件"，选择"位置"→"旋转…"，如图 3-97 所示。

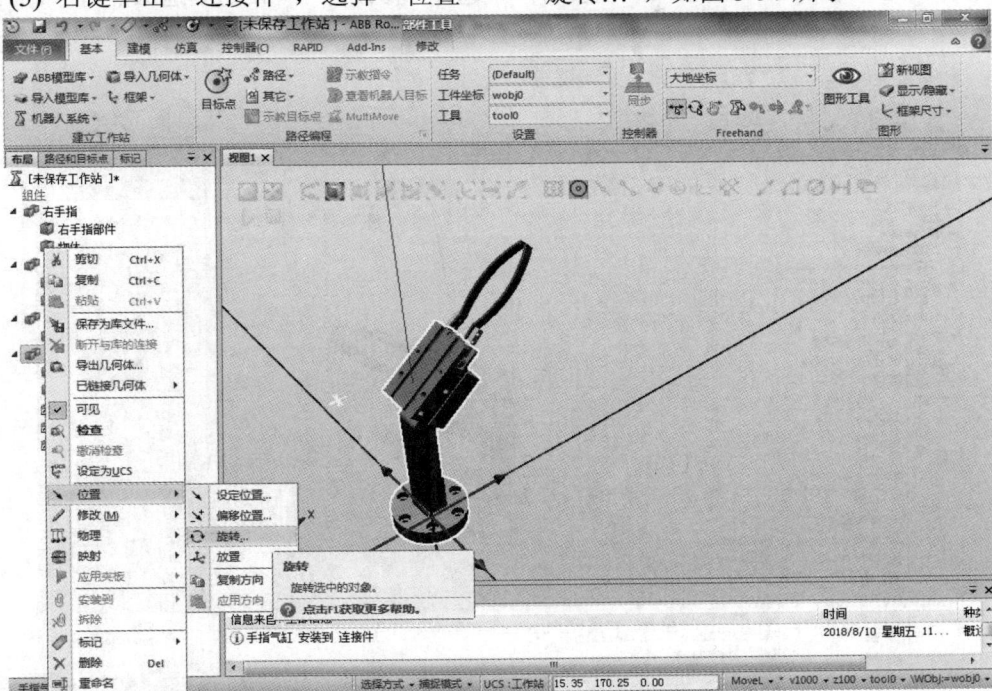

图 3-97　选择"连接件"

(6) 单击"Z"，设置"旋转"为 180，如图 3-98 所示。

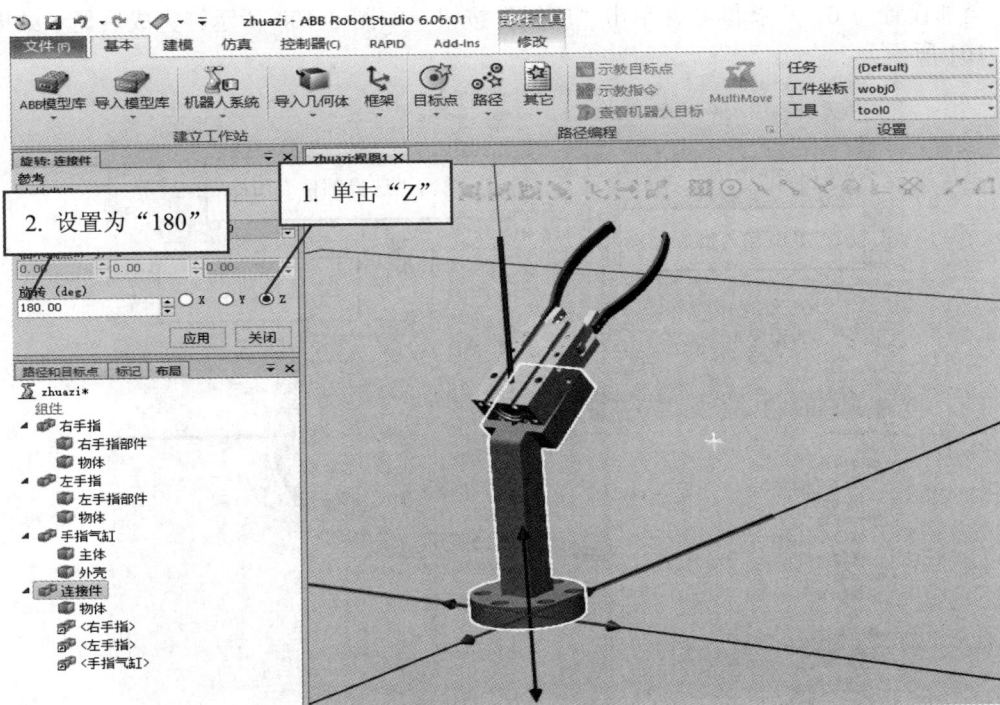

图 3-98　设置相关参数

(7) 设定本地原点，右键单击"连接件"，选择"修改"→"设定本地原点"，如图 3-99 所示。

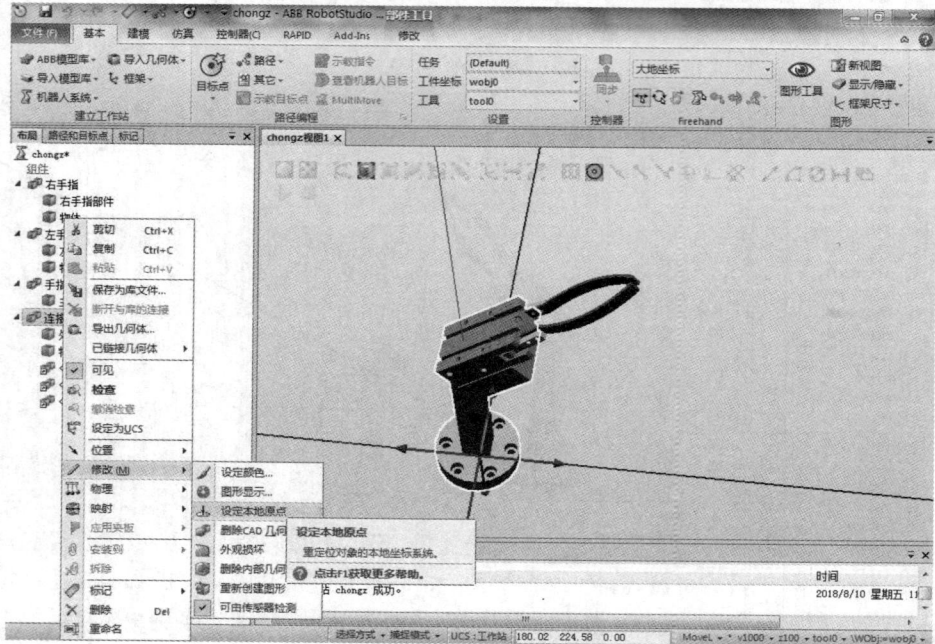

图 3-99　设定本地原点

(8) 单击"选择部件"图标，再设置界面左侧的"本地原点：连接件"参数，将"方向"全部设置为 0，选择圆心并单击"应用"按钮，如图 3-100 所示。完成后显示结果如图 3-101 所示。

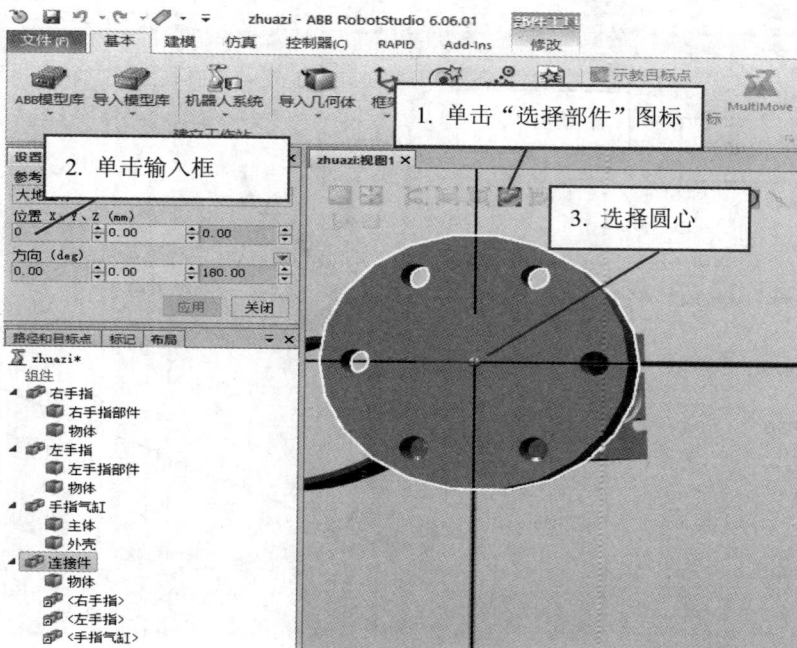

图 3-100　设置对象

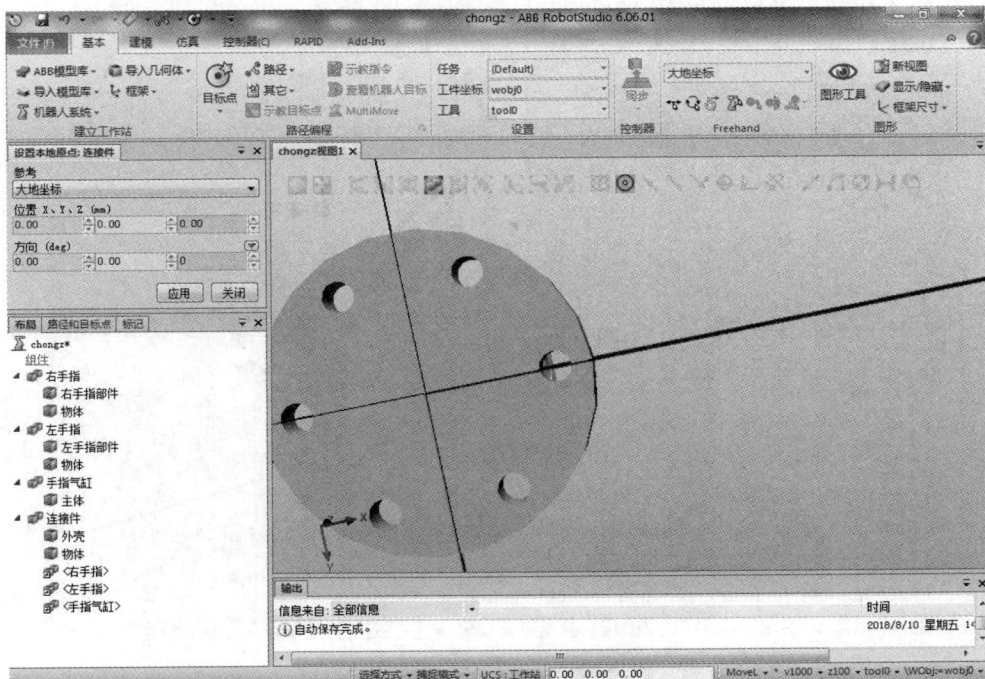

图 3-101　设置完成

(9) 旋转对象。依次把"右手指""左手指""手指气缸"设置为沿着 Z 轴旋转 $180°$，右键单击"右手指"，选择"位置"→"旋转…"，"左手指"和"手指气缸"同上设置，如图 3-102、图 3-103 所示。

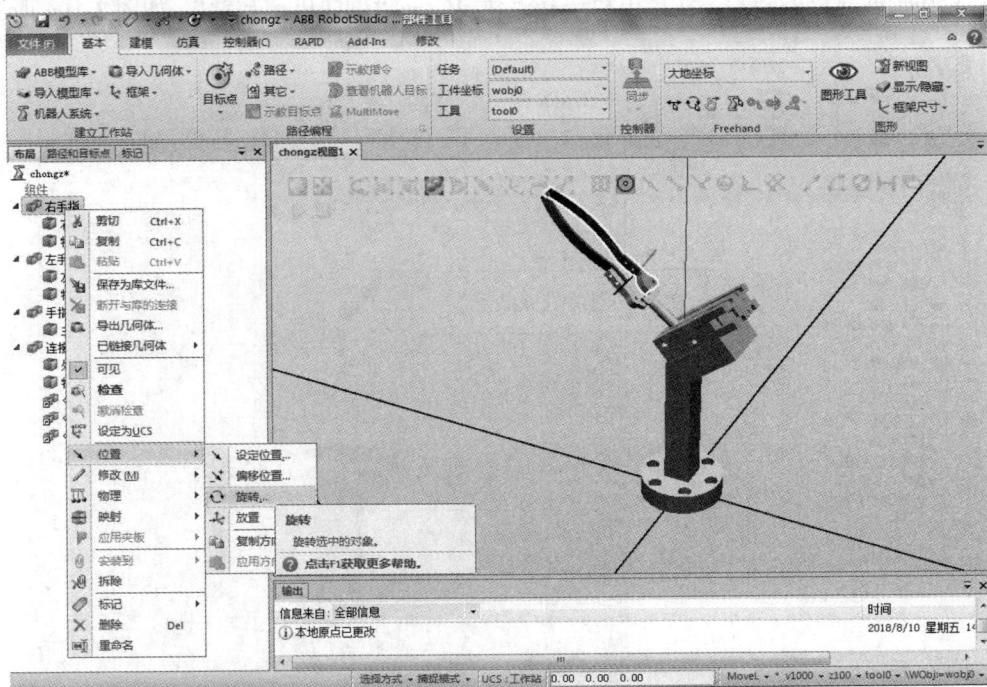

图 3-102　设置"右手指"

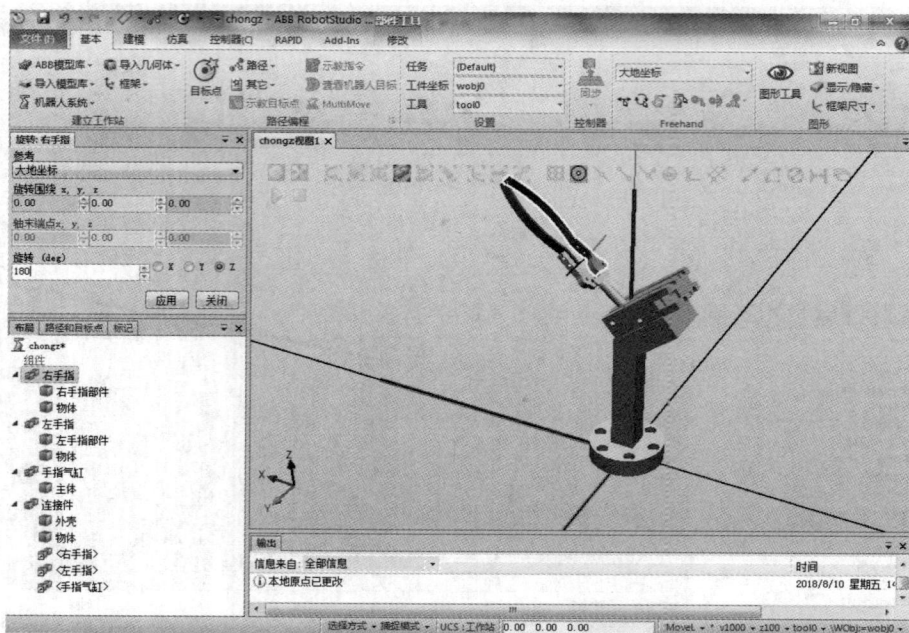

图 3-103　完成旋转对象设置

3.4.3　创建机械装置

创建机械装置的具体操作步骤如下：

(1) 开始创建机械装置。在菜单栏选择"建模"→"创建机械装置"，如图 3-104 所示。

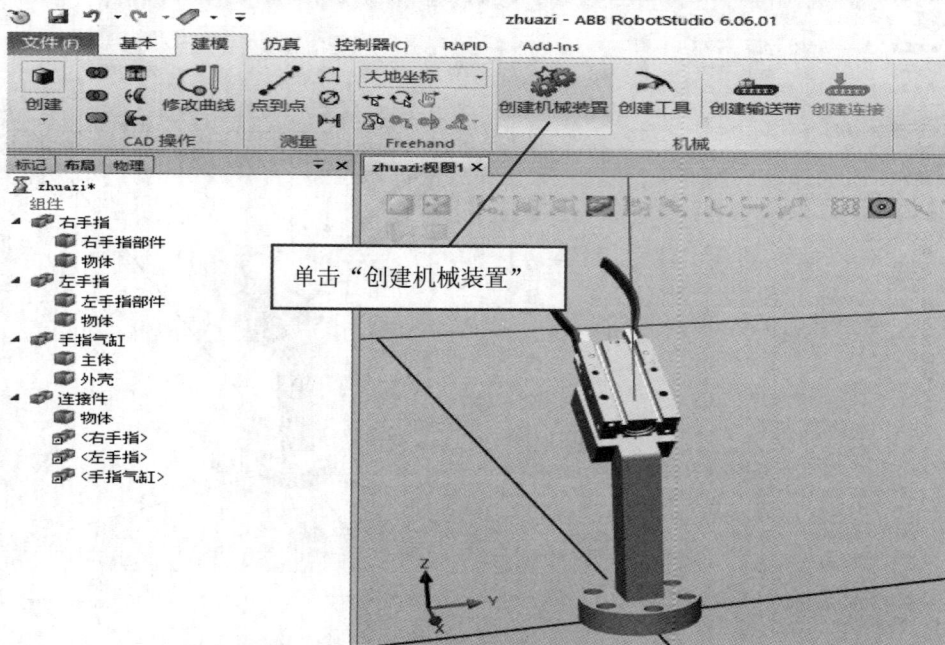

图 3-104　开始创建机械装置

(2) 将"机械装置模型名称"设置为"My_Machine","机械装置类型"设置为"工具",如图 3-105 所示。

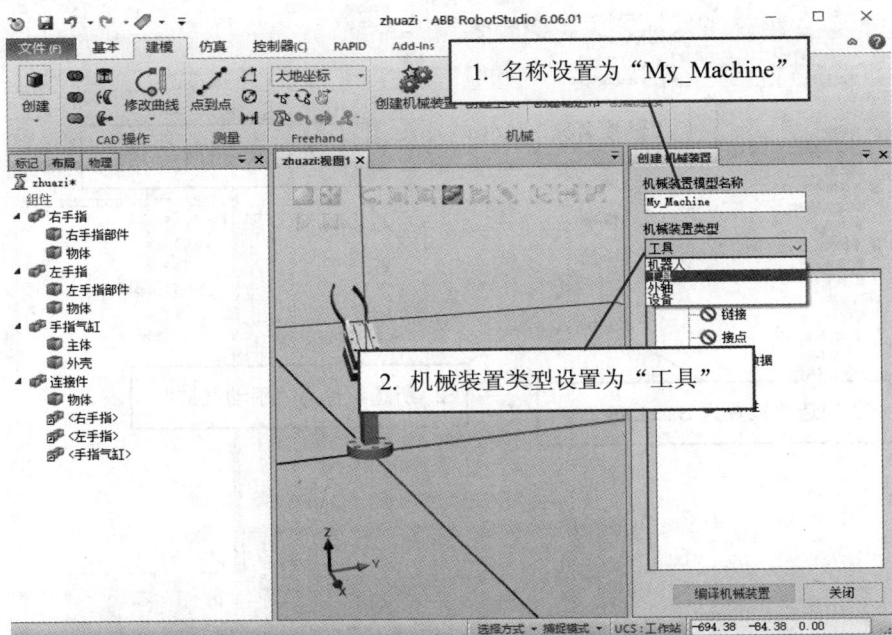

图 3-105　设置模型名称和类型

(3) 右键单击"链接",单击"添加链接…",添加名称为 L1 的链接,如图 3-106～图 3-108 所示。

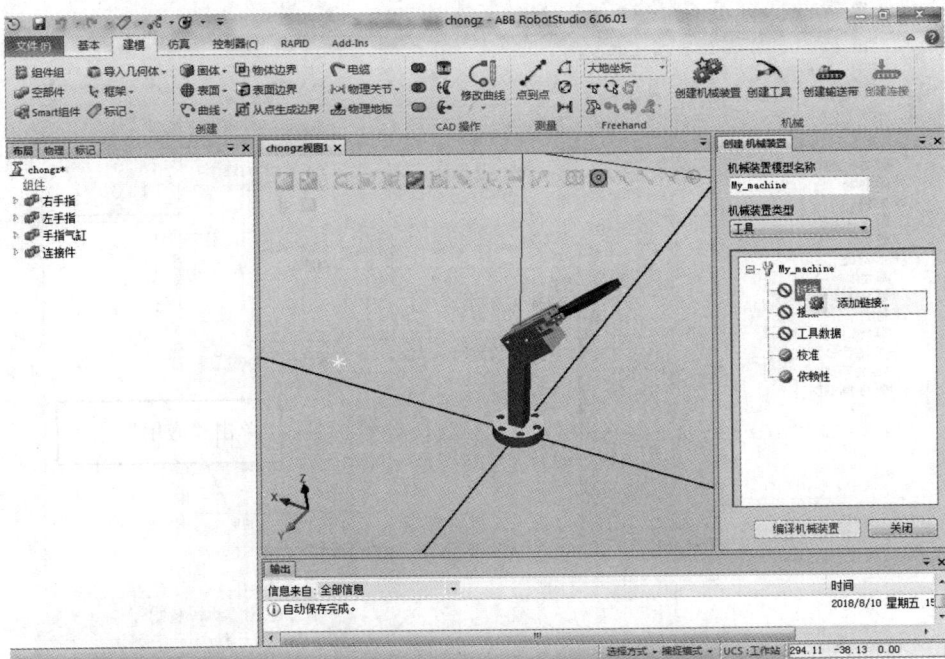

图 3-106　添加链接

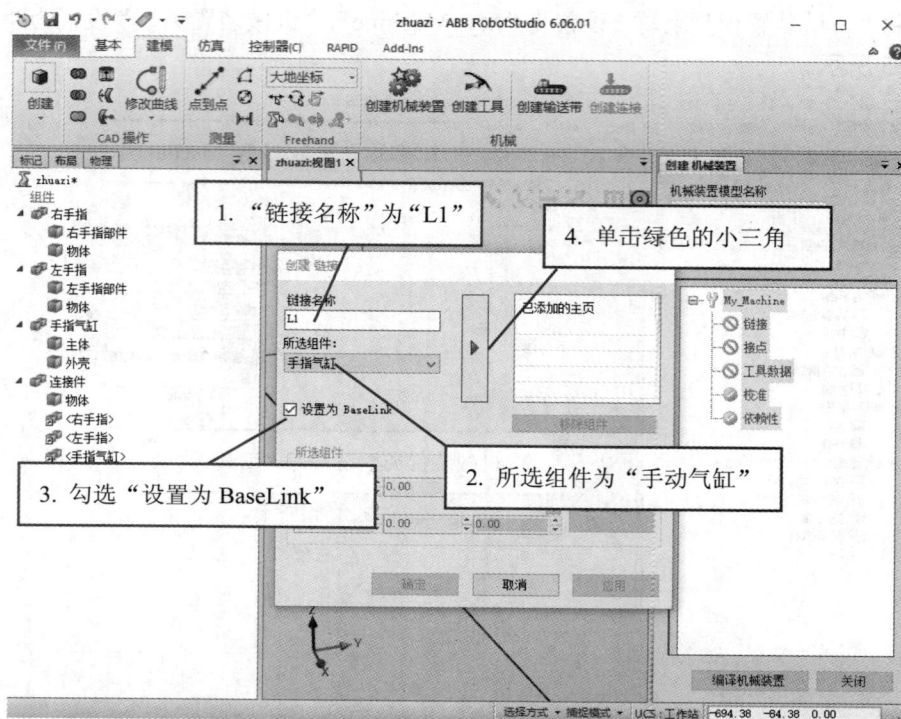

图 3-107　设置链接属性

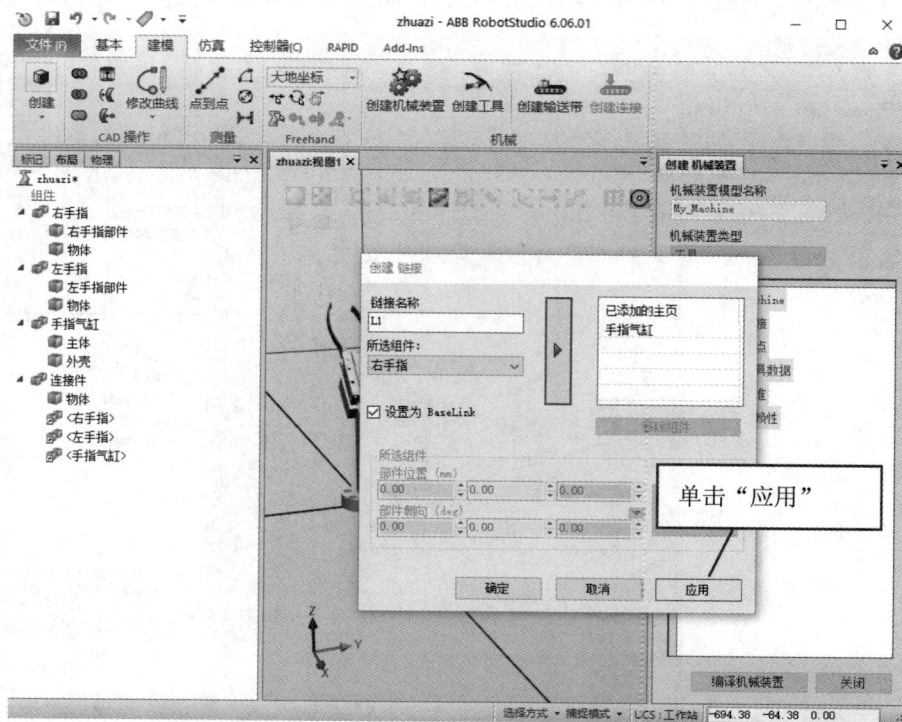

图 3-108　单击"应用"

(4) 继续添加链接。依次为"左手指""右手指""连接件"添加链接,"链接名称"分别设为 L2、L3、L4,如图 3-109～图 3-114 所示。

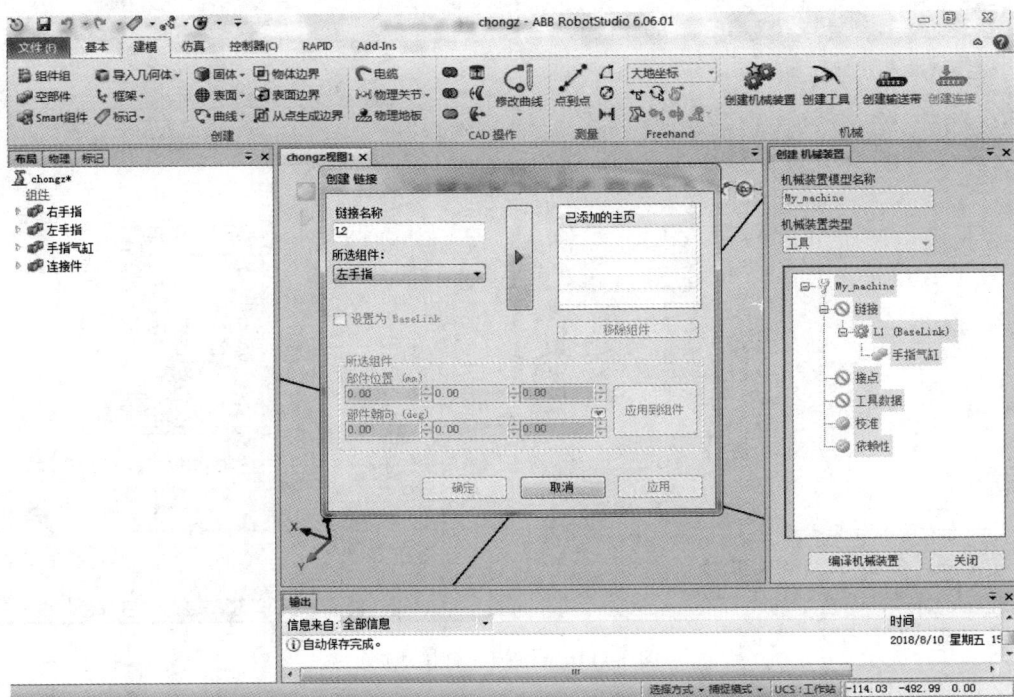

图 3-109　设置 L2 链接属性

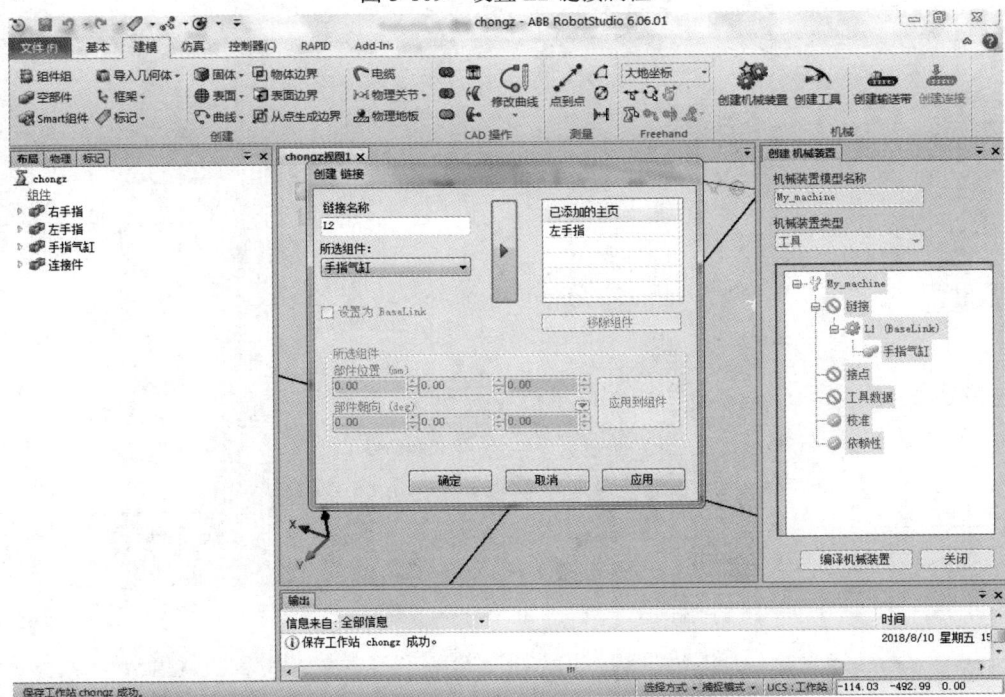

图 3-110　单击"应用"

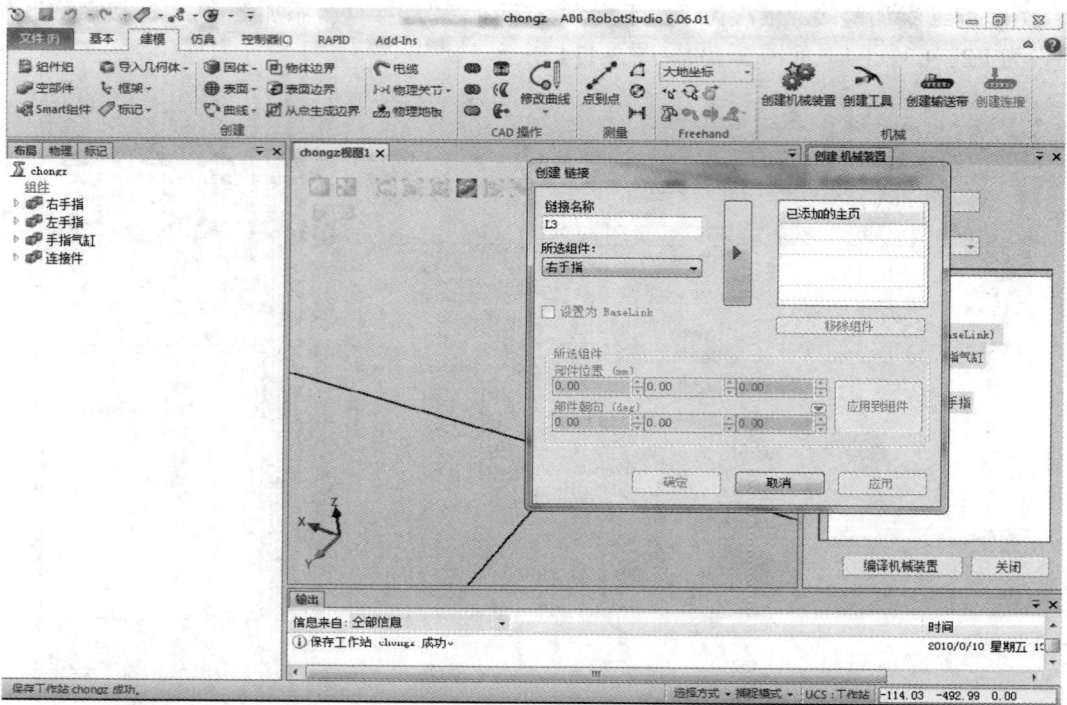

图 3-111　设置 L3 链接属性

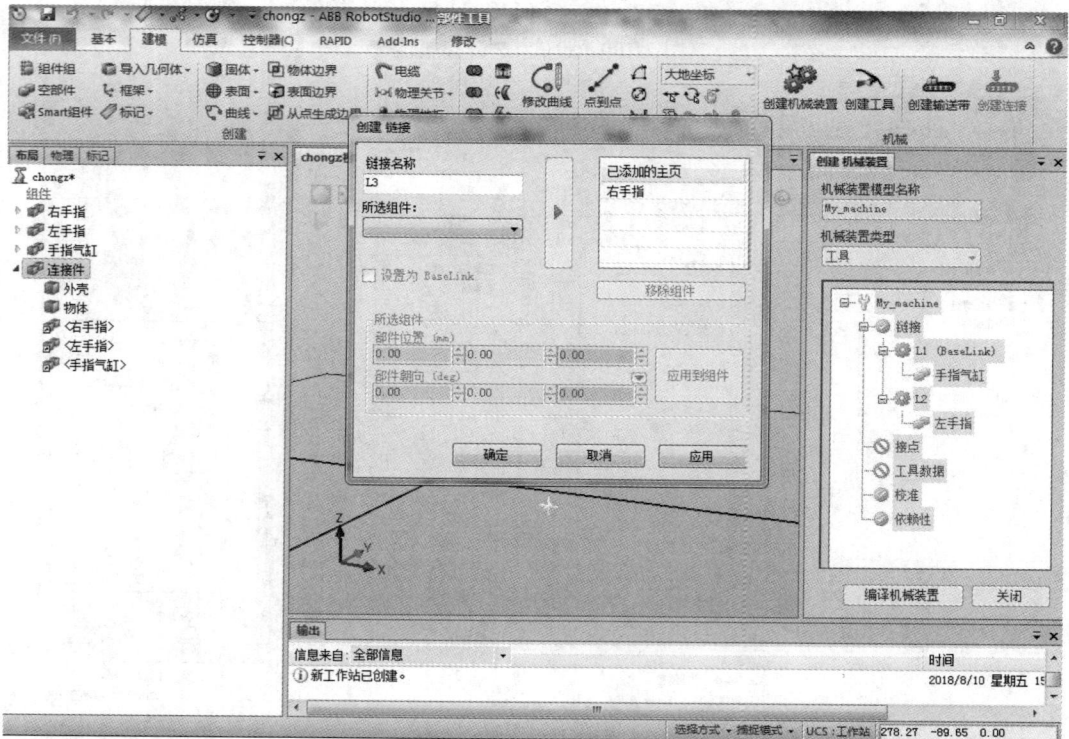

图 3-112　单击"应用"

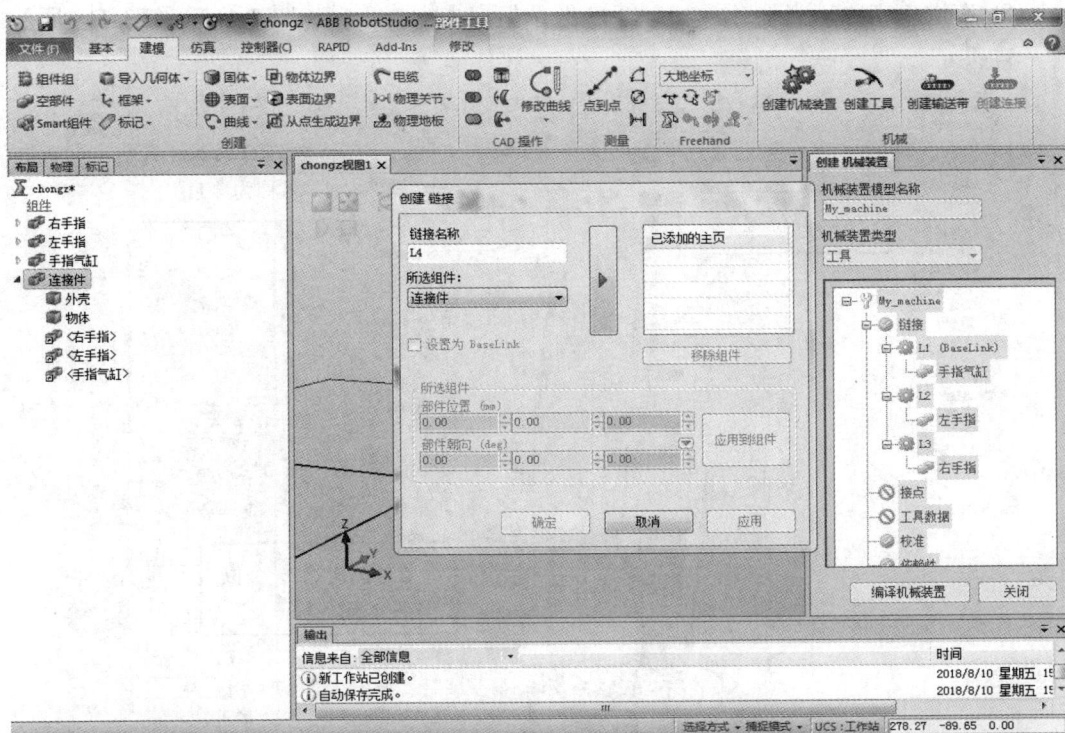

图 3-113　设置 L4 链接属性

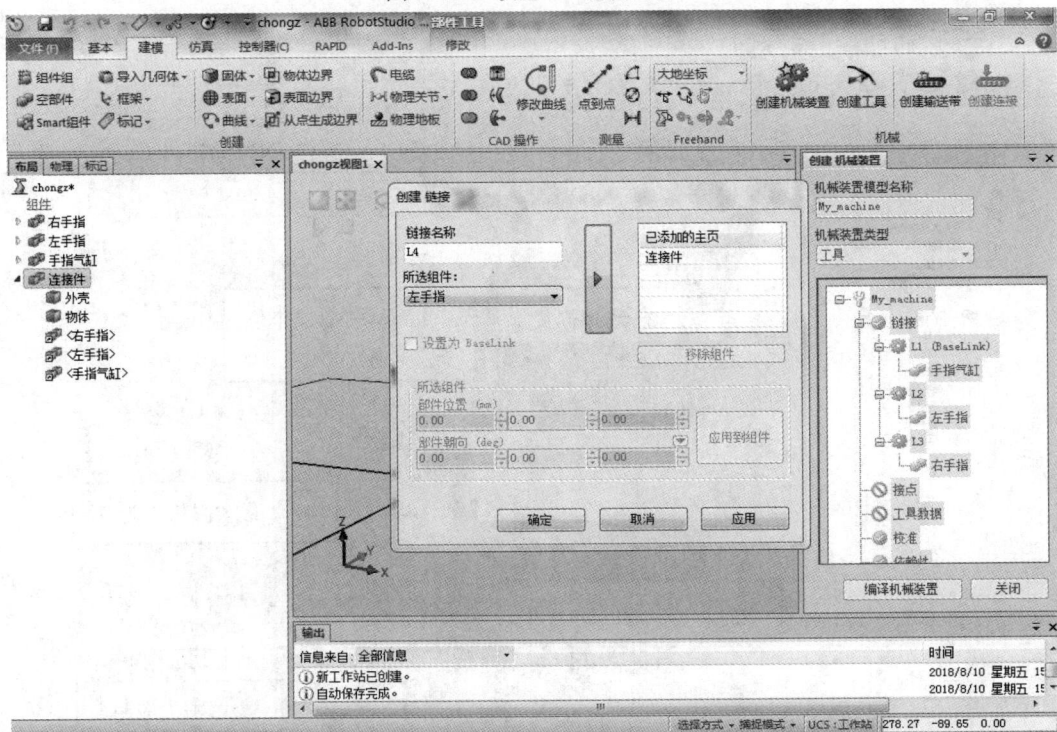

图 3-114　单击"应用"

(5) 右键单击"接点"，添加 J1 和 J2 两个接点，操作步骤如图 3-115～图 3-118 所示。

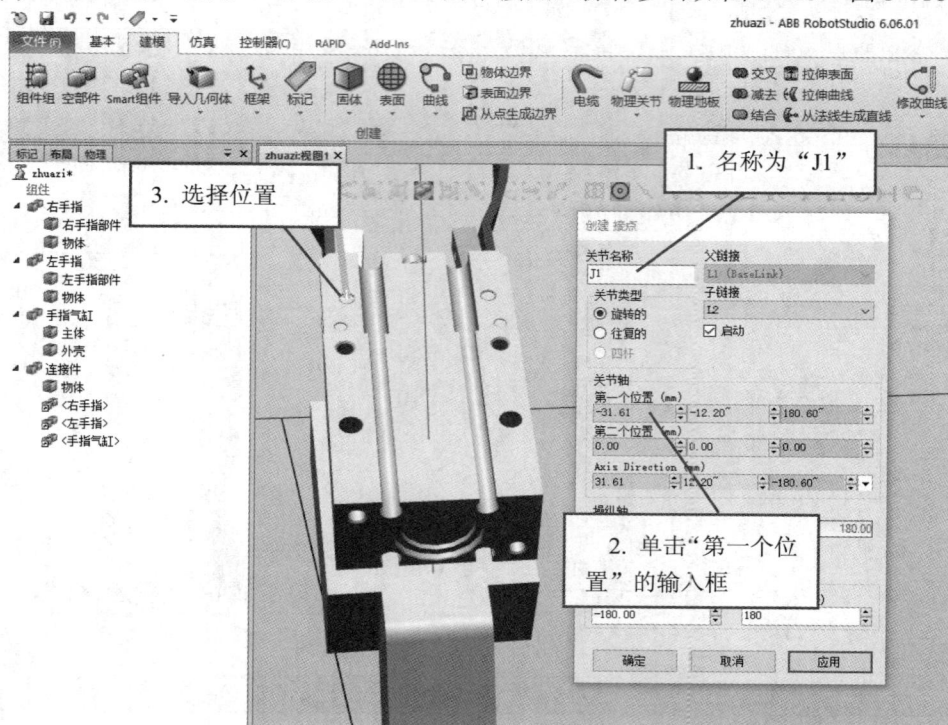

图 3-115　设置 J1 接点属性

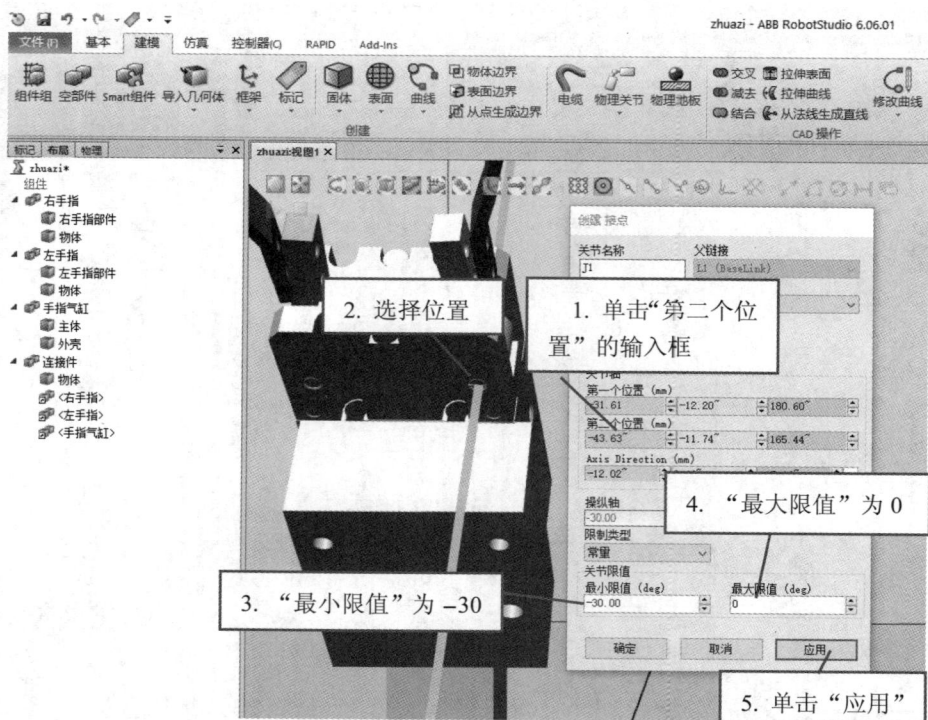

图 3-116　设置 J1 接点属性并应用

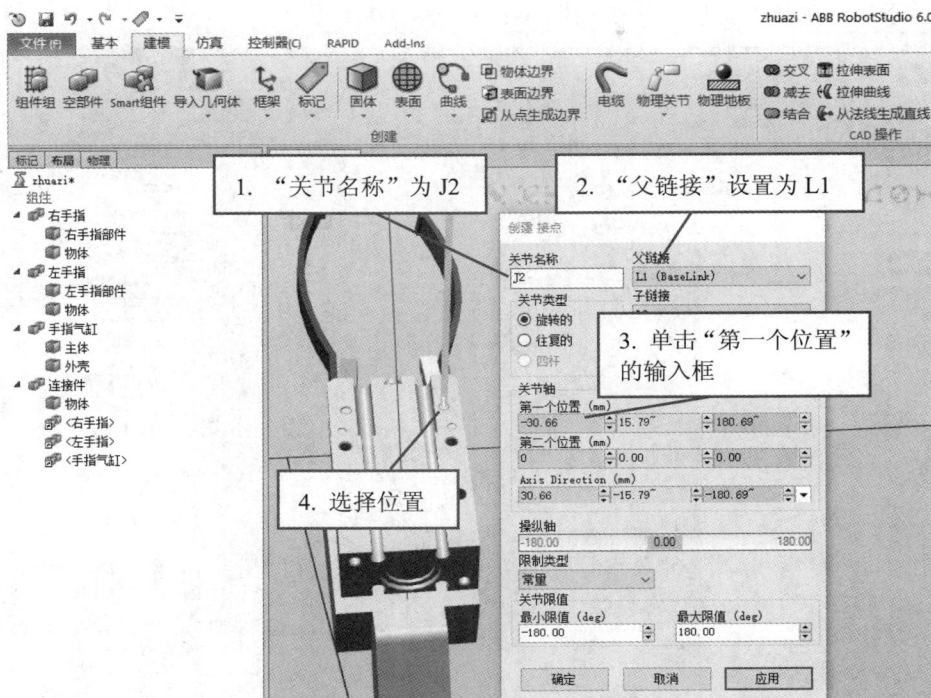

图 3-117　设置 J2 接点属性

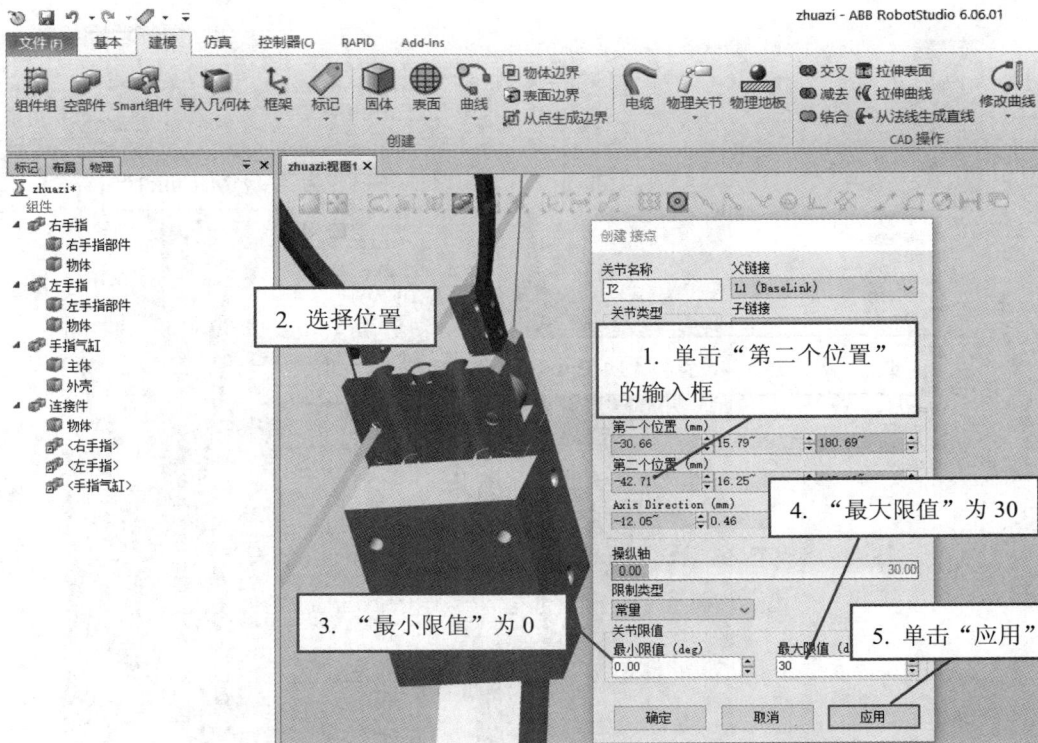

图 3-118　设置 J2 接点属性并应用

(6) 添加工具数据，操作步骤如图 3-119 和图 3-120 所示。

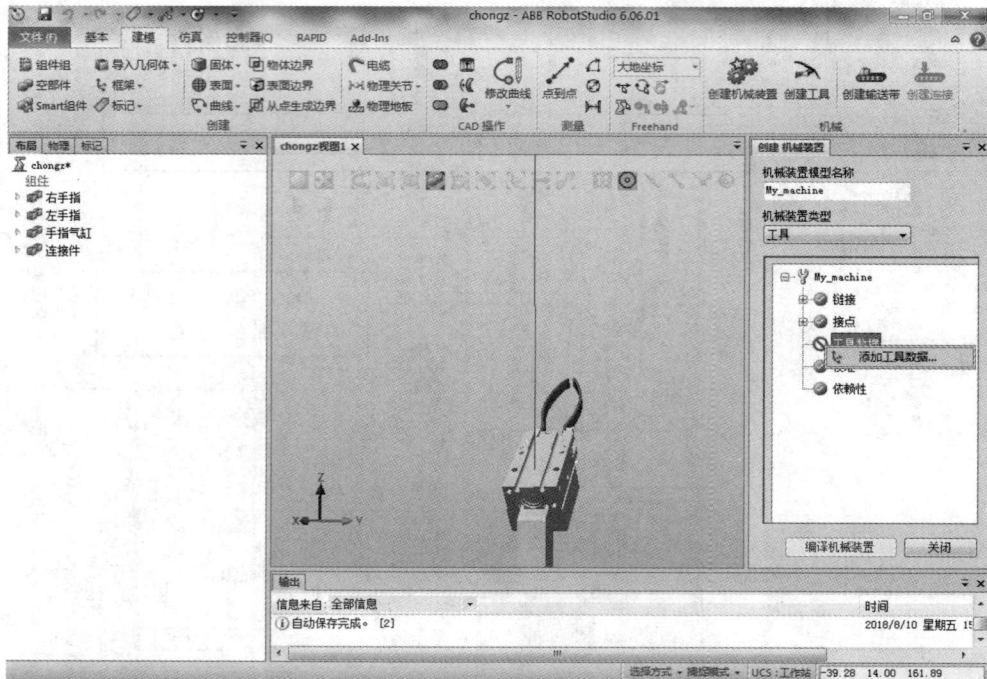

图 3-119　添加工具数据

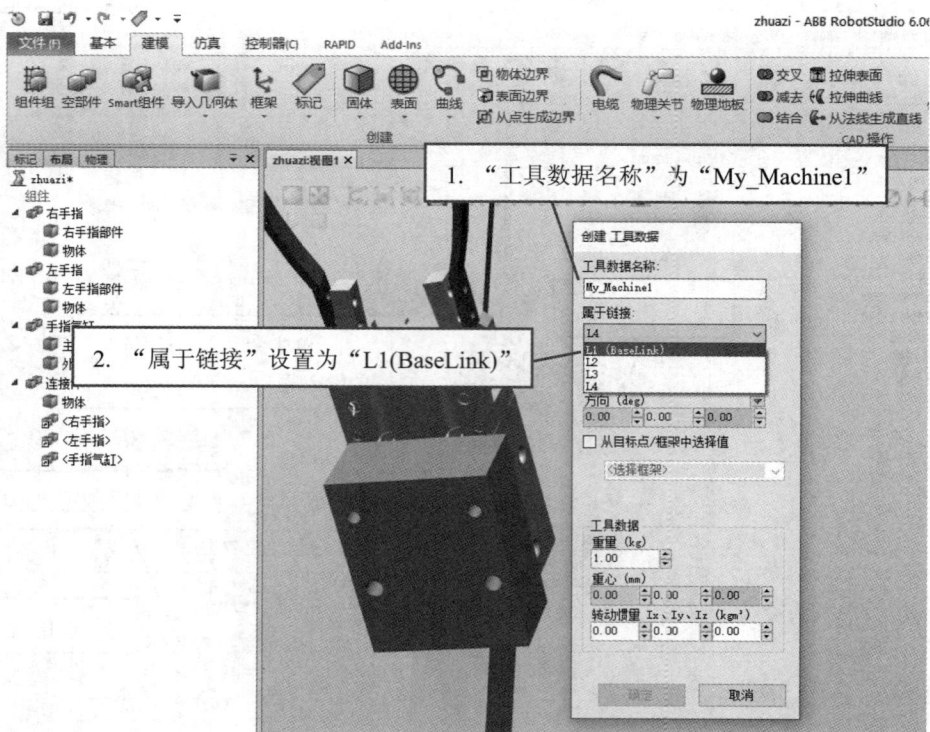

图 3-120　修改名称及从属链接

(7) 单击"捕捉重心"图标，操作步骤如图 3-121 和图 3-122 所示。

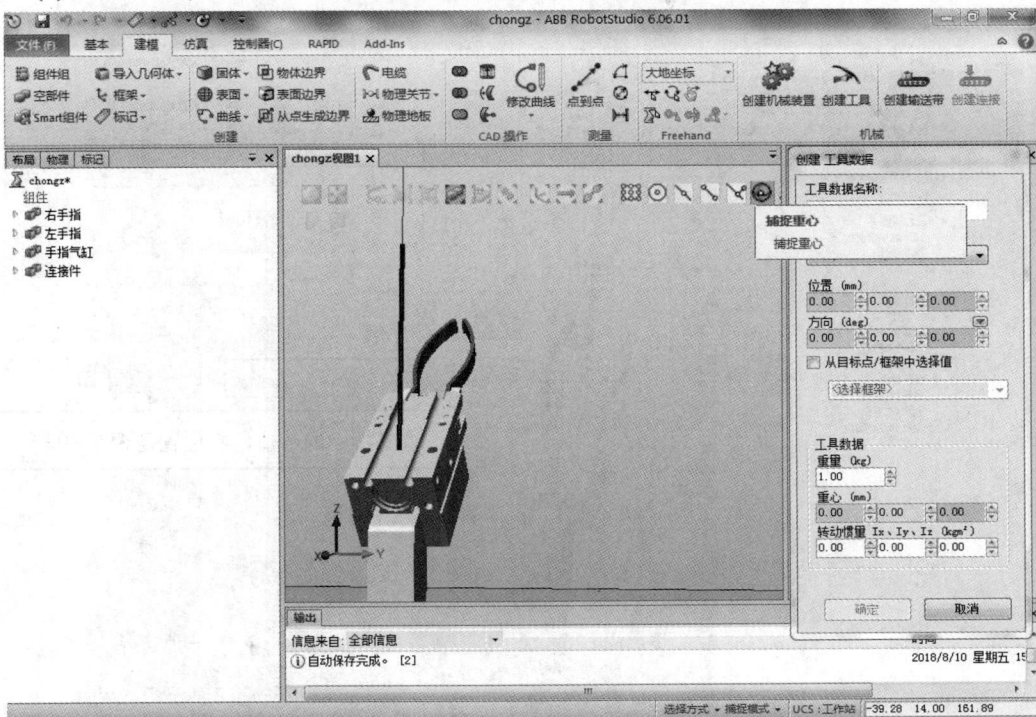

图 3-121　捕捉重心

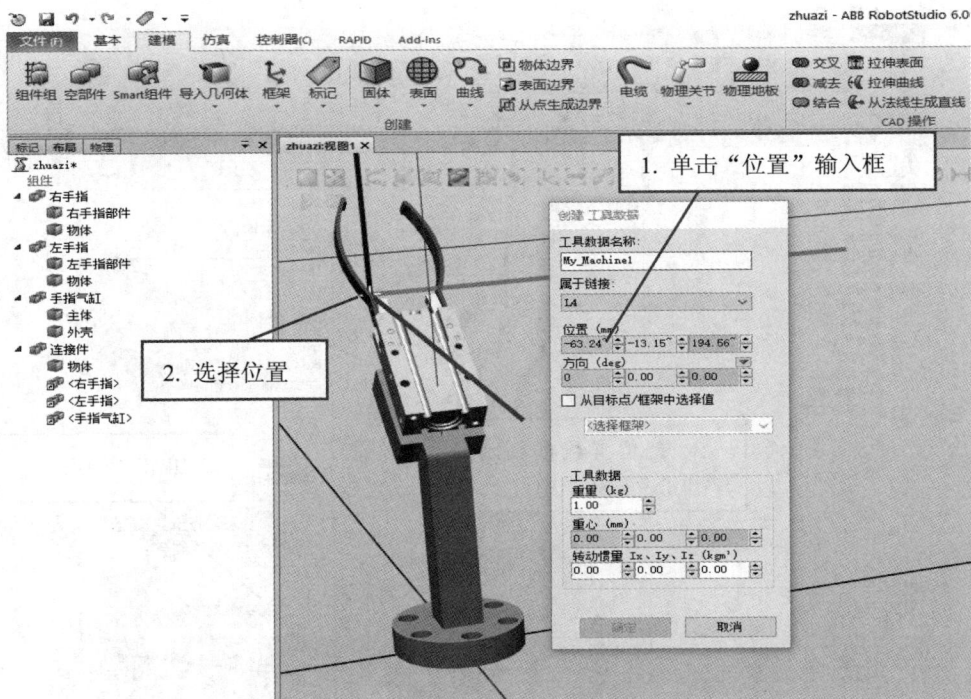

图 3-122　选择位置

　　(8) 把位置移动到中间，将其数据复制为"重心"的数据，操作步骤如图 3-123 和图 3-124 所示。

图 3-123　调整位置

图 3-124　复制数据

(9) 编译机械装置，添加张开与闭合的姿态，操作步骤如图 3-125～图 3-129 所示。

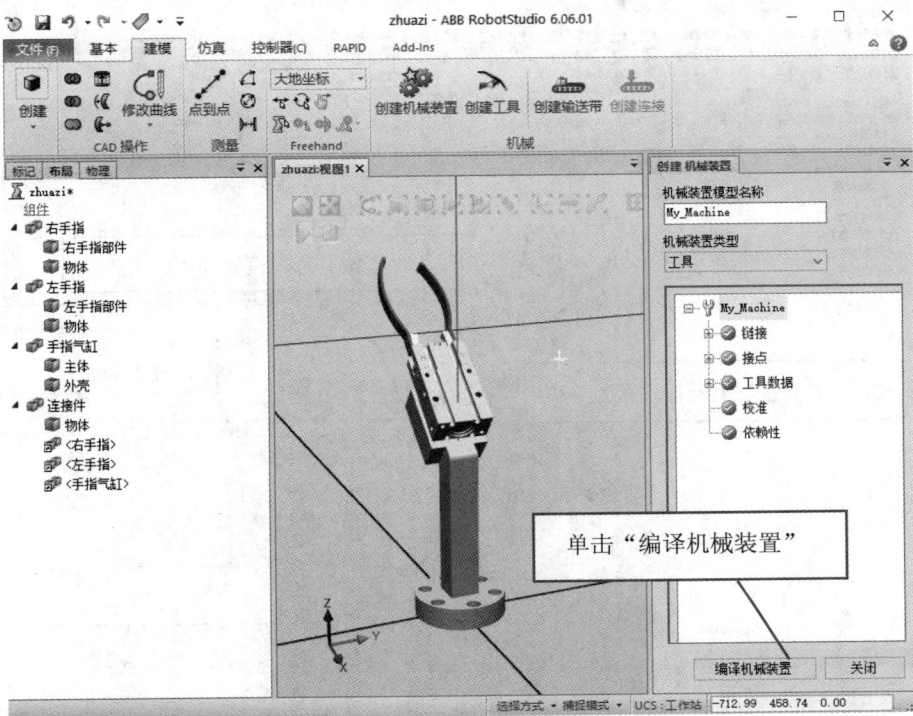

图 3-125 开始编译

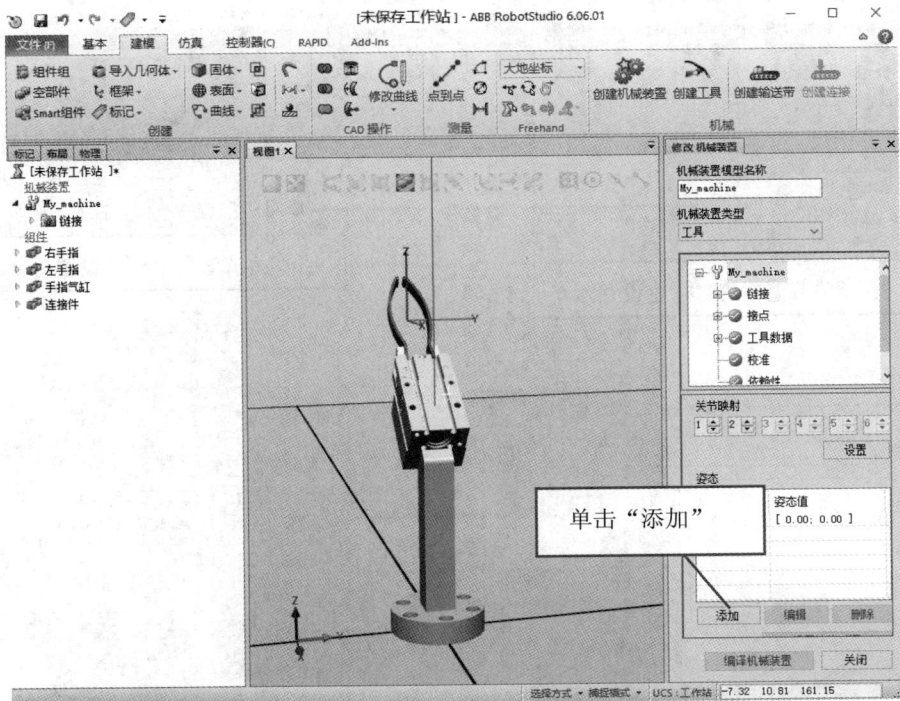

图 3-126 添加姿态

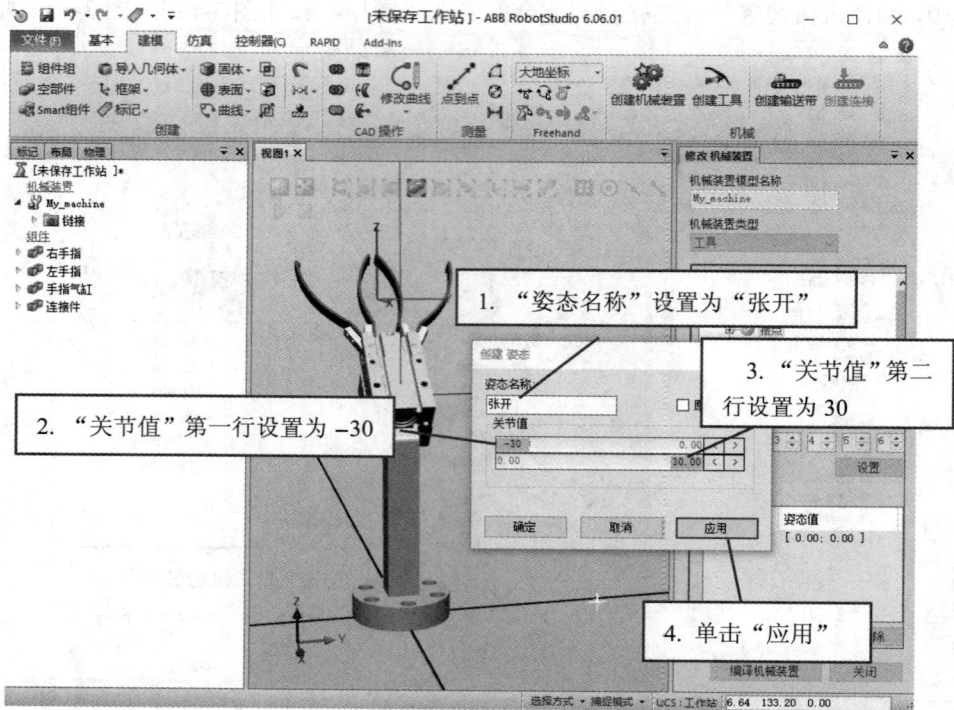

图 3-127　添加"张开"姿态

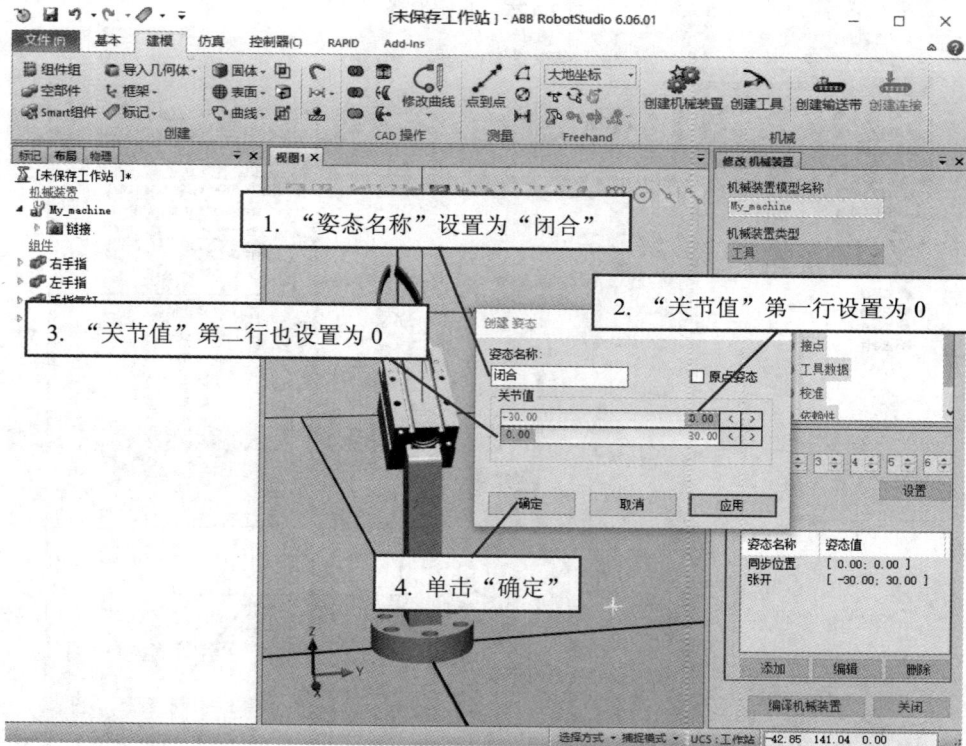

图 3-128　添加"闭合"姿态

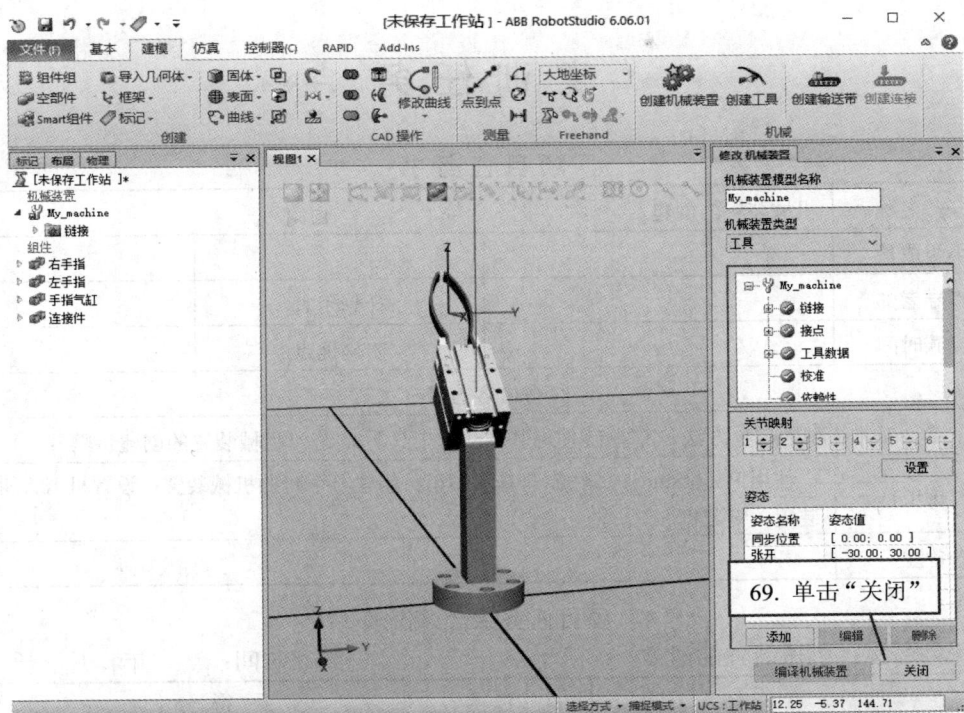

图 3-129　姿态添加完毕

(10) 将创建好的机械装置保存为库文件，如图 3-130 所示。

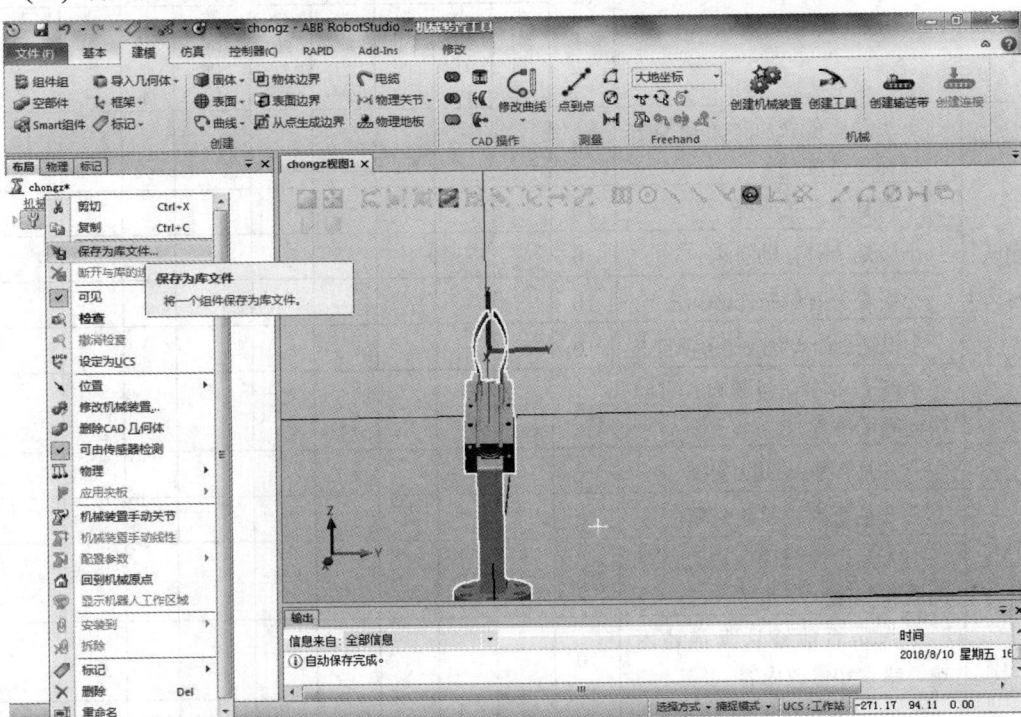

图 3-130　保存文件

❖❖❖ 实 训 任 务 ❖❖❖

项 目 任 务 书

任务名称	机械装置的创建			
小组成员				
指导老师		计划用时		
实施时间		实施地点		
任务内容与目标				
1. 学会基本模型的创建方法。2. 熟练使用基本测量工具。3. 练习机械装置的创建步骤				
考核项目	使用 RobotStudio 部件创建基本模型；创建一个新的机械装置；设置机器人机械装置关键数据			
备注				

项 目 任 务 综 合 评 价 表

任务名称：机械装置的建立　　　　　　　　　　测评时间：　　年　月　日

考 核 明 细		标准分	实 际 得 分								
			小 组 成 员								
			小组自评	小组互评	教师评价	小组自评	小组互评	教师评价	小组自评	小组互评	教师评价
团队 (60分)	小组是否能在总体上把握学习目标与进度	10									
	小组是否分工明确	10									
	小组是否有互助意识	10									
	小组是否有创新想(做)法	10									
	小组是否如实完成任务项目书	10									
	小组是否存在问题和具有解决问题的方案	10									
个人 (40分)	个人是否服从团队安排	10									
	个人是否完成团队分配任务	10									
	个人是否能与团队成员及时沟通和交流	10									
	个人是否能够认真描述困难、错误和修改内容	10									
合计		100									

第四章　工业机器人离线轨迹编程

　　在工业机器人的应用，如激光切割、涂胶、焊接等中，经常需要对一些不规则的曲线进行处理，通常采用描点法，即根据工艺精度要求示教相应数量的目标点，从而生成机器人的轨迹。描点法处理曲线耗时长，精度也不易保证。离线轨迹编程能够解决描点法无法克服的困难。离线轨迹编程就是根据已有三维模型的曲线特征将曲线自动转换成机器人的轨迹，省时、省力而且容易保证轨迹精度。

◆　**知识目标**

(1) 掌握图形化离线编程的基本原理。

(2) 熟悉离线轨迹目标调整的方法。

(3) 了解工作站碰撞监控与 TCP 检测。

◆　**能力目标**

(1) 具备创建图形化离线编程的能力和离线轨迹机器人目标点调整的能力。

(2) 学会图形化离线程序的优化方法。

4.1　创建机器人理想轨迹曲线以及路径

在机器人典型应用，如搬运、堆垛、上下料等中，通常采用描点法。然而在一些轨迹应用，如切割、涂胶、焊接等中，常需处理一些不规则曲线，如果还采用描点法，则费时、费力且不容易保证轨迹精度。图形化编程即根据 3D 模型的曲线特征自动转换成机器人的运行轨迹。本节将学习如何根据三维模型曲线特征，利用 RobotStudio 自动路径功能生成机器人激光切割的运行轨迹路径。

4.1.1　创建机器人涂胶喷涂曲线

创建机器人涂胶喷涂曲线的操作步骤如下：

(1) 解压工作站，解压后如图 4-1 所示。

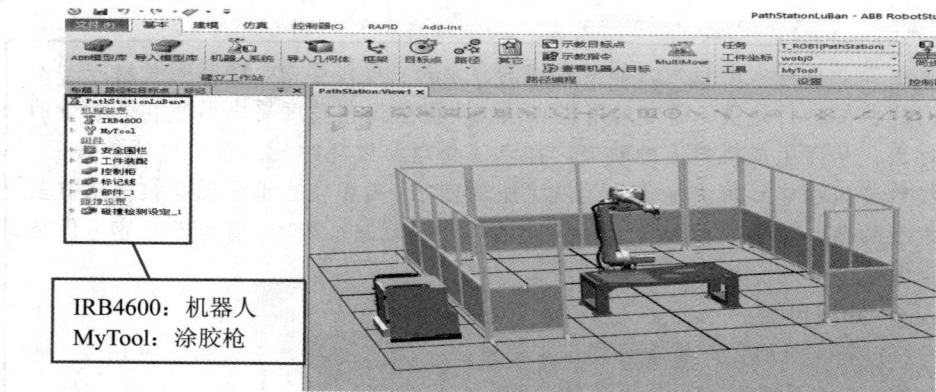

图 4-1　解压工作站

(2) 生成机器人运行轨迹。在本节中，机器人需要沿着工件的内边缘进行喷涂，此运行轨迹为 3D 曲线，可根据现有的工件 3D 模型直接生成机器人运行轨迹，进而完成整个轨迹调试并仿真运行。其操作步骤如图 4-2～图 4-4 所示。

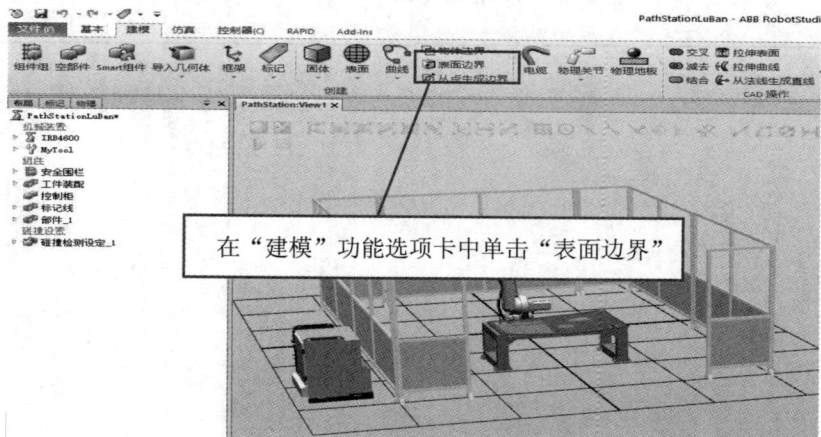

图 4-2　创建运行轨迹

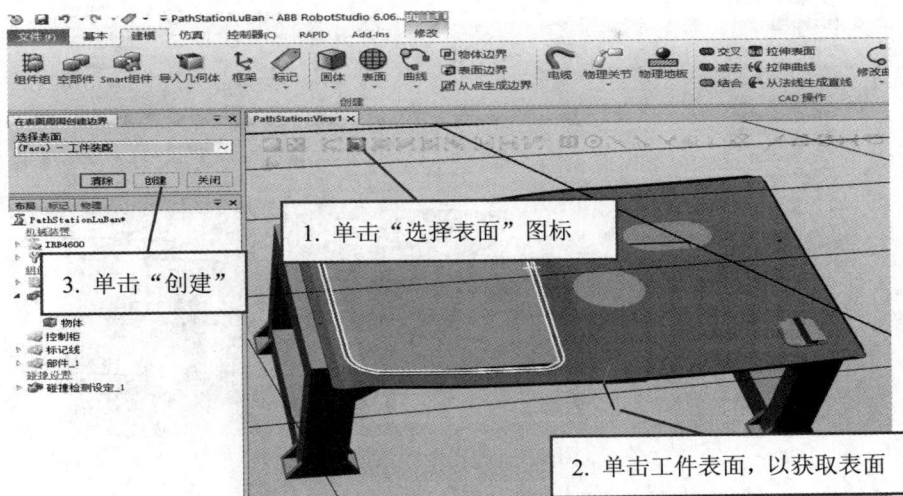

图 4-3　创建工件表面轨迹

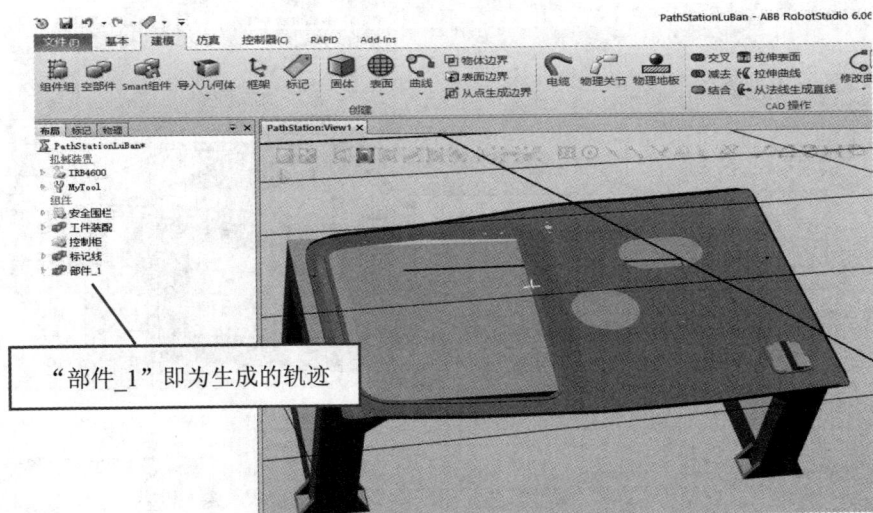

图 4-4　生成轨迹

4.1.2　生成机器人涂胶喷涂路径

生成机器人涂胶喷涂路径的操作步骤如下：

(1) 生成 3D 曲线运行轨迹。可根据生成的 3D 曲线自动生成机器人运行轨迹。在轨迹应用过程中，通常需要创建用户坐标系以方便进行编程及路径修改。用户坐标系的创建一般以加工工件的固定位置特征为基点。

(2) 生成机器人路径。在实际应用的过程中，固定装置上面一般设有定位销，用于保证加工工件与固定装置间的相对位置精度。所以在这种情形下，建议以定位销为基点来创建用户坐标系，这样才能保证其定位精度。生成需要的机器人路径的操作步骤如图 4-5～图 4-16 所示。

图 4-5　选择坐标系基点

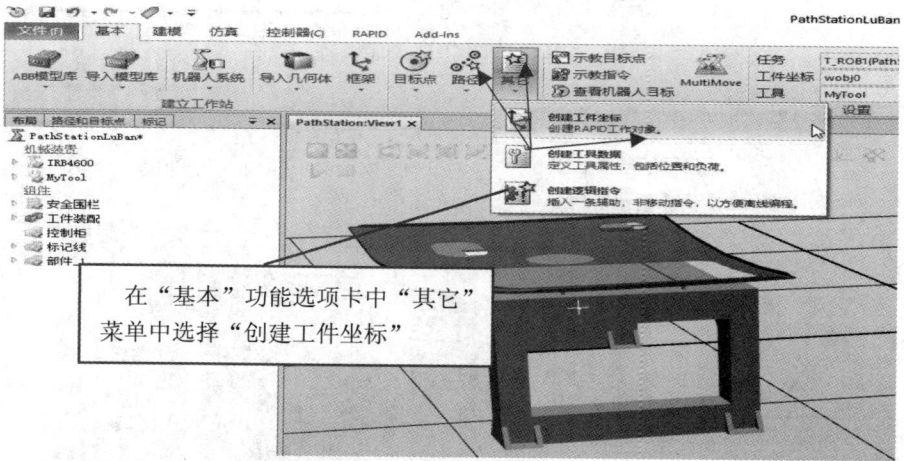

在"基本"功能选项卡中"其它"菜单中选择"创建工件坐标"

图 4-6　开始创建工件坐标

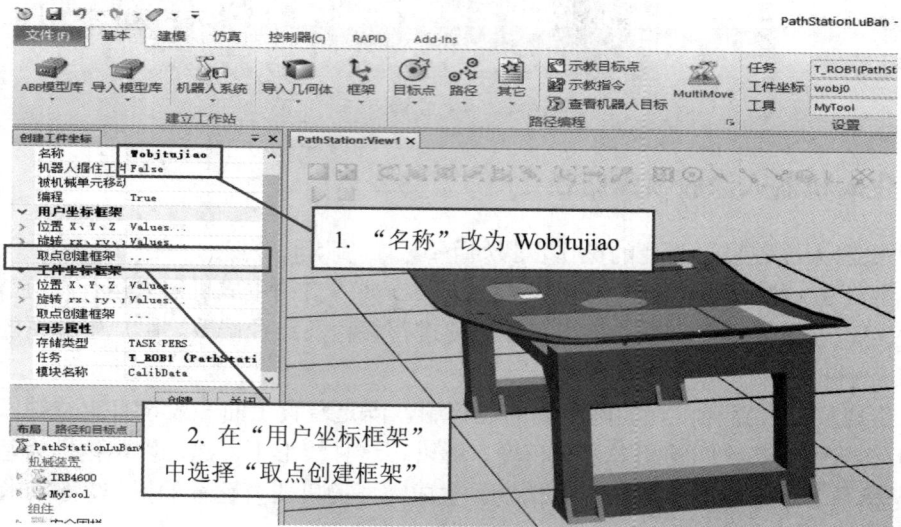

1."名称"改为 Wobjtujiao

2. 在"用户坐标框架"中选择"取点创建框架"

图 4-7　设置相关参数

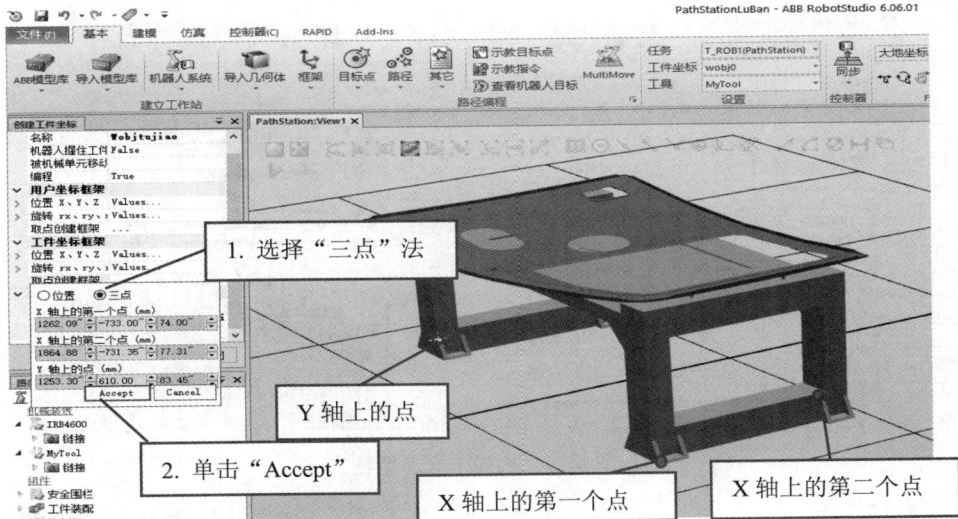

图 4-8　选择三个点

图 4-9　创建工件坐标

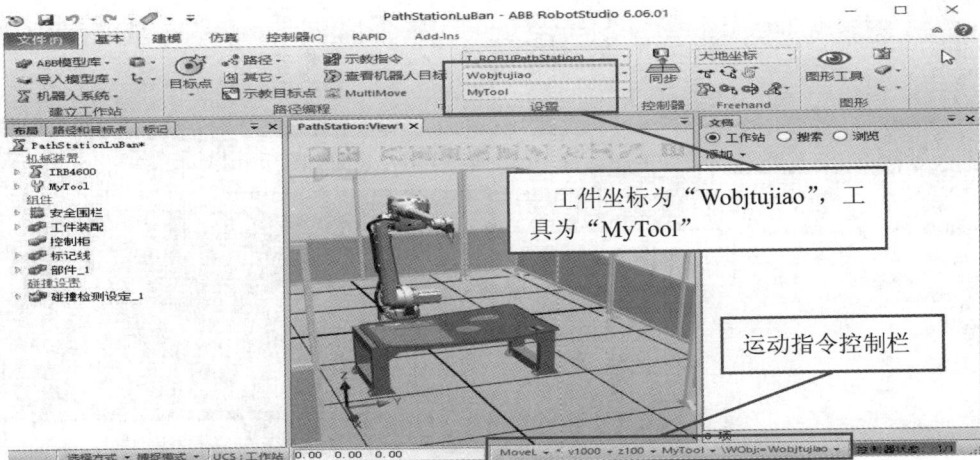

图 4-10　修改工件坐标

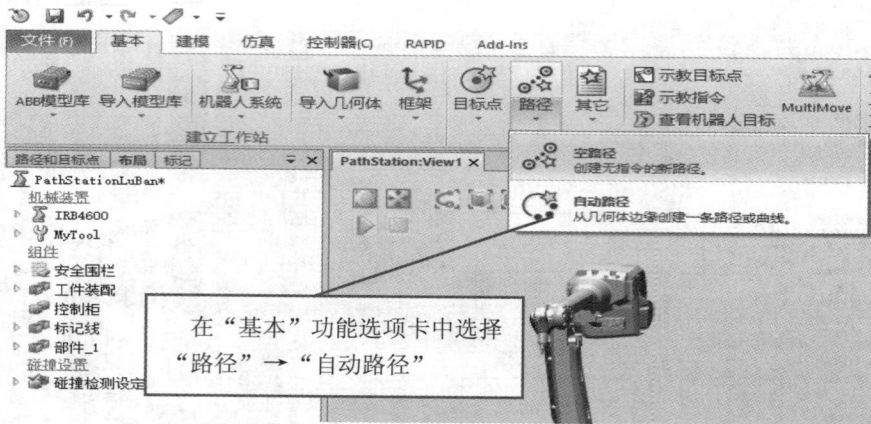

在"基本"功能选项卡中选择
"路径"→"自动路径"

图 4-11　选择"自动路径"

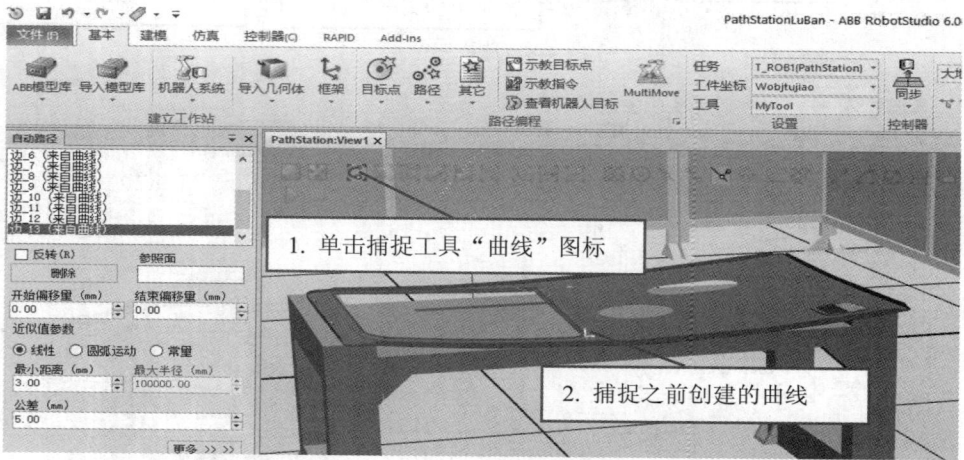

1. 单击捕捉工具"曲线"图标

2. 捕捉之前创建的曲线

图 4-12　选择捕捉曲线

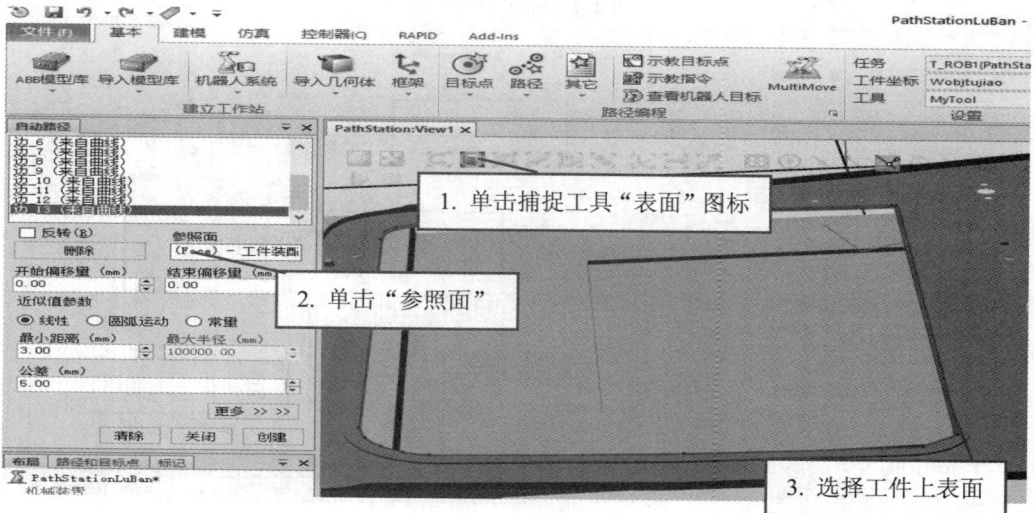

1. 单击捕捉工具"表面"图标

2. 单击"参照面"

3. 选择工件上表面

图 4-13　选择表面

在图 4-13 所示"自动路径"栏中，各选项功能如下所述：

- 反转：生成运动方向与设定方向相反的轨迹。
- 参照面：生成的目标 1 轴方向与选定的表面处于垂直状态。
- 线性：为每个目标生成线性指令，其中圆弧作为分段进行线性处理。
- 圆弧运动：在圆弧运动特征处生成圆弧指令，在线性特征处生成线性指令。
- 常量：生成具有恒定间隔的距离。
- 最小距离：设置两生成点之间的最小距离，即小于该最小距离的点将被过滤掉。
- 最大半径：在将圆弧视为直线前确定圆的半径，直线视为半径无限大的圆。
- 公差：设置生成点所允许的集合描述的最大偏差。

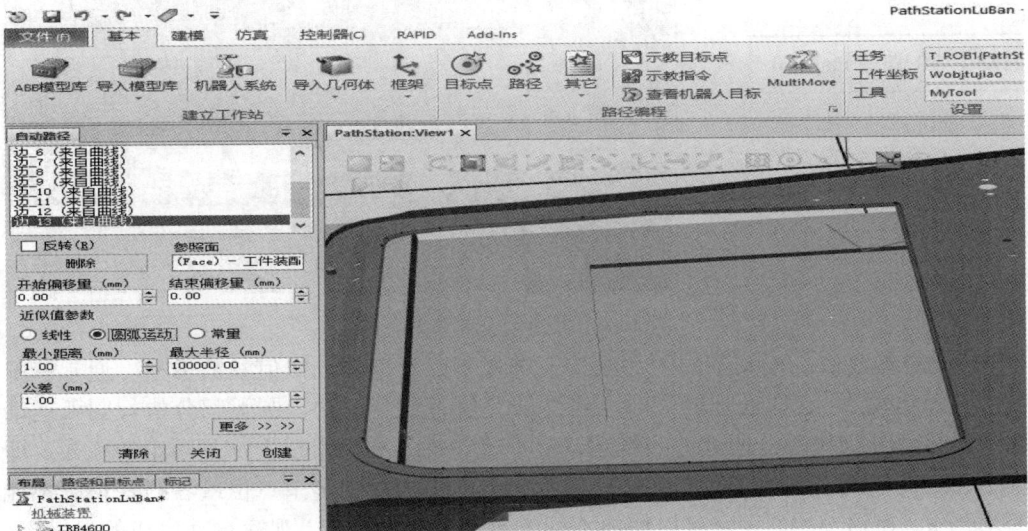

图 4-14 查看曲线

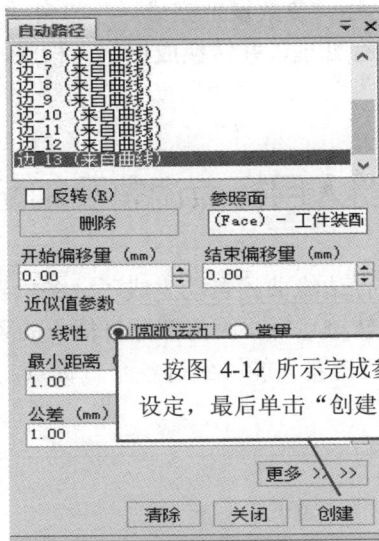

按图 4-14 所示完成参数
设定，最后单击"创建"

图 4-15 单击"创建"

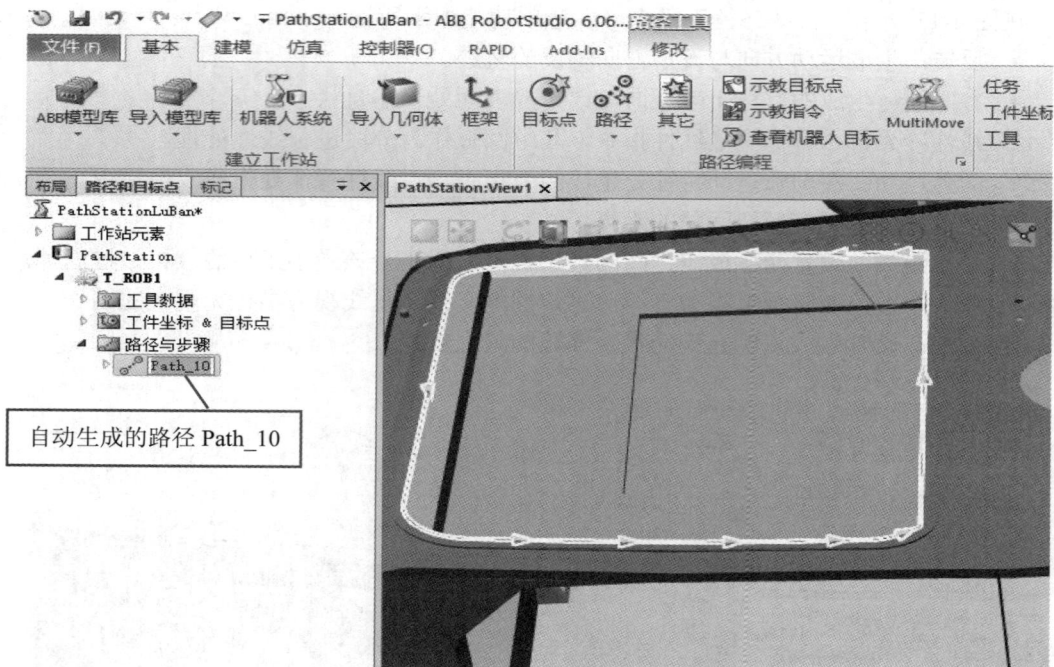

图 4-16　自动生成机器人路径

(3) 设定参数值。根据不同的曲线特征选择不同类型的近似值参数类型。通常情况下选择"圆弧运动"，这样处理曲线时，线性部分执行线性运动，圆弧部分执行圆弧运动，不规则曲线部分则执行分段式的线性运动；而"线性"和"常量"都是固定的模式，即全部按照选定的模式对曲线进行处理，使用不当会产生大量的多余点位或者路径精度不能满足工艺要求。在这节中，大家可以切换不同的近似值参数类型，观察自动生成的目标点位，从而进一步理解各参数类型所生成路径的特点。

(4) 生成机器人路径 Path_10。参数设定完成后，将自动生成机器人的路径 Path_10，在后面的操作中会对此路径进行处理，并转换成机器人程序，最终完成机器人轨迹程序的编写。

4.2　机器人目标点调整及轴配置参数

在前面的操作中已根据工件边缘曲线自动生成了一条机器人运动轨迹 Path_10，但是机器人暂时还不能直接按照此轨迹运行，因为部分目标点的姿态还难以达到。本节将学习如何修改目标点的姿态，从而让机器人能够到达各个目标点，然后进一步完善程序并仿真。

4.2.1　机器人目标点调整

机器人目标点调整的操作步骤如下：

(1) 查看生成的目标点。上一个任务自动生成的目标点如图 4-17 所示。

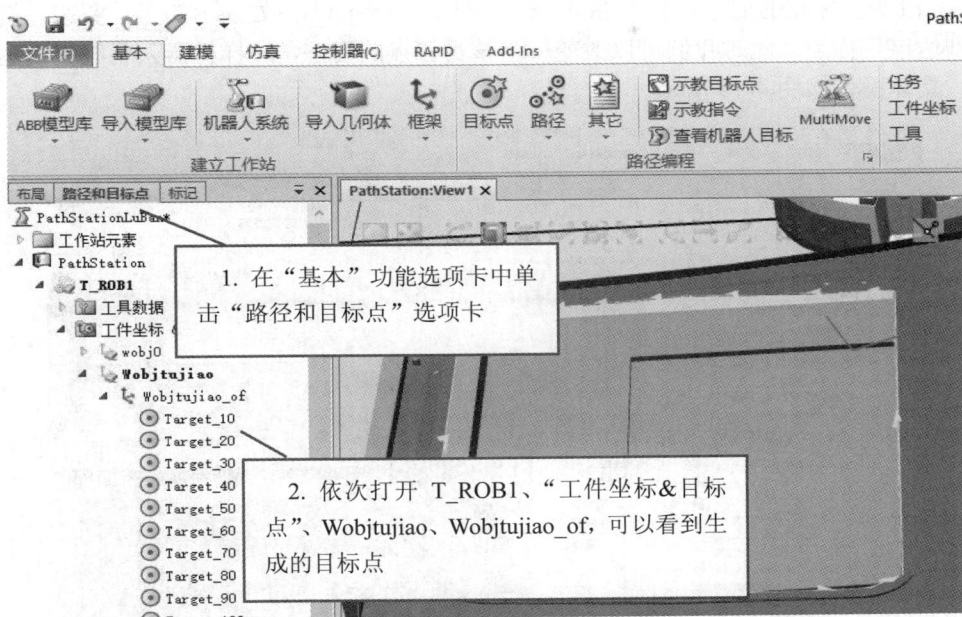

图 4-17 查看目标点

（2）显示工具。在调整目标点的过程中，为了便于查看工具在此姿态下的效果，可以在目标点位置处显示工具。右键单击目标点"Target_10"，在弹出菜单中选择"查看目标处工具"，具体操作步骤如图 4-18 所示。

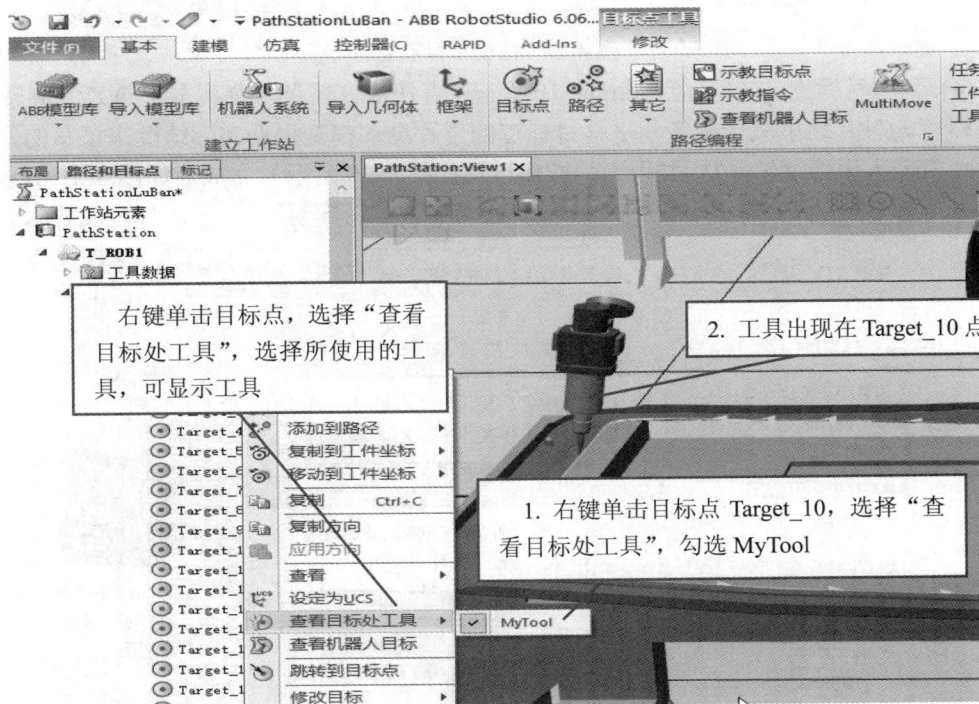

图 4-18 设置目标处工具 MyTool

（3）改变目标点的姿态。根据图 4-18 中目标点 Traget_10 处显示的工具姿态，机器人难以到达该目标点。此时我们可以改变一下该目标点的姿态，这样机器人就能够到达该目标点，具体操作如图 4-19 所示。

图 4-19　改变目标点姿态

（4）到达目标点。在目标点 Target_10 处，只需使该目标点绕着其本身的 Z 轴旋转一定度数即可。(注：这里关于旋转和平移目标点的位置全部都是根据实际情况来填写的，其目的是使机器人手臂能够到达目标点。)操作过程如图 4-20 所示，完成后如图 4-21 所示。

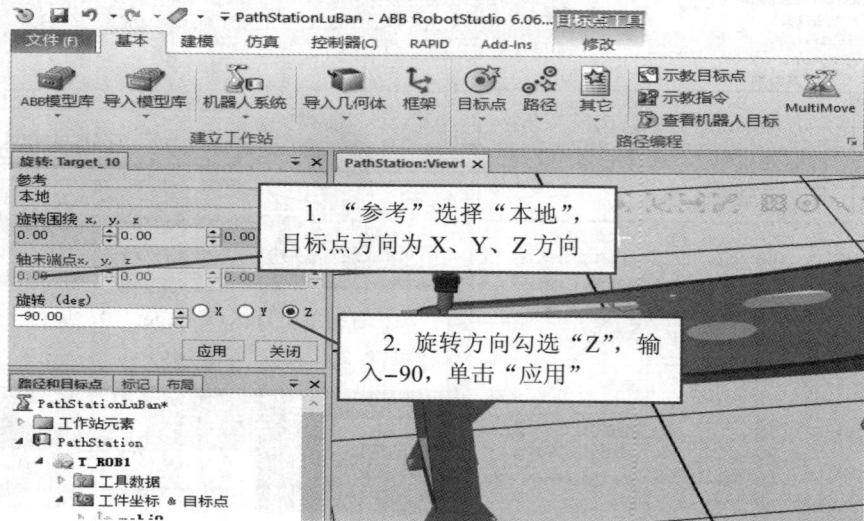

图 4-20　设置旋转方向与角度

图 4-21 修改完成

(5) 修改其他目标点。在处理大量目标点时，可以批量处理。在此次操作中，一部分自动生成的目标点的 Z 轴方向均为工件上表面的法线方向，此时这部分目标点 Z 轴无需再做更改。由上述步骤中目标点 Target_10 的调整结果可知，只需调整各目标点的 X 轴方向即可。

(6) 更改大量目标点。利用键盘上的 Shift 键以及鼠标左键，选中其中一部分目标点，然后进行统一调整，如图 4-22 所示。

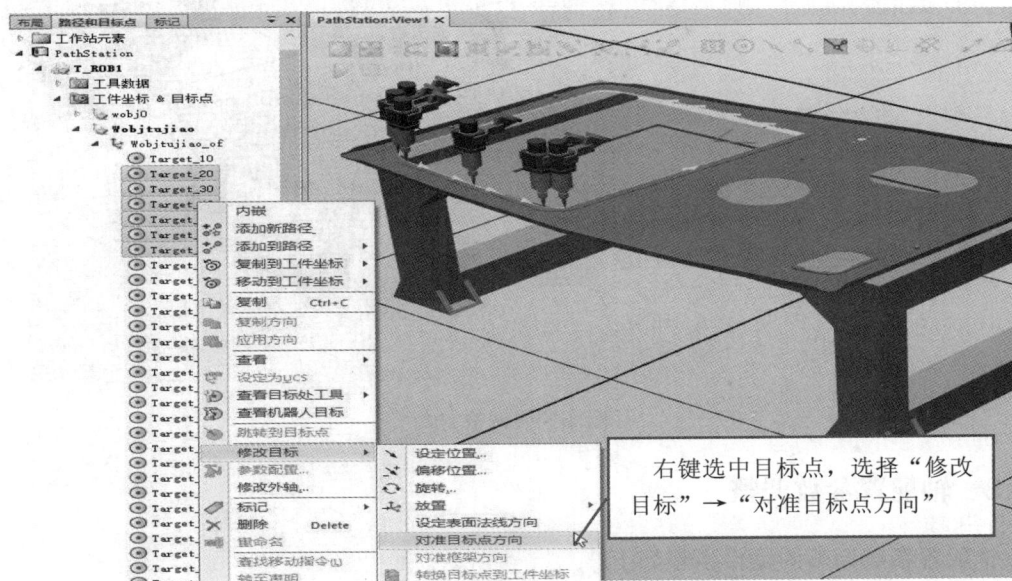

图 4-22 统一调整目标点

（7）完成剩下目标点的调整。一部分目标点的 X 轴方向对准了已调整好姿态的目标点 Target_10 的 X 轴方向。选中所需要调整的目标点，单击"应用"按钮，如图 4-23 所示，此时可查看到所需要调整的目标点方向已调整完成，如图 4-24 所示。依此类推，完成剩下目标点的调整。

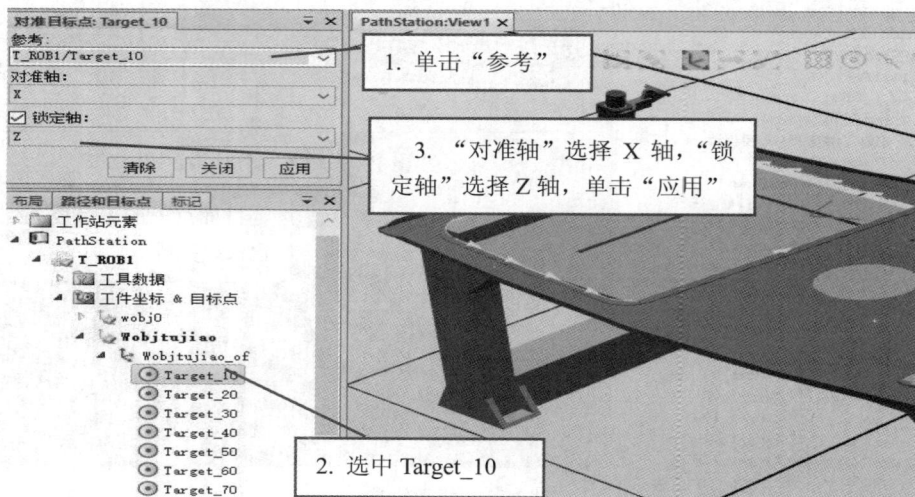

图 4-23　对准目标点

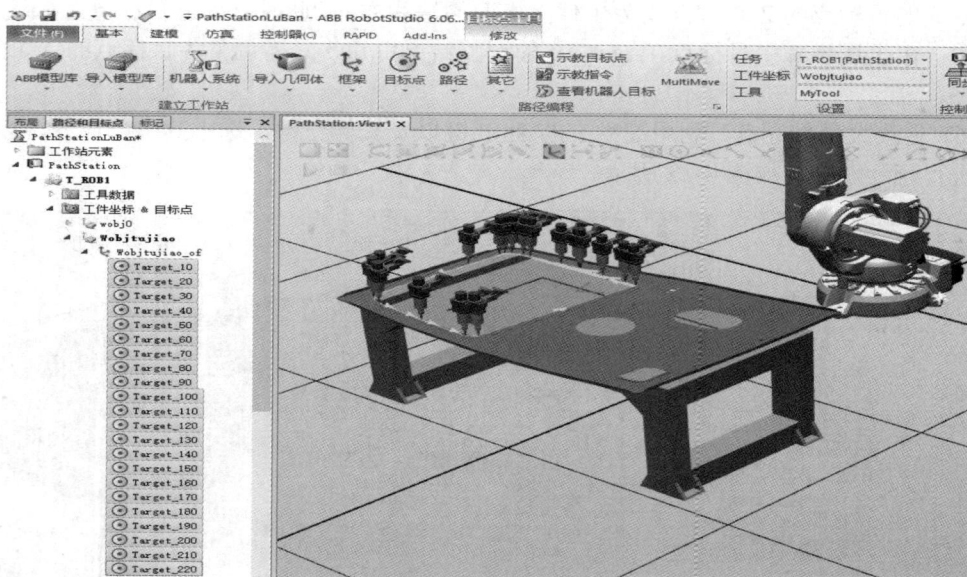

图 4-24　调整完成

4.2.2　轴配置参数调整

轴配置参数调整的操作步骤如下：

（1）配置多个轴参数。机器人到达目标点后，可能存在多种关节轴组合情况，即需要配置多个轴的参数。先选中目标点，开始参数配置，如图 4-25 所示。

图 4-25 选择"参数配置"

(2) 查看轴配置参数。若机器人能够到达当前目标点，则在轴配置列表中可以查看到该目标点的轴配置参数，如图 4-26 所示。

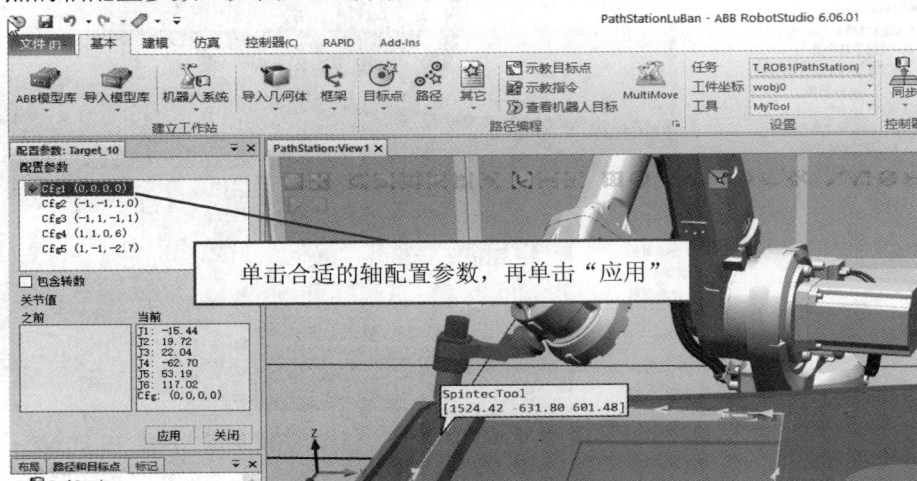

图 4-26 查看轴配置参数

选择轴配置参数时，可查看该属性框中"关节值"(图 4-27)中的数值，以作参考。

- 之前：目标点原先配置的对应的各关节轴参数。
- 当前：当前勾选轴配置所对应的各关节轴参数。

① 因机器人的部分关节轴运动范围超过 360°，例如本操作中的机器人 IRB4600 关

节轴 6 的范围为 −400°～+400°，即范围为 800°，则对于同一个目标点位置，假如机器人关节轴 6 为 60°时可以到达，那么关节轴 6 处于 −300°时同样也可以到达。若想详细设定机器人到达该目标点时各关节轴的度数，可勾选"包含转数"。

② 在本操作中，暂时使用默认的第一种参数，选择 Cfg1(0，0，0，0)，单击"应用"按钮，如图 4-27 所示。

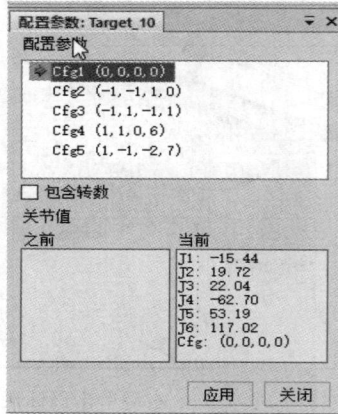

图 4-27　选择轴配置参数

(3) 为所有目标点自动调整轴配置参数。在路径属性中，可以为所有目标点自动调整轴配置参数，则机器人为各目标点自动匹配配置参数，然后让机器人按照运动指令运行，观察机器人运动，如图 4-28、图 4-29 所示。

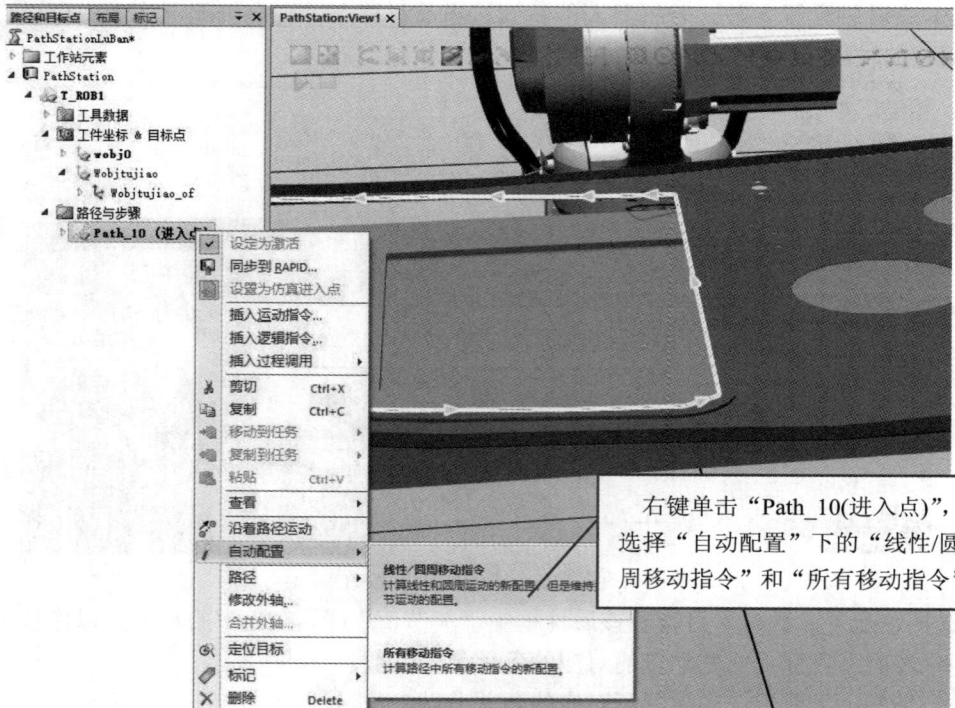

图 4-28　自动配置轴参数

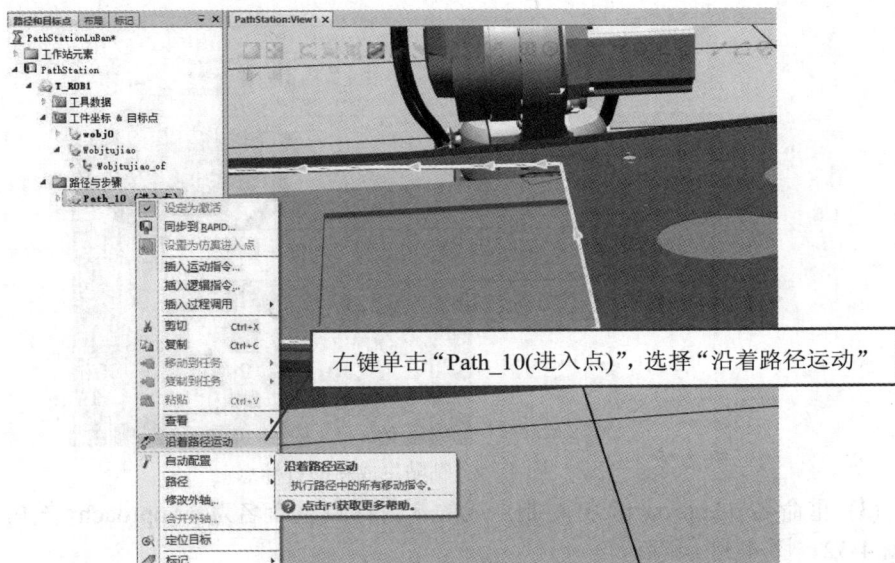

图 4-29　设置沿路径运动

4.2.3　完善并仿真运行程序

完善并仿真运行程序的操作步骤如下：

(1) 添加轨迹起始点、轨迹结束点以及安全 HOME 点。轨迹设置完成之后，需要完善程序，即添加轨迹起始点、轨迹结束点以及安全 HOME 点。

(2) 生成 pApproach 点。起始点 pApproach 的位置相对于轨迹的第一个目标点 Target_10 来说，只是沿着其本身 Z 轴负方向偏移了一定距离。其生成步骤如图 4-30、图 4-31 所示。

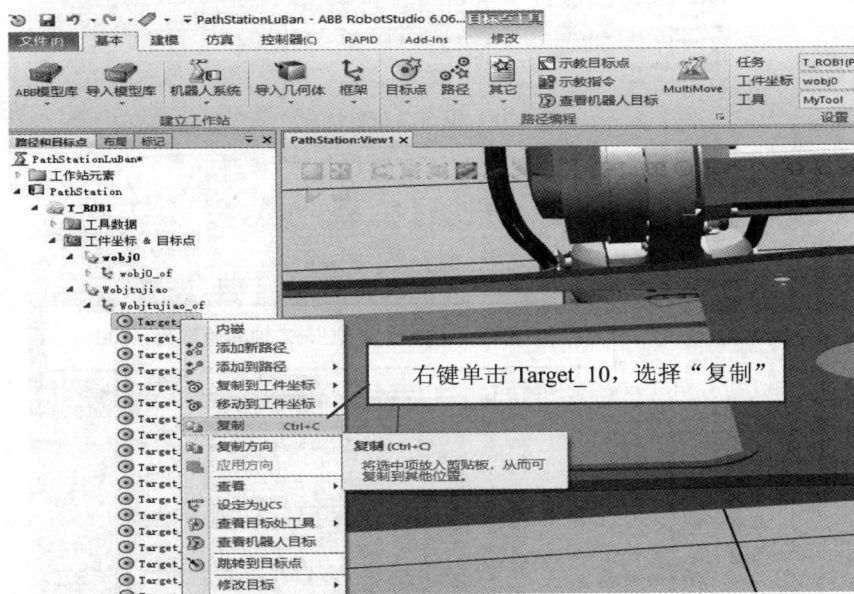

图 4-30　复制目标点

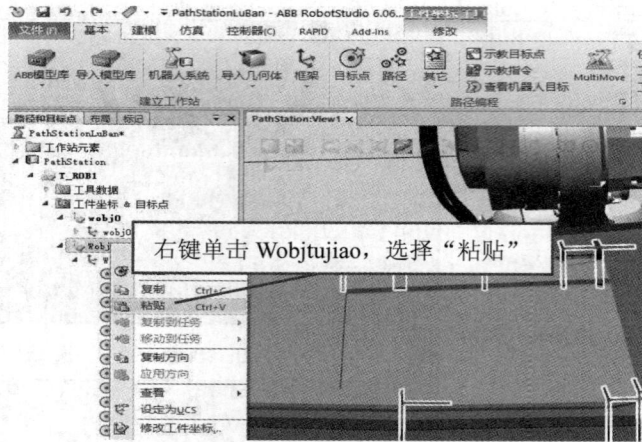

图 4-31　粘贴生成新的目标点

(3) 重命名 pApproach。将复制生成的新目标点重命名为 pApproach，然后调整其位置，如图 4-32、图 4-33 所示。

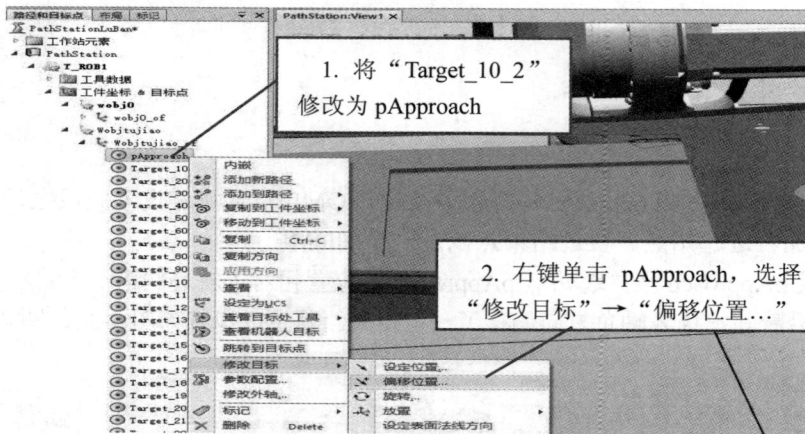

图 4-32　重命名新目标点

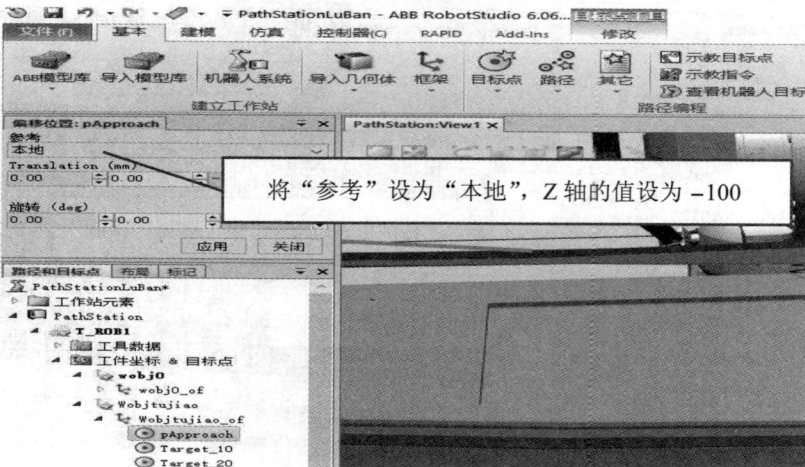

图 4-33　调整偏移位置参数

(4) 添加起始点。将该目标点添加到路径 Path_10 中的第一行，作为轨迹的起始点，如图 4-34 所示。

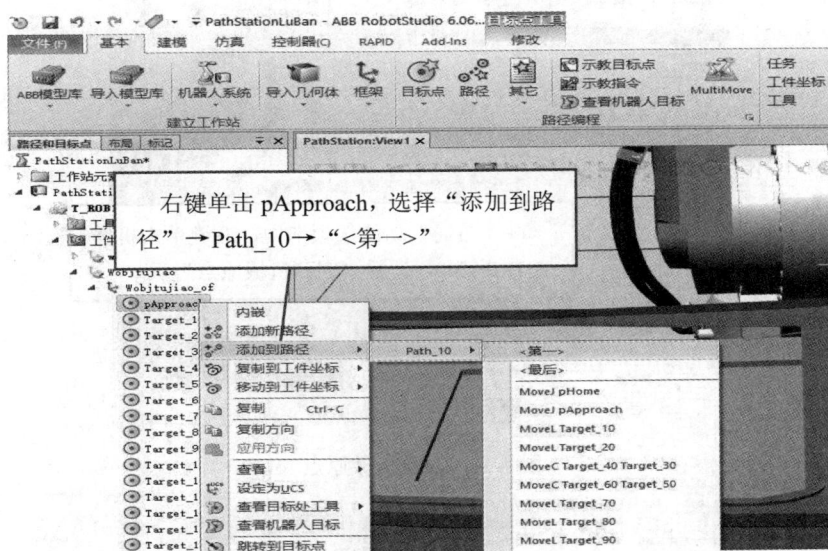

图 4-34　添加为轨迹起始点

(5) 添加轨迹结束点 pDepart。添加轨迹结束点 pDepar，参考上述步骤，复制轨迹的最后一个目标点"Target_220"，做偏移调整后，添加至 Path_10 的最后一行，如图 4-35 所示。

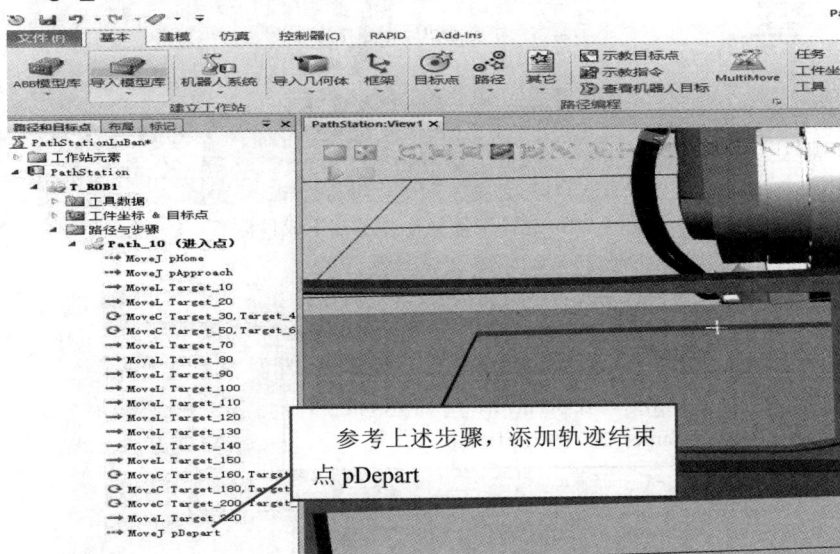

图 4-35　添加轨迹结束点

(6) 添加安全位置 HOME 点。添加安全位置 HOME 点 pHome，为机器人示教一个安全位置点。根据现场情况可调整 HOME 点的位置，此处将原点位置设置为 HOME 点。

① 首先在"布局"功能选项卡中让机器人回到机械原点，如图 4-36、图 4-37 所示。

② 将示教生成的目标点重命名为 pHome，并将其添加到路径 Path_10 的第一行、最后一行，即运动起始点和运动结束点都在 HOME 位置，如图 4-38 所示。

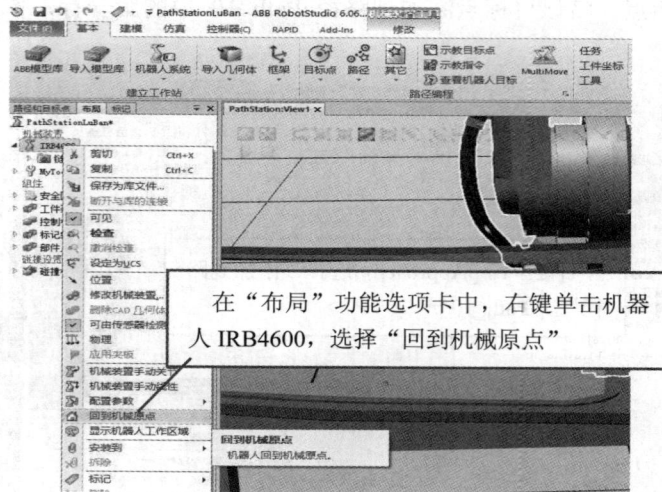

图 4-36　回到机械原点

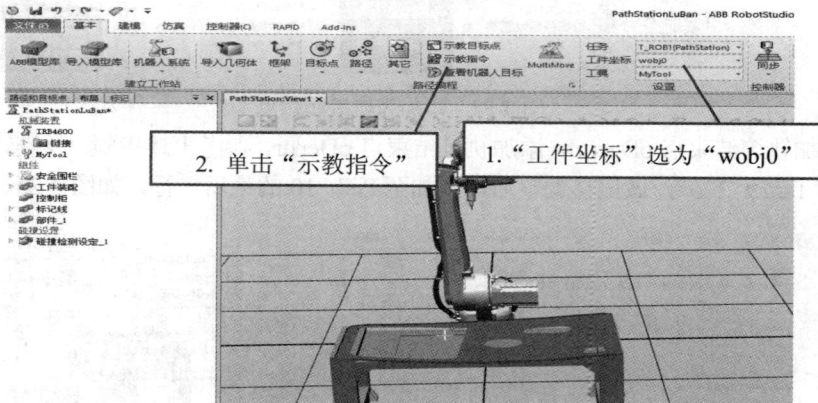

图 4-37　选择工件坐标并示教生成目标点

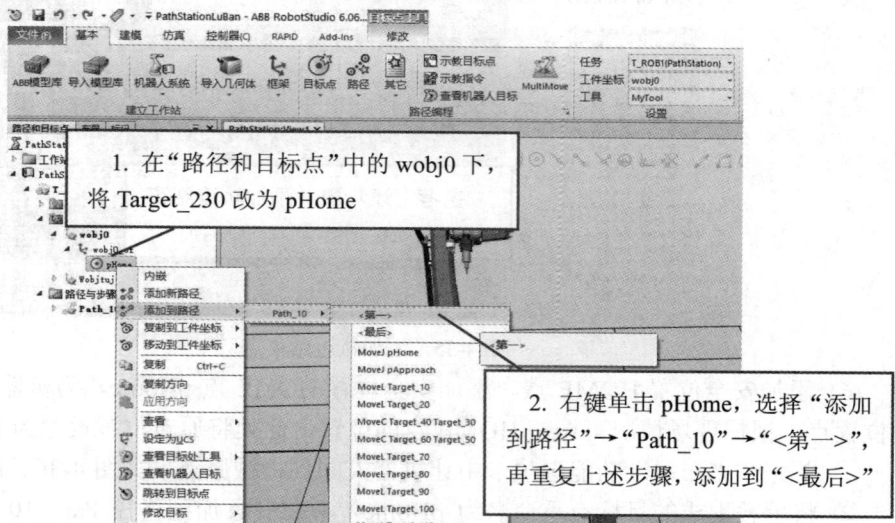

图 4-38　重命名并添加到路径的第一行和最后一行

③ 修改 HOME 点的运动类型、速度、转弯半径等参数，如图 4-39 所示。

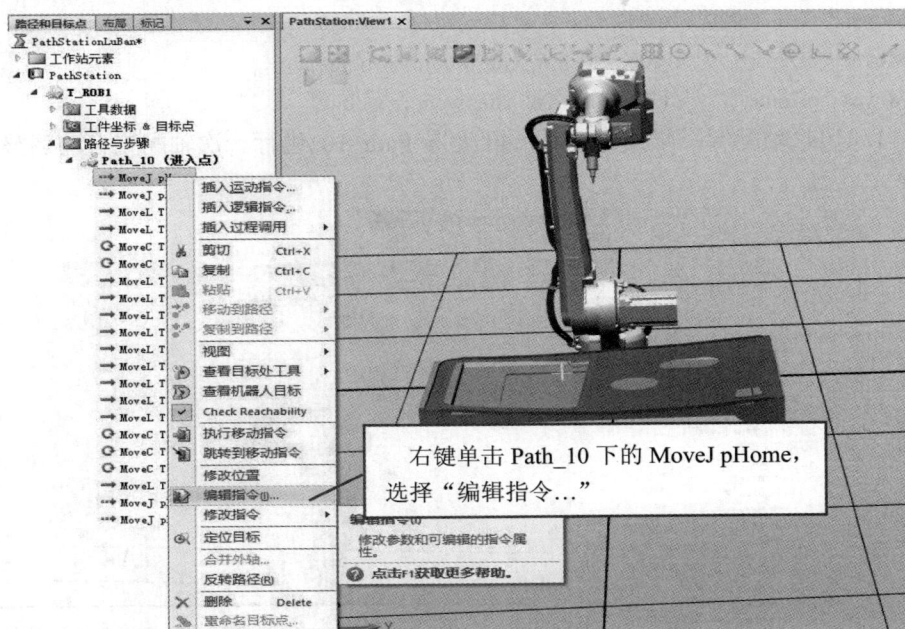

图 4-39　修改 HOME 点

(7) 更改参数。按照图 4-40 所示参数对 HOME 点、轨迹起始点、轨迹结束点分别进行更改，更改完成后单击"应用"按钮，如图 4-40 所示。

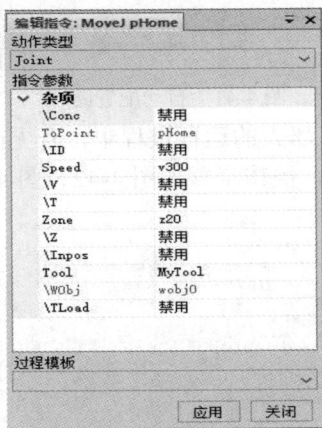

图 4-40　参数更改

按照上述步骤更改轨迹起始点、轨迹结束点处的运动参数，指令可参考如下设定：

```
MoveJ   pHome,        v300, z20, AW_Gun\wobj := wobj0;
MoveJ   pApproach,    v100, z5, AW_Gun\wobj := Wobjtujiao;
MoveL   Target_10,    v100, fine, AW_Gun\wobj := wobj0;
MoveL   Target_20,    v100, z5, AW_Gun\wobj := wobj0;
MoveL   Target_30,    v100, z5, AW_Gun\wobj := wobj0;
…
```

```
MoveL    Target_210,    v100, z5, AW_Gun\wobj := wobj0;
MoveL    Target_220,    v100, fine, AW_Gun\wobj := wobj0;
MoveJ    pDepart,       v100, z20, AW_Gun\wobj := Wobjtujiao;
MoveJ    pHome,         v300, fine, AW_Gun\wobj := wobj0;
```

(8) 自动调整轴配置。修改完成后，再次为 Path_10 进行一次轴配置自动调整，如图 4-41 所示。

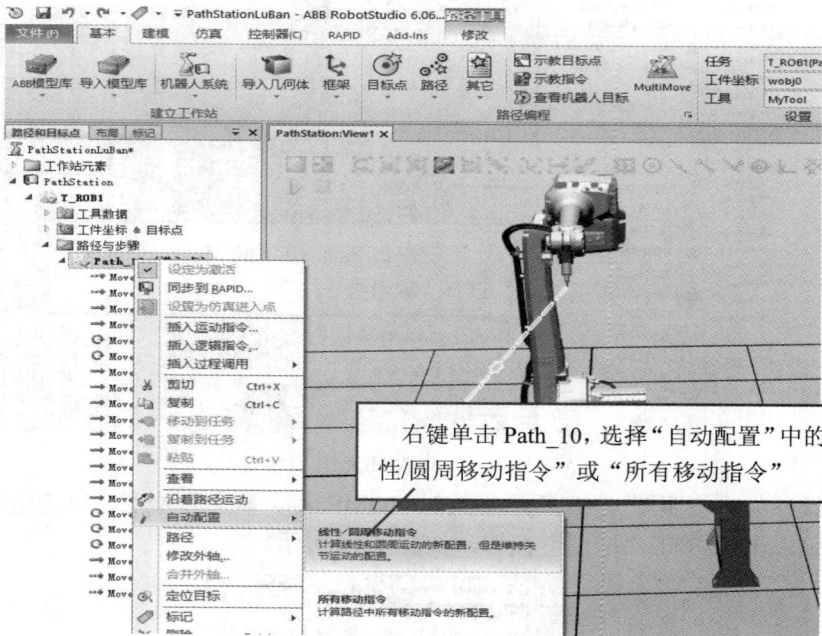

图 4-41 自动配置路径

(9) 转换 RAPID 代码。在机器人的运行过程中，若无问题，则可将路径 Path_10 同步到 RAPID，转换为 RAPID 代码，操作步骤如图 4-42、图 4-43 所示。

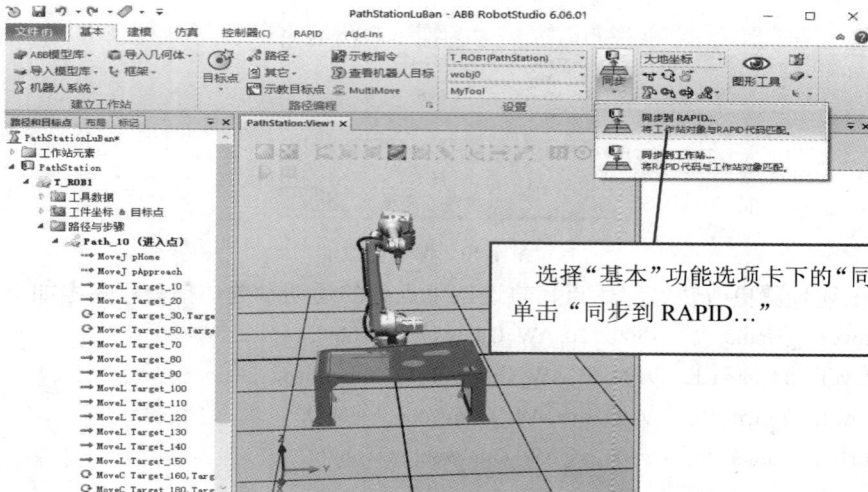

图 4-42 同步到 PAPID

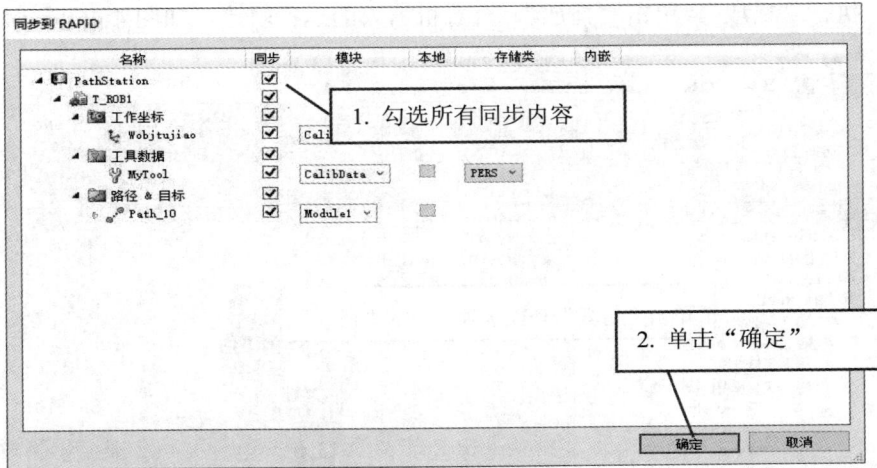

图 4-43　勾选同步内容

(10) 进行"仿真设定"。完成上述工作后，仿真运行程序，查看机器人的运行轨迹是否符合要求。首先，进行"仿真设定"，如图 4-44 所示。

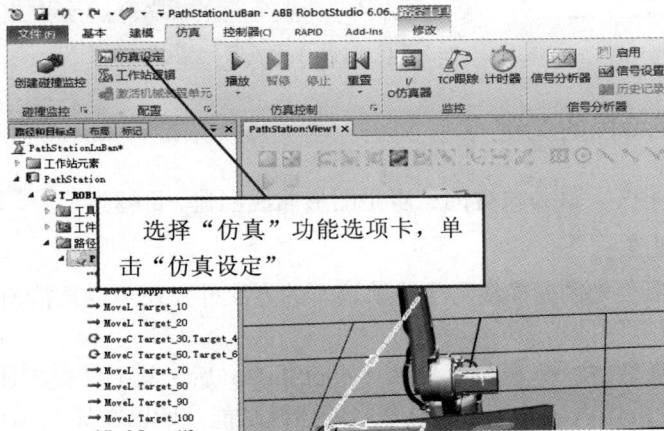

图 4-44　仿真设定

(11) 设置"进入点"。在"仿真设定"栏中，将"进入点"设为 Path_10，如图 4-45 所示。

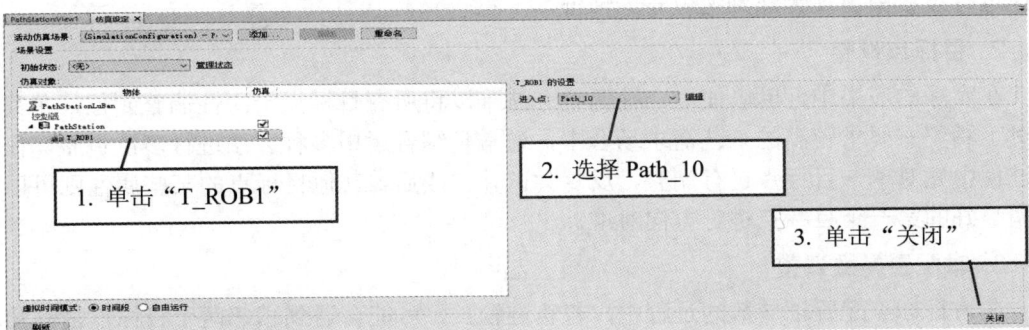

图 4-45　设置"进入点"

(12) 执行 "播放"。单击 "播放"，查看机器人的运行轨迹，如图 4-46 所示。

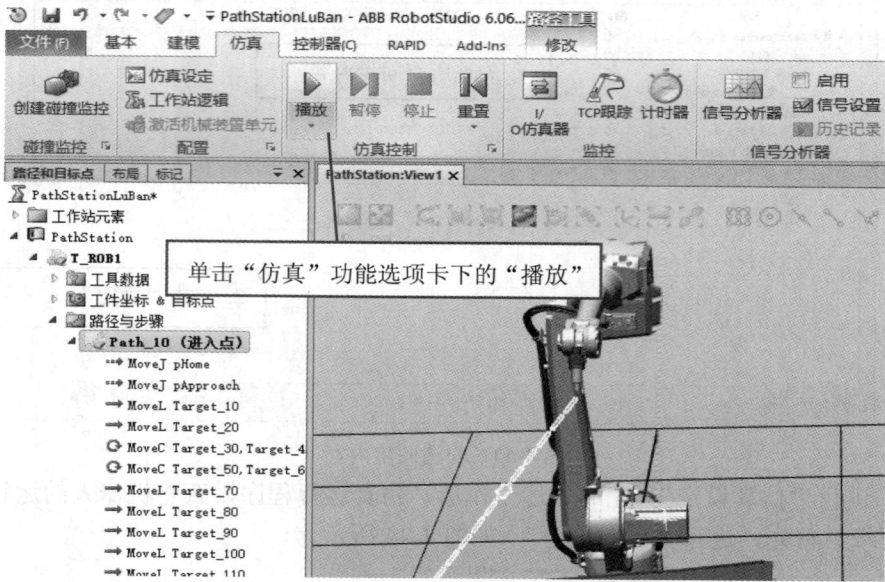

图 4-46 执行 "播放"

4.2.4 离线轨迹编程的关键点

在离线轨迹编程中，最为关键的三步是图形曲线创建、目标点调整、轴配置参数调整。

1. 图形曲线创建

(1) 除了本章中 "先创建曲线再生成轨迹" 的方法外，还可以直接捕捉 3D 模型的边缘进行轨迹生成。

(2) 对于一些复杂的 3D 模型，导入 RobotStudio 后，其中某些特征可能丢失；此外 RobotStudio 专注于机器人运动，只提供基本的建模功能，所以在导入 3D 模型之前，建议先使用第三方软件进行处理，可以在数模表面绘制相关曲线，待导入 RobotStudio 后，再根据已有的曲线直接转换成机器人的轨迹。

(3) 在生成轨迹时，需要根据轨迹曲线的实际情况选取合适的近似值参数，防止机器人在运行过程中出现无法到达位置的情况。

2. 目标点调整

在实际的应用中，单单使用一种调整方法难以将所有目标点一次性调整到位，尤其是在对工具姿态要求较高的工艺需求场合中，通常是综合运用多种方法进行多次调整。在调整过程中先对单一目标点进行调整，反复尝试并完成后，其他目标点的某些属性则可以参考调整好的第一个目标点进行方向对准。

3. 轴配置参数调整

在为目标点配置轴参数的过程中，若轨迹较长，可能会遇到相邻两个目标点之间的轴配置变化过大，从而在轨迹运行过程中出现 "机器人当前位置无法跳转到目标点，请检查轴配置"等问题。此时，我们可以从以下几方面着手进行更改：

(1) 对轨迹起始点尝试使用不同的轴配置参数，如有需要，可以勾选"包含转数"，之后再选择轴配置参数。

(2) 尝试更改轨迹起始点位置。

(3) 注意 SingArea、ConfL、ConfJ 等指令的使用。

4.3　机器人离线轨迹编程辅助工具

在仿真过程中，规划好机器人运行轨迹后，一般需要验证当前机器人轨迹是否会与周边设备发生干涉，可以使用碰撞监控功能进行检测；此外，机器人运行轨迹执行完后，还需要对轨迹进行分析，判断其是否满足需求，可通过 TCP 跟踪功能将机器人运行轨迹记录下来，用作后续分析资料。

4.3.1　机器人碰撞监控功能的使用

选择"仿真"功能选项卡下的"创建碰撞监控"，如图 4-47 所示。

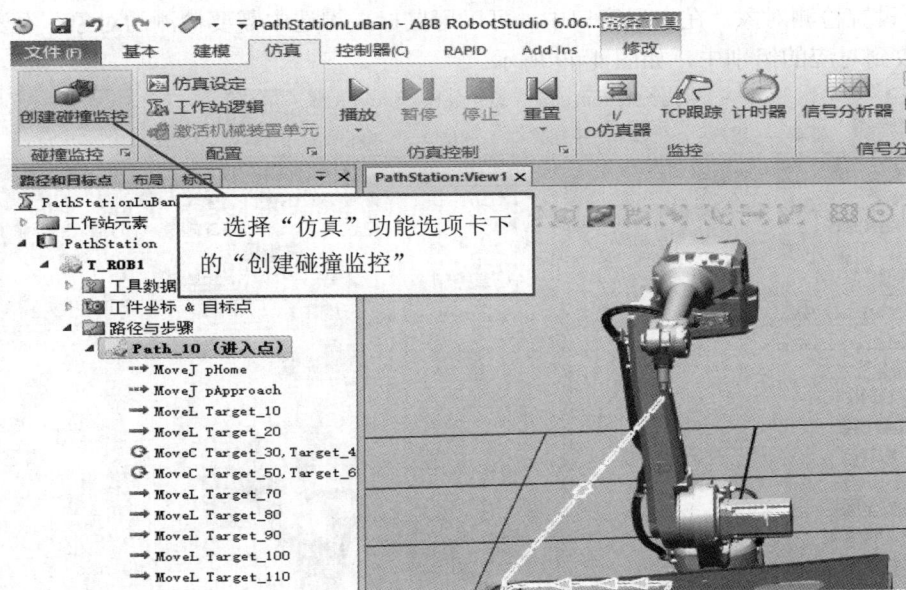

图 4-47　创建碰撞监控

模拟仿真的一个重要任务是验证轨迹可行性，即验证机器人在运行过程中是否会与周边设备发生碰撞。此外在轨迹应用，例如焊接、切割等中，机器人工具实体应与工件表面的距离需要保证在合理的范围之内，既不能与工件发生碰撞，也不能距离过大，以保证工艺需求。RobotStudio 中的"仿真"功能选项卡具有专门用于检测碰撞的功能(碰撞监控)。

使用碰撞监控功能的过程如下：

(1) 展开碰撞集。碰撞集"碰撞检测设定_1"包含 ObjectsA 和 ObjectsB 两组对象，如图 4-48 所示。我们需要将检测的对象分别放入到两组中，从而检测两组对象之间的碰撞。

当 ObjectsA 内任何对象与 ObjectsB 内的任何对象发生碰撞时，此碰撞将显示在图形视图里并记录在输出窗口内。可在工作站内设置多个碰撞集，但每个碰撞集只包含两组对象。

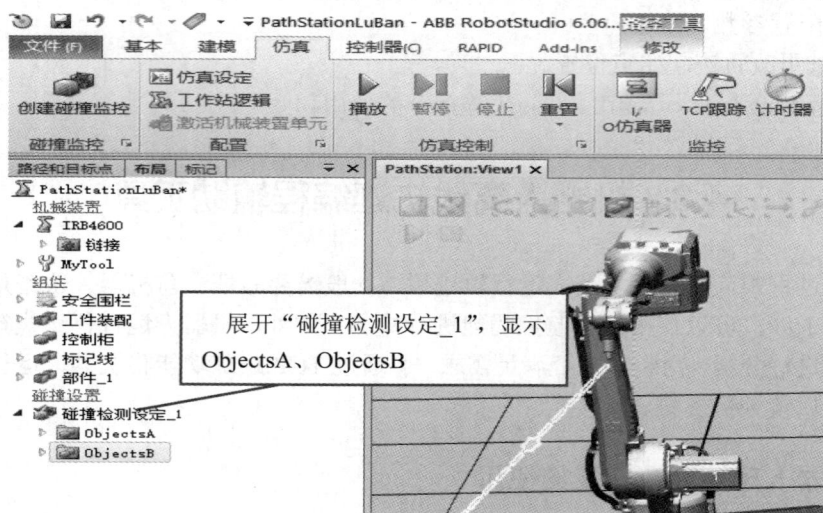

图 4-48　展开碰撞集

(2) 设置检测对象。在布局窗口中，可以用鼠标左键选中需要检测的对象，不要松开，将其拖放到对应的组别中，如图 4-49 所示。

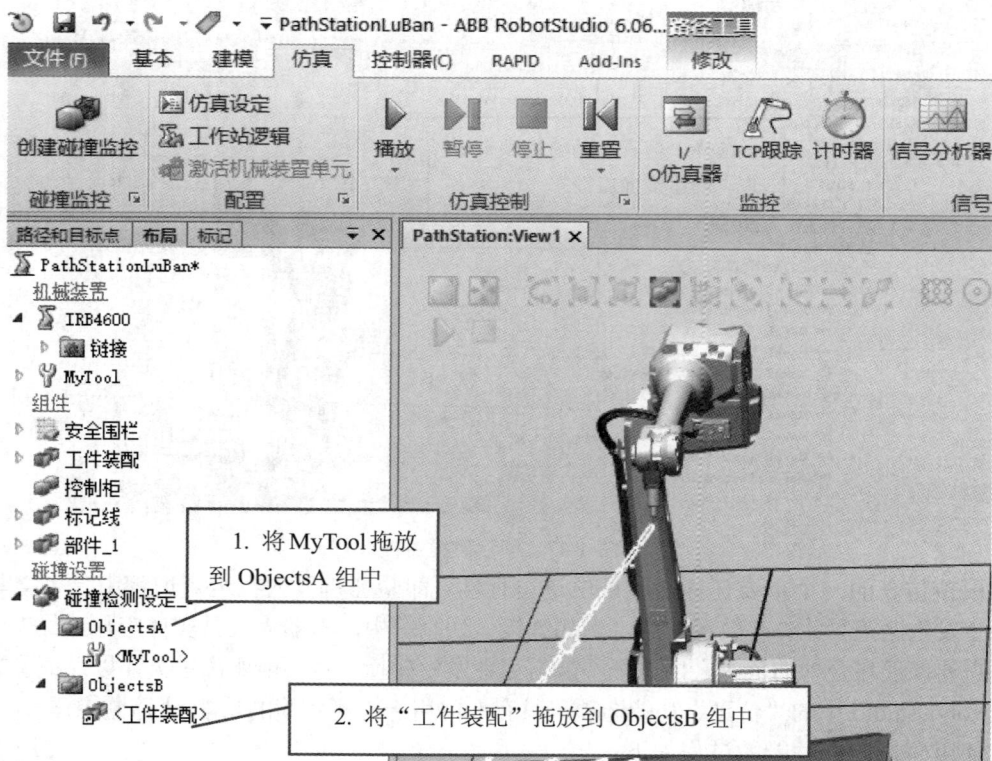

图 4-49　设置检测对象

(3) 设定碰撞监控属性。将检测对象分别放入到 ObjectsA 和 ObjectsB 组中后，需要对相关属性进行设定，如图 4-50 所示。

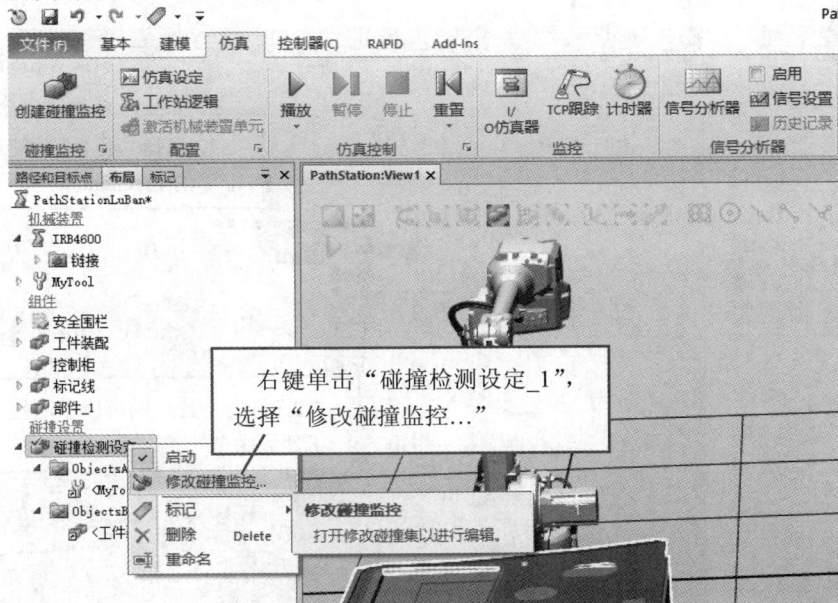

图 4-50　设定碰撞监控属性

(4) 修改碰撞设置。单击"修改碰撞设置：碰撞检测设定_1"，对话框如图 4-51 所示。

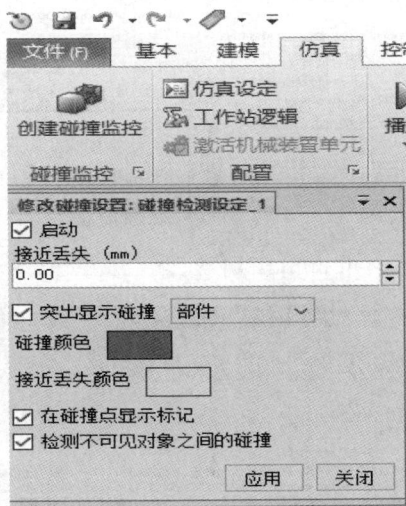

图 4-51　修改碰撞设置

接近丢失：当选择的两组对象之间的距离小于该数值时，则以选择的颜色进行提示。

碰撞颜色：若选择的两组对象之间发生了碰撞，则显示选择的颜色。

这两种监控形式都可以自定义提示颜色。

(5) 查看碰撞监控效果。我们暂时先不设"接近丢失"数值，"碰撞颜色"默认为红色，然后可以利用手动拖动的方式，拖动机器人工具与工件发生碰撞，查看一下碰撞监控效果，如图 4-52、图 4-53 所示。

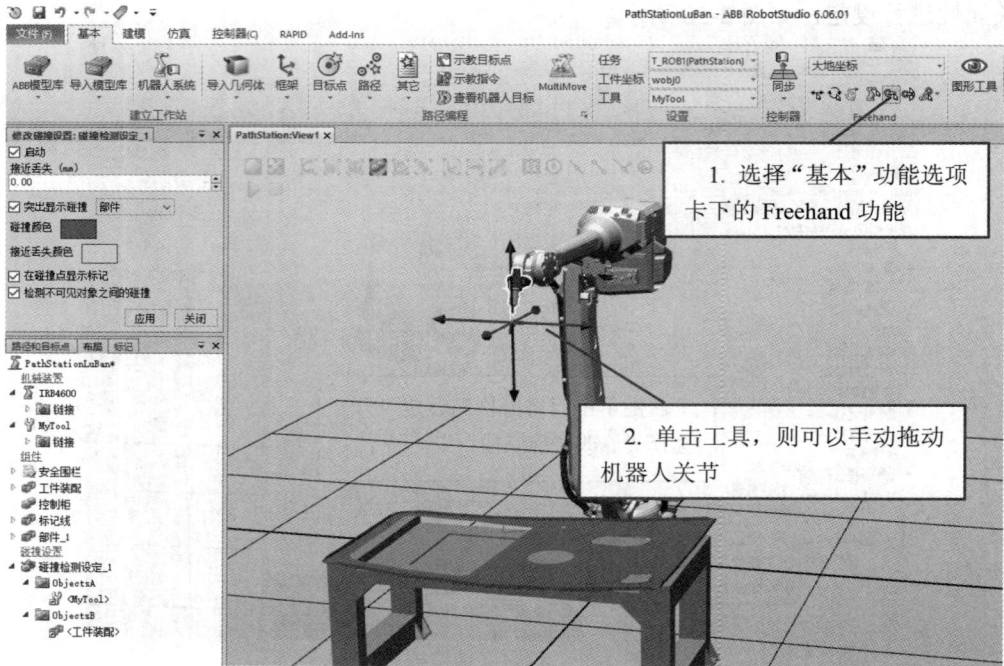

图 4-52　手动拖动工具

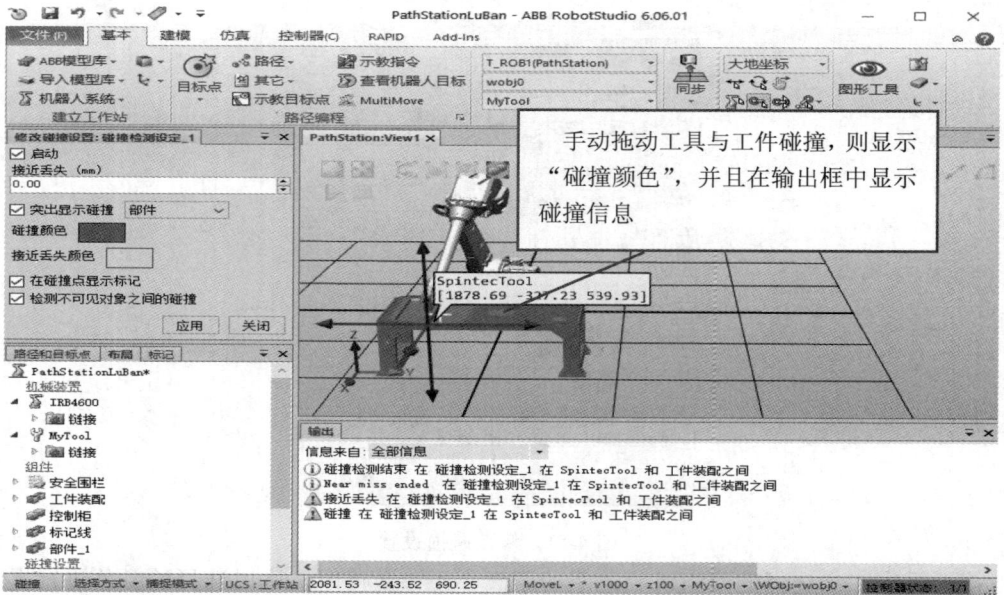

图 4-53　显示碰撞监控效果

(6) 设定"接近丢失"值。在此次操作中，机器人工具 TCP 的位置相对于工具实体尖端来说，沿着其 Z 轴正方向偏移了 50 mm。因此将"接近丢失"值设定为 60 mm，则机器人在执行整体轨迹的过程中，可监控工具与工件之间是否距离过远，若过远则不显示"接近丢失颜色"；同时也可监控工具与工件之间是否发生碰撞，若碰撞则显示"碰撞颜色"。设定操作如图 4-54 所示。

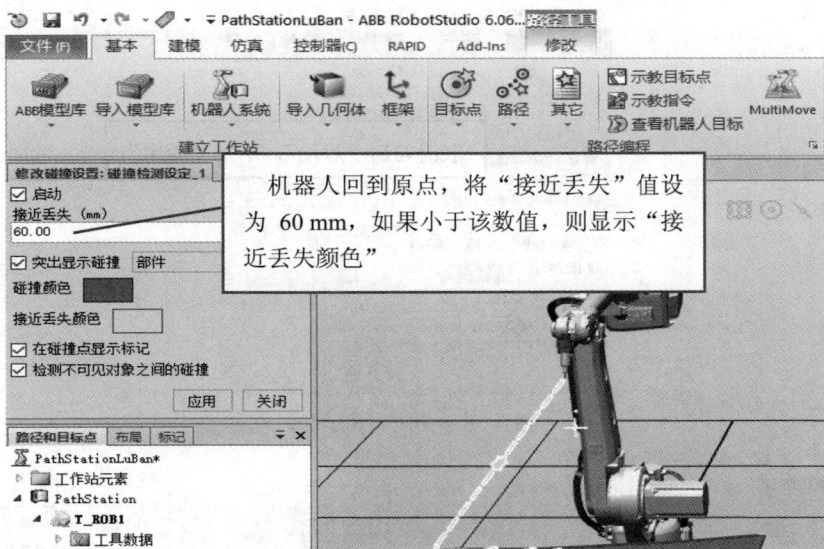

图 4-54 设定"接近丢失"值

(7) 执行仿真。在初始接近过程中，工具和工件都是初始颜色，而当开始执行工件表面轨迹时，工具和工件则显示为"接近丢失颜色"，界面如图 4-55 所示。

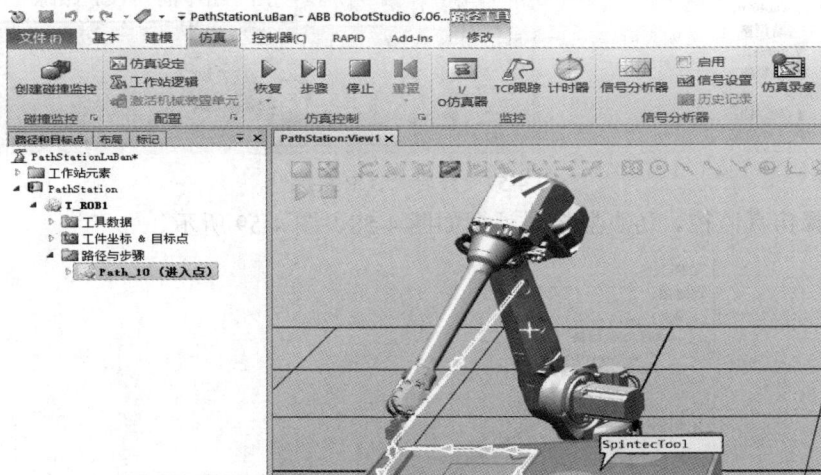

图 4-55 执行仿真

(8) 观察设定颜色。显示设定的"接近丢失颜色"，即证明机器人在运行该轨迹过程中，工具既未与工件距离过远，又未与工件发生碰撞。

4.3.2 机器人 TCP 跟踪功能的使用

机器人 TCP 跟踪功能的使用过程如下：

(1) 监控 TCP 的运动轨迹以及运动速度。在机器人运行过程中，我们可以监控 TCP 的运动轨迹以及运动速度，以便分析时使用。为了便于观察，先将之前的碰撞监控关闭，如图 4-56 所示，再开启 TCP 跟踪功能，如图 4-57 所示。

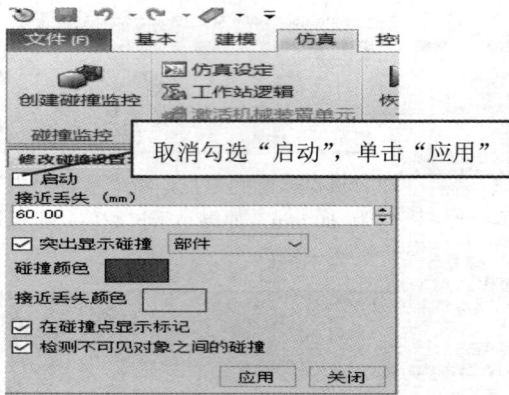

图 4-56　关闭碰撞监控

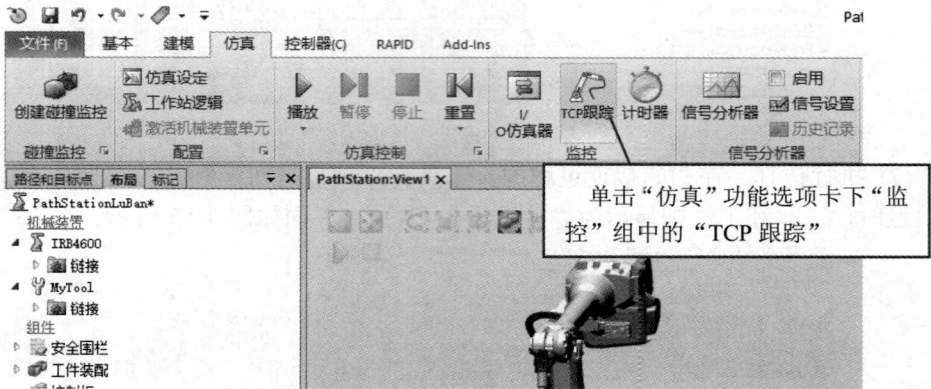

图 4-57　开启"TCP 跟踪"

(2) 选择仿真监控。仿真监控对话框如图 4-58、图 4-59 所示。

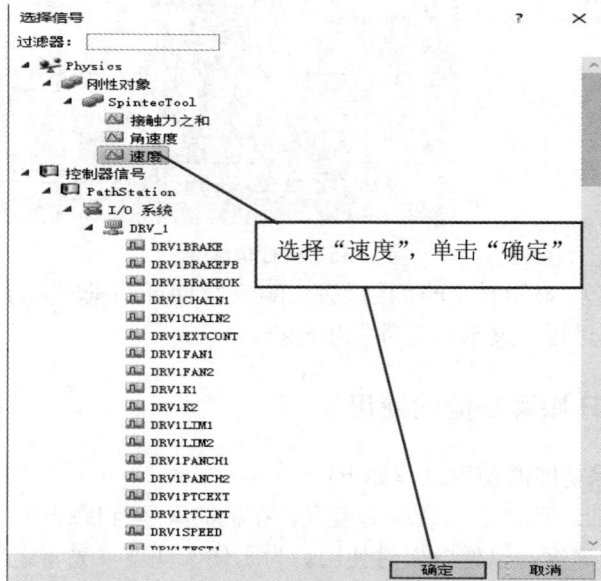

图 4-58　选择监控速度

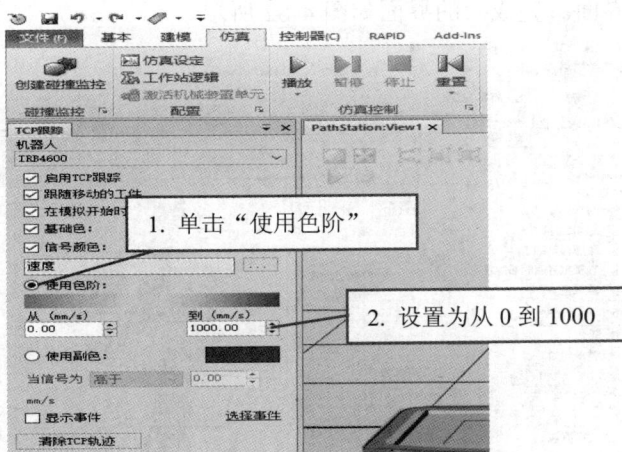

图 4-59 设置数据

(3) 观察 TCP 轨迹。为了方便观察以后记录的 TCP 轨迹，此处先将工作站中的路径和目标点隐藏，如图 4-60 所示，再开始仿真，观察 TCP 轨迹，如图 4-61 所示。

图 4-60 隐藏路径和目标点

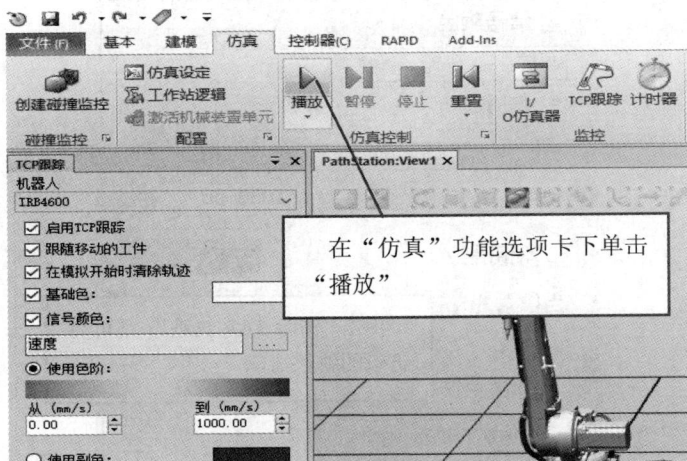

图 4-61 开始仿真

（4）完成界面。完成后的界面如图 4-62 所示。

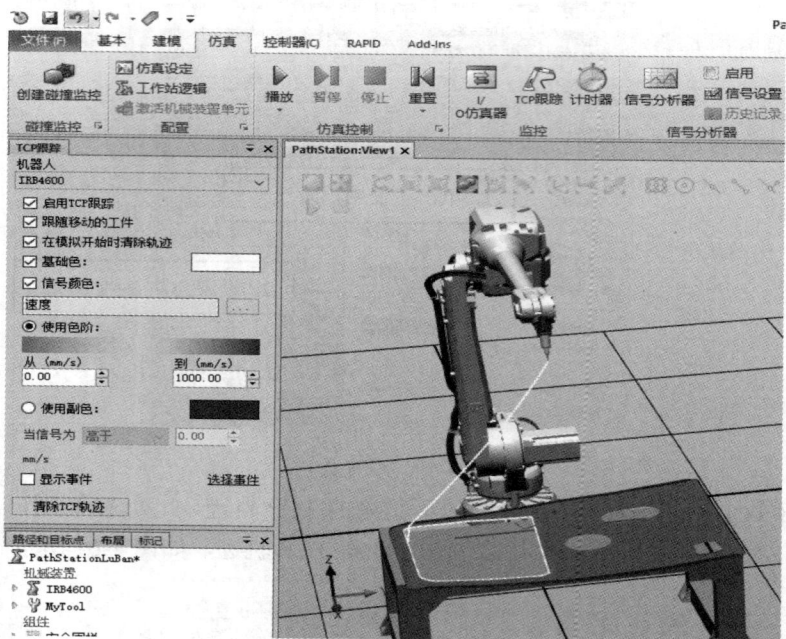

图 4-62　完成界面

（5）清除轨迹。若想清除记录的轨迹，可在"TCP 跟踪"对话框中清除，如图 4-63 所示。

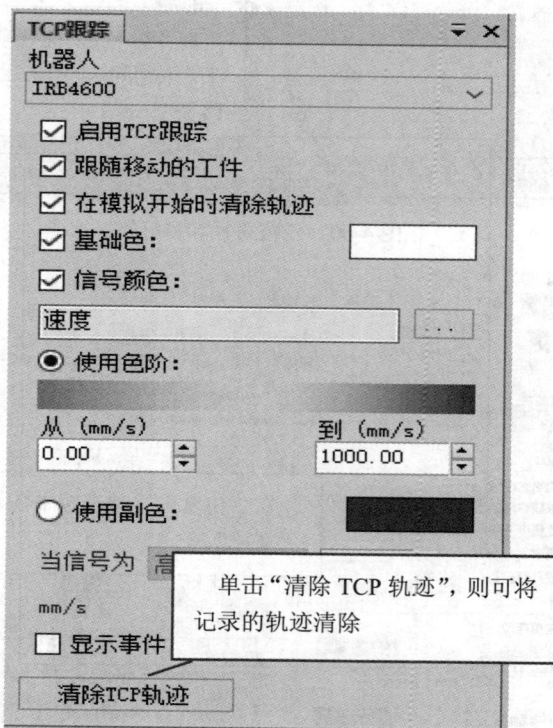

图 4-63　清除轨迹

✦✦✦ 实 训 任 务 ✦✦✦

项 目 任 务 书

任务名称	机器人轨迹曲线的创建		
小组成员			
指导老师		计划用时	
实施时间		实施地点	
任务内容与目标			
1. 学会区分轨迹路径的基本类型。2. 熟练进行目标点的设定和机器人轴参数的配置。3. 练习转换 RAPID 代码			
考核项目	创建离线轨迹路径；创建工件的离线轨迹；设定目标点参数、轴参数、RAPID 程序参数		
备注			

项 目 任 务 综 合 评 价 表

任务名称：机器人轨迹曲线的创建　　　　　　　测评时间：　　年　月　日

考核明细		标准分	实际得分								
			小组成员								
			小组自评	小组互评	教师评价	小组自评	小组互评	教师评价	小组自评	小组互评	教师评价
团队 (60分)	小组是否能在总体上把握学习目标与进度	10									
	小组是否分工明确	10									
	小组是否有互助意识	10									
	小组是否有创新想(做)法	10									
	小组是否如实完成任务项目书	10									
	小组是否存在问题和具有解决问题的方案	10									
个人 (40分)	个人是否服从团队安排	10									
	个人是否完成团队分配任务	10									
	个人是否能与团队成员及时沟通和交流	10									
	个人是否能够认真描述困难、错误和修改内容	10									
合计		100									

第五章　工业机器人搬运工作站仿真

ABB 工业机器人不仅在搬运应用方面有诸多成熟的案例，其在食品、医药、化工、机械制造、3G 等领域也均有广泛应用。采用机器人进行搬运可大幅提高生产效率，节省劳动力成本，提高定位精度，降低搬运过程中的产品损坏率。

◆ **知识目标**

(1) 掌握创建搬运码垛工作站的具体方法。

(2) 熟悉 Smart 子组件的创建步骤。

(3) 了解 Smart 组件的基本功能。

◆ **能力目标**

(1) 具备创建工作站 I/O 信号、独立设置和修改连接与属性面板的能力，以及离线编程能力。

(2) 学会图形化离线程序的优化方法。

5.1　Smart 组件

　　Smart 组件是 RobotStudio 软件中的一种对象(以 3D 图像或不以 3D 图像表示),该组件动作由代码或其他 Smart 组件控制执行,为 3D 几何体赋予仿真效果。

　　本章介绍 Smart 组件术语、Smart 组件的创建、Smart 组件的调用及由 Smart 组件构建工业机器人搬运工作站。

5.1.1　Smart 组件的组成

　　RobotStudio 中修改、编辑 Smart 组件可以通过 Smart 组件编辑器完成。Smart 组件编辑器可以在图形用户界面创建、编辑和组合 Smart 组件,它是 xml 编译器的替代品,由于其使用方便,也是修改编辑 Smart 组件的首选方式。

　　Smart 组件编辑器由组成选项卡、属性与连接选项卡、信号和连接选项卡和设计选项卡组成。Smart 组件术语见表 5-1。

表 5-1　Smart 组件术语

术　语	定　义
Code behind(代码后置)	Smart 组件中的.NET,通过对某个事件的反应可以执行自定义的动作,如仿真时间变化引起某些属性值的变化
[Dynamic]property([动态]属性)	Smart 组件上的对象包含值、特定的类型和属性。属性值被 Code behind 用来控制 Smart 组件的动作行为
[Property]binding([属性]捆绑)	将一个属性值连接至另一个属性值
[Property]attributes([属性]特征)	关键值包括关于动态属性的附加信息,如值的约束等
[I/O]signal([I/O]信号)	Smart 组件上的对象包含值和方向(输入/输出),类似于机器人控制器上的 I/O 信号。信号值被 Code behind 用来控制 Smart 组件的动作行为
[I/O]connection ([I/O]连接)	连接一个信号的值到另外不同信号的值
Aggregation(集合)	使用 and/or 连接多个 Smart 组件,以完成更复杂的动作
Asset	Smart 组件中的数据对象,使用局部的和集合的背后代码

5.1.2　Smart 组件信号

　　I/O Signals 属性见表 5-2。

表 5-2　I/O Signals 属性

命　令	描　述
添加 I/O Signals	打开"Add I/O Signals"(添加 I/O 信号)对话框
展开子对象信号	打开"Expose Child Signal"(展开子对象信号)对话框
编辑	打开"编辑信号"对话框
删除	删除所选信号

使用"添加 I/O Signals"对话框编辑 I/O 信号，或添加一个或多个 I/O 信号到所选组件，见表 5-3。

表 5-3　"添加 I/O Signals"对话框可用控件

控　件	描　述
信号类型	指定信号的类型和方向。 有以下信号类型：Digital、Analog、Group
信号名称	指定信号名称。 名称中需包含字母和数字并以字母开头(a～z 或 A～Z)。 如果创建多个信号，则会为名称添加由开始索引和步幅指定的数字后缀
信号值	指定信号的原始值
自动复位	指定该信号拥有瞬变行为。 这仅适用于数字信号，表明信号值自动被重置为 0
信号数量	指定要创建的信号的数量
开始索引	当创建多个信号时，指定第一个信号的后缀
步骤	当创建多个信号时，指定后缀的间隔
最小值	指定模拟信号的最小值，这仅适用于模拟信号
最大值	指定模拟信号的最大值，这仅适用于模拟信号
隐藏	选择属性在 GUI 的属性编辑器和 I/O 仿真器等窗口中是否可见
只读	选择属性在 GUI 的属性编辑器和 I/O 仿真器等窗口中是否可编辑

注意：在编辑现有信号时，只能修改信号值和描述，而其他所有控件都将被锁定。如果输入值有效，则"确定"按钮可用，允许创建或更新信号；如果输入值无效，则显示错误图标。使用"展开子对象信号"对话框，可以添加与子对象中的信号有关联的新 I/O 信号，见表 5-4。

表 5-4　"展开子对象信号"对话框可用控件

控　件	描　述
信号名称	指定要创建信号的名称，默认情况下与所选子关系信号名称相同
子对象	指定要展开信号所属的子对象
子信号	指定子信号

5.1.3　Smart 组件连接

机器人信号与 I/O Connections 的可用控件见表 5-5。

表 5-5　I/O Connections 的可用控件

控　件	描　述
添加 I/O Connection	打开"添加 I/O Connection"对话框
编辑	打开"编辑"对话框
管理 I/O Connections	打开"管理 I/O Connections"对话框
删除	删除所选连接
上移/下移	向上或向下移动列表中选中的连接

使用"添加 I/O Connections"(连接)对话框，可以创建 I/O 连接或编辑已存在的连接，见表 5-6。

表 5-6　"添加 I/O Connections"对话框可用控件

控　件	描　述
源对象	指定源信号的所有对象
源信号	指定链接的源。该源必须是子组件的输出或当前组件的输入
目标对象	指定目标信号的所有者
目标信号	指定连接的目标。目标一定要和源类型一致，是子组件的输入或当前组件的输出
允许循环连接	允许目标信号在同一情景内设置两次

"管理 I/O Connections"对话框以图形化的形式显示部件的 I/O 连接，可以添加、删除和编辑连接，仅显示数字信号。"管理 I/O Connections"对话框可用控件见表 5-7。

表 5-7　"管理 I/O Connections"对话框可用控件

控　件	描　述
源/目标信号	列出在连接中所需的信号，源信号在左侧，目标信号在右侧。每个信号以所有对象和信号名标识
连接	以箭头的形式显示从源信号到目标信号的连接
逻辑门	指定逻辑运算符和延迟时间，执行在输入信号上的数字逻辑
添加	添加源：在左侧添加源信号。 添加目标：在右侧添加目标信号。 添加逻辑门：在中间添加逻辑门
删除	删除所选的信号、连接或 LogicGate(逻辑门)

管理 I/O 连接使用以下步骤添加、移除和创建新的 I/O 连接。

(1) 单击"添加"按钮并选择"添加源"(或添加目标、添加逻辑门)，分别添加源信号、目标信号或逻辑门。

(2) 将鼠标移向"源信号"，直至出现交叉光标。

(3) 单击并拖动逻辑门，创建新的 I/O 连接。

(4) 选择信号，连接或逻辑门，然后单击"删除"按钮，删除所选对象。

5.2　搬运工作站的 Smart 子组件

Smart 子组件表示一整套的基本构成块组件，可被用来组成完成更复杂动作的用户定义 Smart 组件。本节主要介绍常用的 Smart 子组件。

在 Smart 组件的"添加组件"选项中，有"信号和属性""参数建模""传感器""动作""本体"及"其他"子组件可供选择，下面列出了常用的子组件及其详细的功能说明。

5.2.1　"信号和属性"子组件

1. LogicGate

(1) LogicGate 的属性及信号说明见表 5-8。

(2) Output 信号由 InputA 和 InputB 这两个信号的 Operator 中指定的逻辑运算设置，延迟时间在 Delay 中指定。

表 5-8　LogicGate 的属性及信号说明

属　　性	描　　述
Operator	使用逻辑运算的运算符。 各种运算符：AND、OR、XOR、NOT、NOP
Delay	输出信号延迟时间
信　　号	描　　述
InputA	第一个输入信号
InputB	第二个输入信号
Output	逻辑运算的结果

2. LogicExpression

(1) LogicExpression 的属性及信号说明见表 5-9。

(2) LogicExpression 为评估逻辑表达式。

表 5-9　LogicExpression 的属性及信号说明

属　　性	描　　述
String	要评估的表达式
Operator	各种运算符：AND、OR、NOT、XOR
信　　号	描　　述
结果	包含评估结果

3. LogicSRLatch

(1) LogicSRLatch 的信号说明见表 5-10。

(2) LogicSRLatch 用于置位/复位信号，并带锁定功能，有一种稳定状态。

① 当 Set=1 时，Output=1，InvOutput=0。

② 当 Reset=1 时，Output=0，InvOutput=1。

表 5-10　LogicSRLatch 信号说明

Signals	描　述
Set	设置输出信号
Reset	复位输出信号
Output	指定输出信号
InvOutput	指定反转输出信号

4. Converter

Converter 可实现属性值和信号值之间的转换，其属性及信号说明见表 5-11。

表 5-11　Converter 的属性及信号说明

属　性	描　述
AnalogProperty	由 AnalogInput 转换为 AnalogOutput
DigitalProperty	由 DigitalInput 转换为 DigitalOutput
GroupProperty	由 DigitalInput 转换为 GroupOutput
BooleanProperty	由 DigitalInput 转换为 DigitalOutput
信　号	描　述
DigitalInput	转换为 DigitalProperty
DigitalOutput	从 DigitalProperty 进行转换
AnalogInput	转换为 AnalogProperty
AnalogOutput	从 AnalogProperty 转换过来
GroupInput	转换为 GroupProperty
GroupOutput	从 GroupProperty 进行转换

5. VectorConverter

VectorConverter 的属性说明见表 5-12，它主要用于转换 Vector3(三维向量)和 X、Y、Z 之间的值。

表 5-12　VectorConverter 的属性说明

属　性	描　述
X	指定 Vector 的 X 值
Y	指定 Vector 的 Y 值
Z	指定 Vector 的 Z 值
Vector	指定向量值

表达式包括数字字符(包括 PI)、圆括号、数学运算符(+、－、*、/、^(幂))和数学函数 (sin、cos、sqrt、atan、abs)，任何其他字符串被视作变量，作为添加的附加信息。结果将显示在 Result 框中。

6. Expression

Expression 属性说明见表 5-13。

表 5-13　Expression 的属性说明

属　　性	描　　述
Expression	指定要计算的表达式
Result	显示计算结果
NNN	指定自动生成的变量

7. Counter

(1) Counter 的属性及信号说明见表 5-14。

(2) 设置输入信号 Increase 时，Count 增加；设置输入信号 Decrease 时，Count 减少。设置输入信号 Reset 时，Count 被重置。

表 5-14　Counter 的属性及信号说明

属　　性	描　　述
Count	指定当前值
信　　号	描　　述
Increase	当该信号设为 True 时，将在 Count 中加 1
Decrease	当该信号设为 True 时，将在 Count 中减 1
Reset	当 Reset 设为 high 时，将 Count 复位为 0

8. Timer

(1) Timer 的属性说明见表 5-15。

(2) Timer 用以指定间隔脉冲 Output 信号。如果未选中 Repeat，在 Interval 中指定的间隔后将触发一个脉冲，若选中，在 Interval 指定的间隔后重复触发脉冲。

表 5-15　Timer 的属性说明

属　　性	描　　述
StartTime	指定触发第一个脉冲前的时间
Interval	指定每个脉冲间的仿真时间
Repeat	指定信号是重复还是只执行一次
Currenttime	指定当前仿真时间

5.2.2　"传感器"子组件

1. LineSensor

(1) LineSensor 的属性及信号说明见表 5-16。

(2) LineSensor 根据 Start、End 和 Radius 定义一条线段。当 Active 信号为 High 时，传感器将检测与该线段相交的对象。相交的对象显示在 SensedPart 属性中，距线传感器起点最近的相交点显示在 SensedPoint 属性中。出现相交时，会设置 SensorOut 输出信号。

表 5-16 LineSensor 的属性及信号说明

属 性	描 述
Start	指定起始点
End	指定结束点
Radius	指定半径
SensedPart	指定与 LineSensor 相交的部件。如果有多个部件相交，则列出距起始点最近的部件
SensedPoint	指定相交对象上的点，距离起始点最近
信 号	描 述
Active	指定 LineSensor 是否激活
SensorOut	当 Sensor 与某一对象相交时，为 True

2. PlaneSensor

(1) PlaneSensor 的属性及信号说明见表 5-17。

(2) PlaneSensor 通过 Origin、Axisl 和 Axis2 定义平面。设置 Active 输入信号时，传感器会检测与平面相交的对象。相交的对象将显示在 SensedPart 属性中。出现相交时，将设置 SensorOut 输出信号。

表 5-17 PlaneSensor 的属性及信号说明

属 性	描 述
Origin	指定平面的原点
Axisl	指定平面的第一轴
Axis2	指定平面的第二轴
SensedPart	指定与 PlaneSensor 相交的部件。如果有多个部件相交，则布局浏览器中第一个显示的部件将被选中
信 号	描 述
Active	指定 PlaneSensor 是否激活
SensorOut	当 Sensor 与某一对象相交时为 True

3. PositionSensor

(1) PositionSensor 的属性说明见表 5-18。

(2) PositionSensor 监视对象的位置和方向。对象的位置和方向仅在仿真期间被更新。

表 5-18 Position Sensor 的属性说明

属 性	描 述
Object	指定要进行映射的对象
Reference	指定参考坐标系(Parent 父坐标或 Global 全局坐标)
ReferenceObject	如果将 Reference 设置为 Object，指定参考对象
Position	指定对象相对于参考坐标和对象的位置
Orientation	指定对象相对于参考坐标和对象的方向(Euler ZYX)

5.2.3 "动作"子组件

1. Attacher

(1) Attacher 的属性及信号说明见表 5-19。

(2) 设置 Execute 信号时，Attacher 将 Child 安装到 Parent 上。如果 Parent 为机械装置，还必须指定要安装的 Flange。设置 Execute 输入信号时，子对象将安装到父对象上。如果选中 Mount，还会使用指定的 Offset 和 Orientation 将子对象安装到父对象上。完成时，将设置 Executed 输出信号。

表 5-19　Attacher 的属性及信号说明

属　性	描　　述
Parent	指定子对象要安装在哪个对象上
Flange	指定要安装在机械装置的哪个法兰上(编号)
Child	指定要安装的对象
Mount	如果为 True，子对象安装到父对象上
Offset	当使用 Mount 时，指定相对于父对象的位置
Orientation	当使用 Mount 时，指定相对于父对象的方向
信　号	描　　述
Execute	设为 True，进行安装
Executed	当完成时发出脉冲

2. Detacher

(1) Detacher 的属性及信号说明见表 5-20。

(2) 设置 Execute 信号时，Detacher 会将 Child 从其所安装的父对象上拆除。如果选中了 KeepPosition，位置将保持不变；否则，相对于其父对象放置子对象的位置。完成时，将设置 Executed 信号。

表 5-20　Detacher 的属性及信号说明

属　性	描　　述
Child	指定要拆除的对象
KeepPosition	如果为 False，被安装的对象将返回其原始的位置
信　号	描　　述
Execute	设该信号为 True，移除安装的物体
Executed	当完成时发出脉冲

3. Sink

(1) Sink 的属性及信号说明见表 5-21。

(2) Sink 会删除 Object 属性参考的对象。收到 Execute 输入信号时开始删除。删除完成时设置 Executed 输出信号。

表 5-21　Sink 的属性及信号说明

属　性	描　述
对象	指定要移除的对象
信　号	描　述
Execute	设该信号为 True，移除对象
Executed	当完成时发出脉冲

4. Source

(1) Source 的属性及信号说明见表 5-22。

(2) 源组件的 Source 属性表示在收到 Execute 输入信号时应复制的对象。所复制对象的父对象由 Parent 属性定义，而 Copy 属性则指定所复制对象。输出信号 Executed 表示复制已完成。

表 5-22　Source 的属性及信号说明

属　性	描　述
Source	指定要复制的对象
Copy	指定所复制对象
Parent	指定要复制的父对象。如果未指定，则将复制与源对象相同的父对象
Position	指定复制相对于其父对象的位置
Orientation	指定复制相对于其父对象的方向
Transient	如果在仿真时创建了复制，将其标识为瞬时的。这样的复制不会被添加至撤销内
信　号	描　述
Execute	设该信号为 True，创建对象的复制
Executed	当完成时发出脉冲

5. Show

(1) Show 的属性及信号说明见表 5-23。

(2) 设置 Execute 信号时，将显示 Object 中参考的对象。完成时设置 Executed 信号。

表 5-23　Show 的属性及信号说明

属　性	描　述
Object	指定要显示的对象
信　号	描　述
Execute	设该信号为 True，显示对象
Executed	当完成时发出脉冲

6. Hide

(1) Hide 的属性及信号说明见表 5-24。

(2) 设置 Execute 信号时，将隐藏 Object 中参考的对象。完成时设置 Executed 信号。

表 5-24　Hide 的属性及信号说明

属　性	描　述
Object	指定要隐藏的对象
信　号	描　述
Execute	设该信号为 True，隐藏对象
Executed	当完成时发出脉冲

5.3　搬运工作站夹具仿真

5.3.1　设定夹具属性

(1) 设定夹具属性。夹具属性的设定步骤如图 5-1 所示。

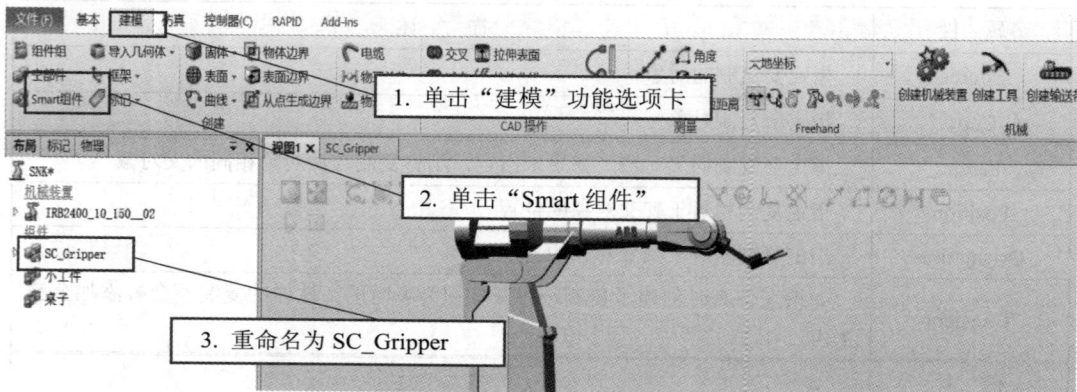

图 5-1　设定夹具属性

(2) 设定 Role。设定属性后，将夹具 SC_Gripper 安装到机器人法兰上。此步骤的目的是将 Smart 工具 SC_Gripper 当做机器人的工具。设定 Role 可以让 Smart 组件获得属性，步骤如图 5-2 所示。

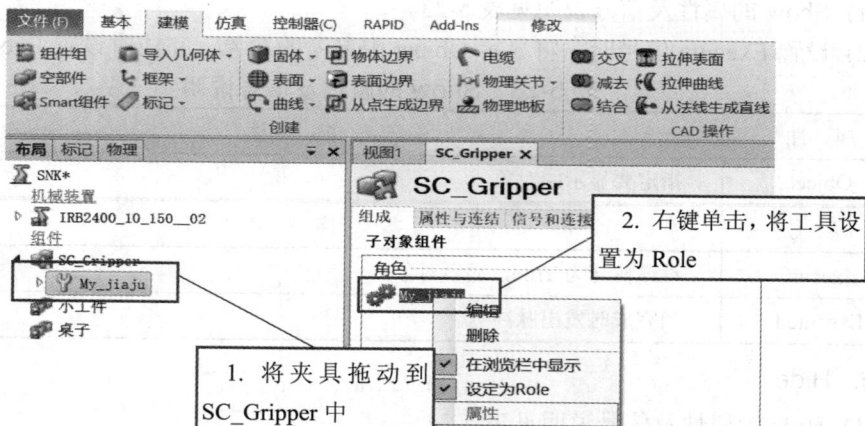

图 5-2　设定 Role

5.3.2 设定检测传感器

设定检测传感器的步骤如图 5-3、图 5-4 所示。

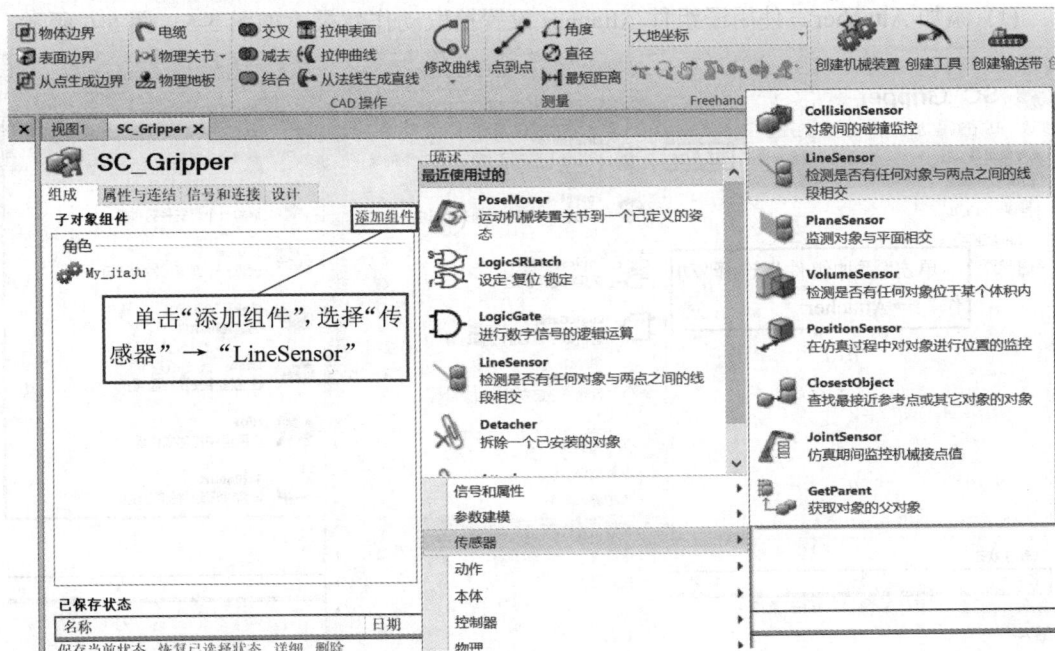

图 5-3 添加组件

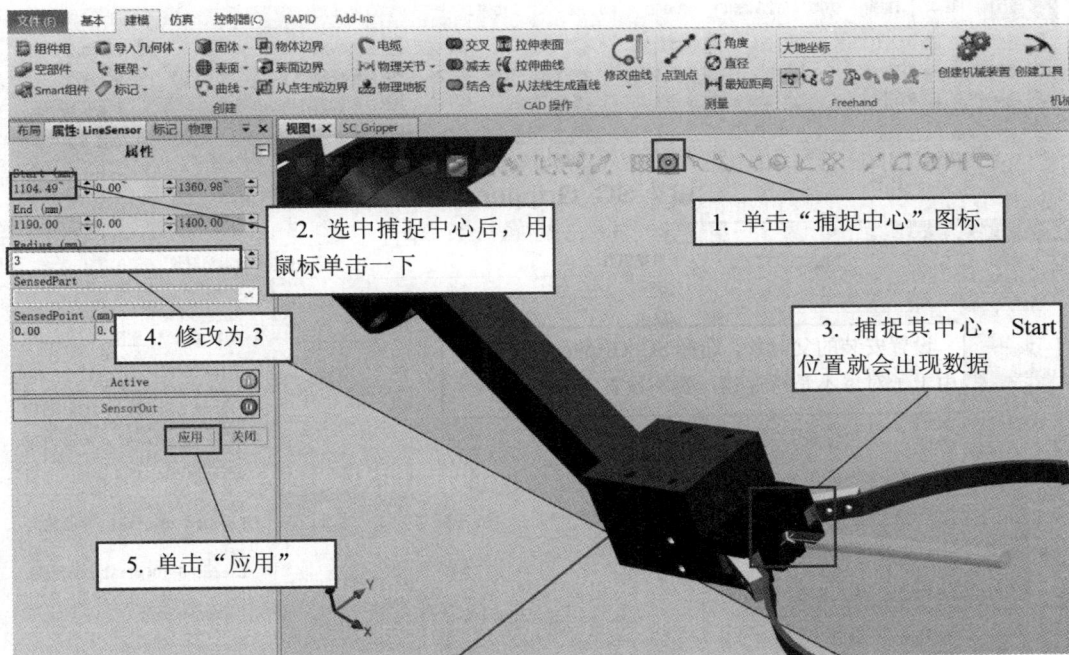

图 5-4 设置数据

5.3.3　设定拾取放置动作

设定拾取放置动作的步骤如下：

(1) 添加 Attacher。使用子组件 Attacher 设置拾取动作效果，如图 5-5、图 5-6 所示。

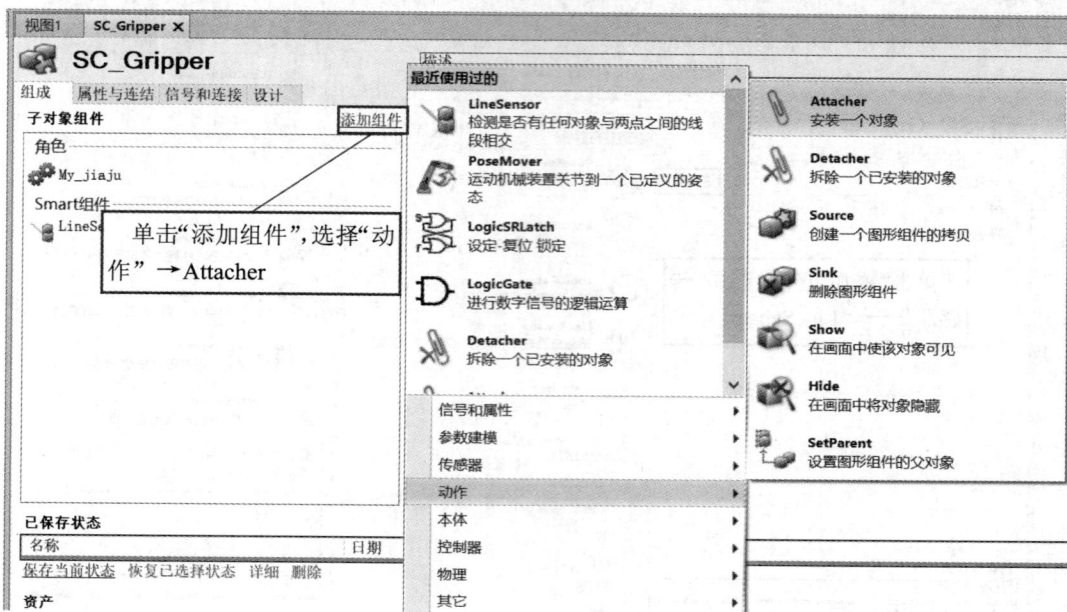

图 5-5　添加组件

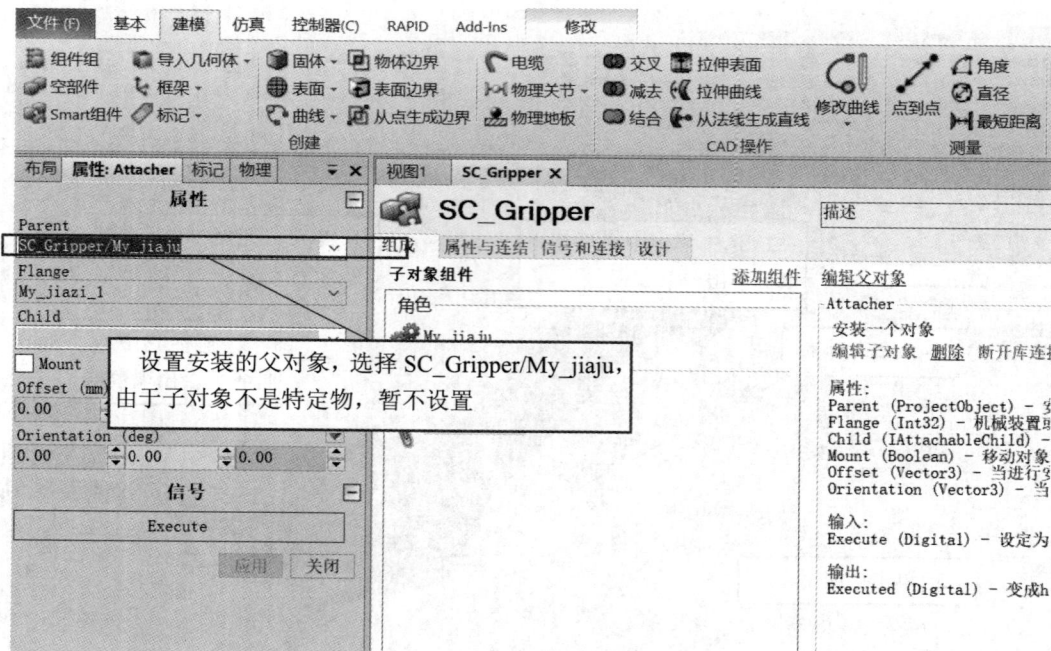

图 5-6　设置数据

(2) 添加 Detacher。设定释放动作效果，使用的是子组件 Detacher。以上面同样的方式选择 Detacher，如图 5-7 所示。

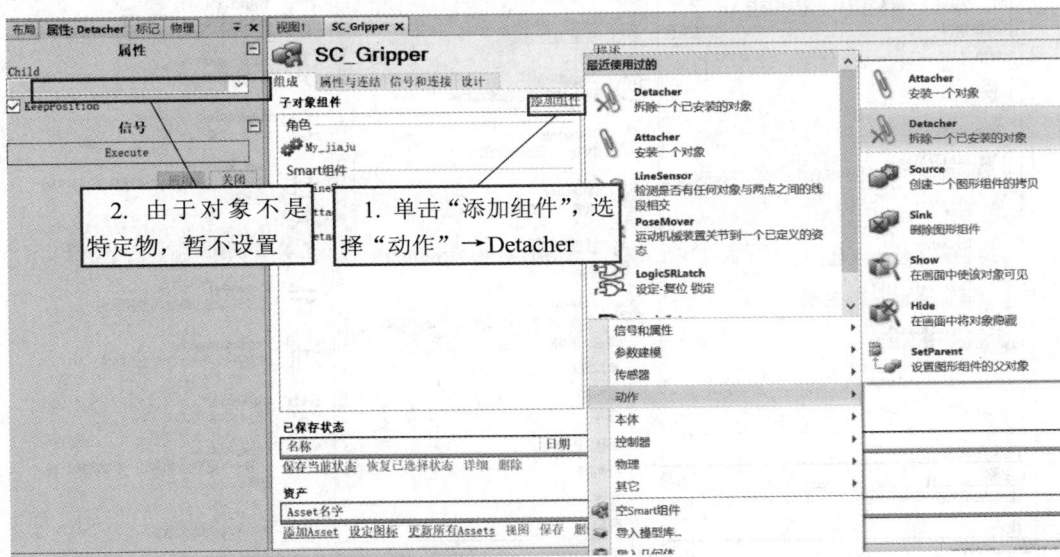

图 5-7　添加组件

(3) 创建非门。接下来添加信号和属性相关子组件，首先创建一个非门，如图 5-8 所示。

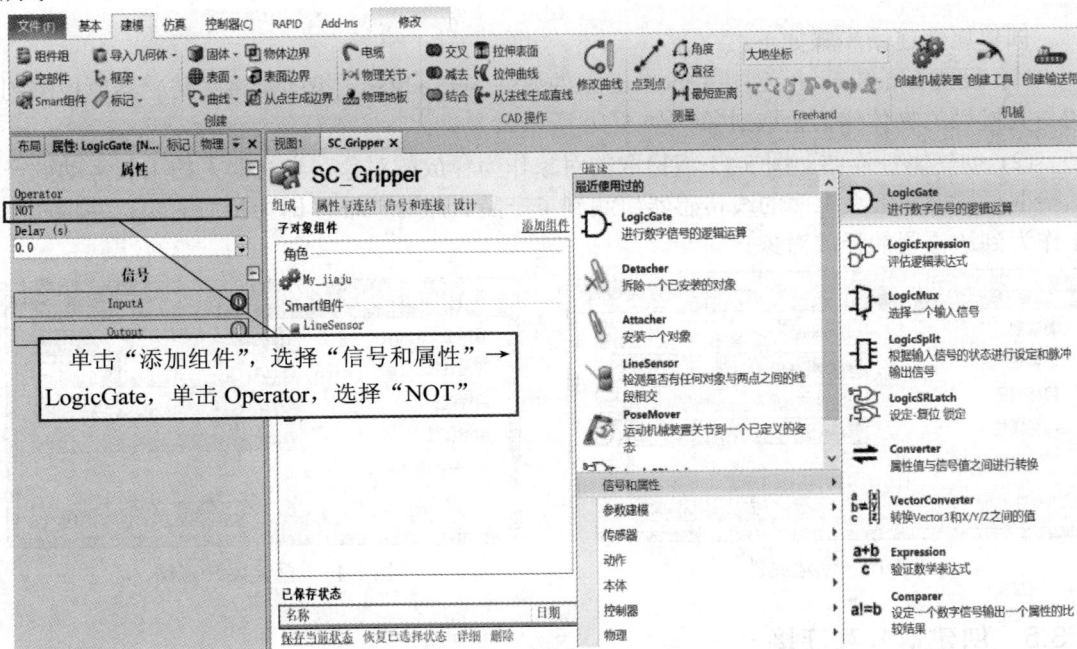

图 5-8　创建组件

(4) 添加信号置位/复位 LogicSRLatch。添加一个信号置位/复位子组件 LogicSRLatch，如图 5-9 所示。子组件用于置位/复位信号，并且带自锁功能，此外还用于置位/复位的反馈信号，在后面的信号和连接部分会作详细介绍。

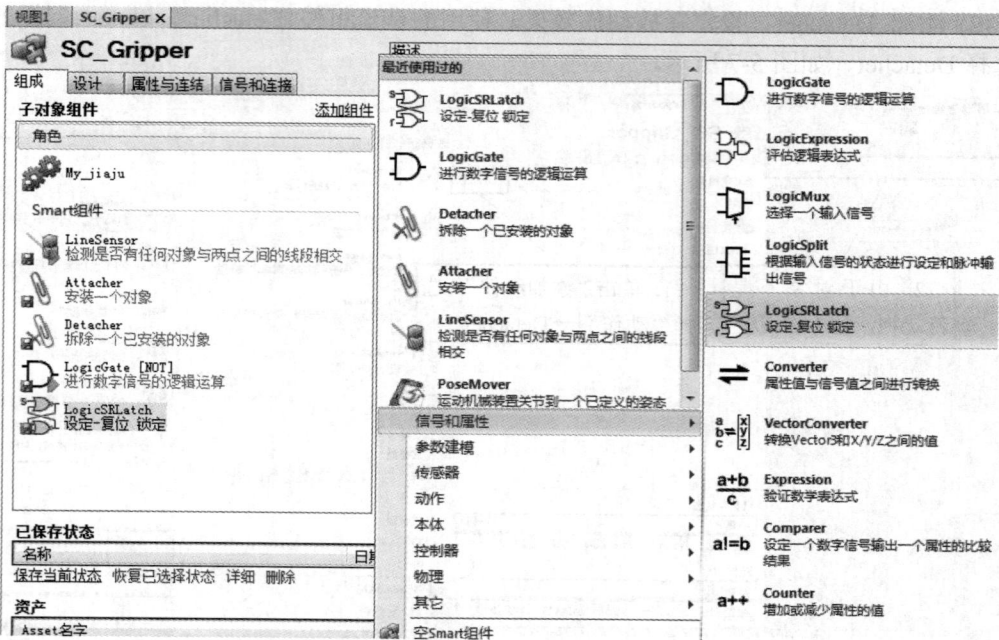

图 5-9　设置属性

5.3.4　创建属性连结

创建属性连结步骤如下：

(1) 设置 LineSensor。创建 LineSensor 的属性 SensedPart，指的是将线传感器所检测到的与其接触的物体作为拾取对象，如 5-10 所示。

(2) 创建属性连结。图 5-11 将拾取的对象作为释放的对象。当机器人的工具运动到产品拾取位置时，工具上面的线传感器检测到了产品 A，则产品 A 即为拾取对象，并将产品 A 作为到达位置的释放对象。

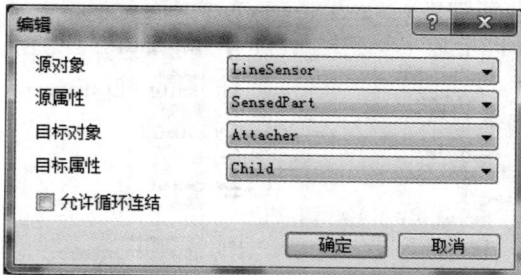

图 5-10　创建属性

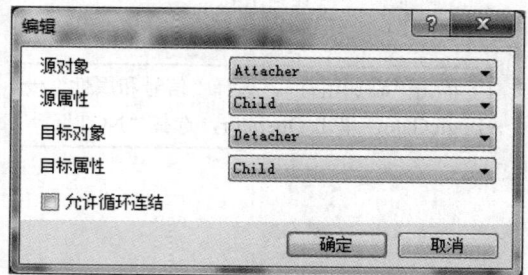

图 5-11　创建属性连结

5.3.5　创建信号和连接

创建信号和连接的步骤如下：

(1) 创建数字输入信号。创建一个数字输入信号，用于控制夹具拾取释放动作，置 1 为拾取，置 0 为释放，如图 5-12 所示。

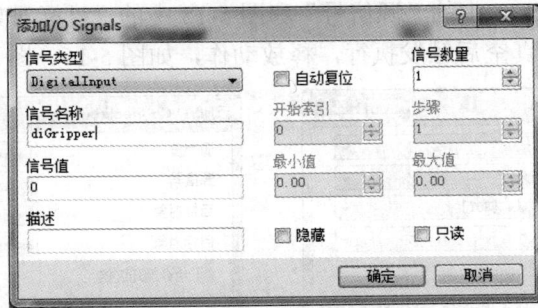

图 5-12　创建数字输入信号

(2) 创建数字输出信号。创建一个数字输出信号，用于拾取释放的信号，然后建立信号和连接，如图 5-13 所示。

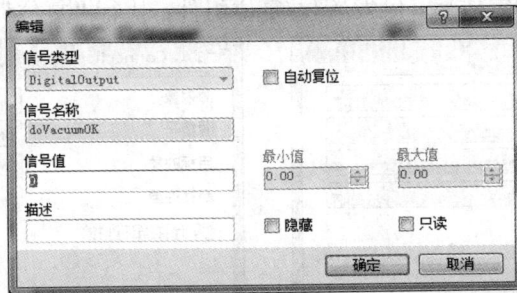

图 5-13　创建数字输出信号

(3) 设定检测信号。开启真空动作信号触发传感器开始检测，如图 5-14 所示。

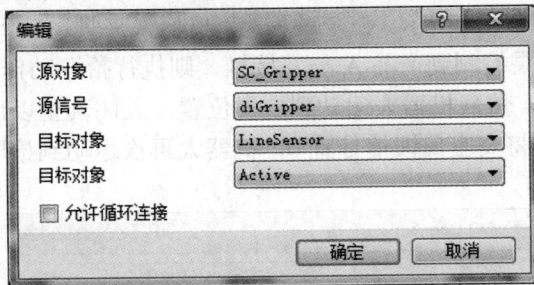

图 5-14　设定检测信号

(4) 检测参数。传感器检测到物体之后触发，执行拾取动作，如图 5-15 所示。

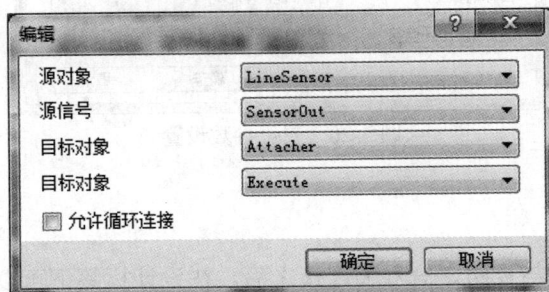

图 5-15　检测参数

（5）信号连接。图 5-14 中的"源信号"和图 5-15 中的"目标对象"可以利用非门进行连接，实现的是当关闭真空后触发执行，释放动作，如图 5-16、图 5-17 所示。

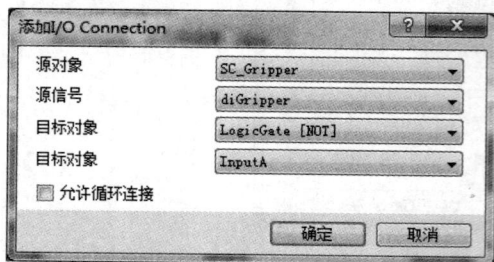

图 5-16　添加 I/O 连接(1)

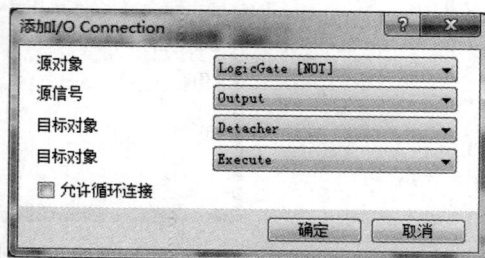

图 5-17　添加 I/O 连接(2)

（6）置位。拾取完成后，触发置位/复位组件，执行"置位"动作，如图 5-18 所示。

（7）复位。释放动作完成后，触发置位/复位组件，执行"复位"动作，如图 5-19 所示。

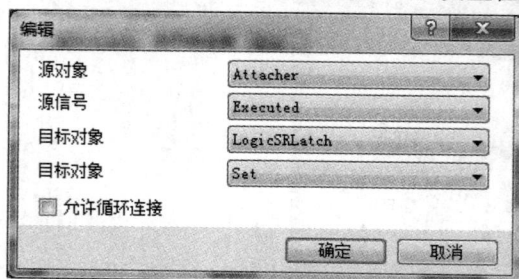

图 5-18　置位

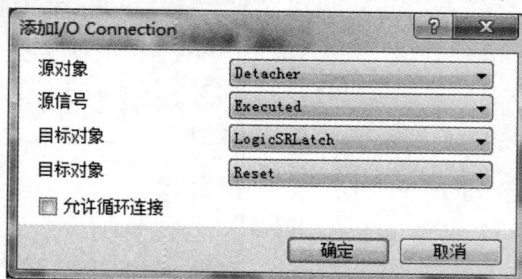

图 5-19　复位

（8）置位参数设置。拾取动作完成后，将 doVacuumOK 置 1；释放动作完成后，将 doVacuumOK 置 0，如图 5-20 所示。整个过程为：机器人夹具运动到拾取位置，打开真空，线传感器开始检测，如果检测到产品 A 与其接触，则执行拾取动作，夹具将产品 A 拾取，并将真空反馈信号置 1，然后机器人运动到放置位置，关闭真空以后，执行释放动作，产品 A 被夹具放下，同时将真空反馈信号置 0，机器人再次运动到拾取位置，拾取下一个产品，如此循环。

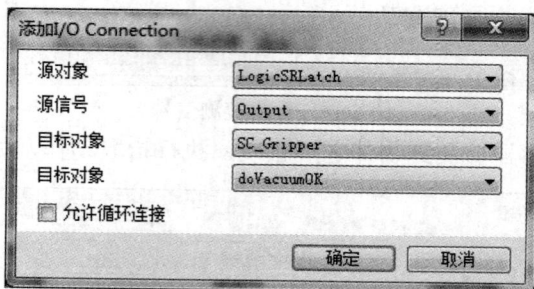

图 5-20　置位参数设置

5.3.6　仿真测试

在正确设置了属性与连结、信号和连接之后，在设计标签下可以看到夹具的信号连接情况，如图 5-21 所示。

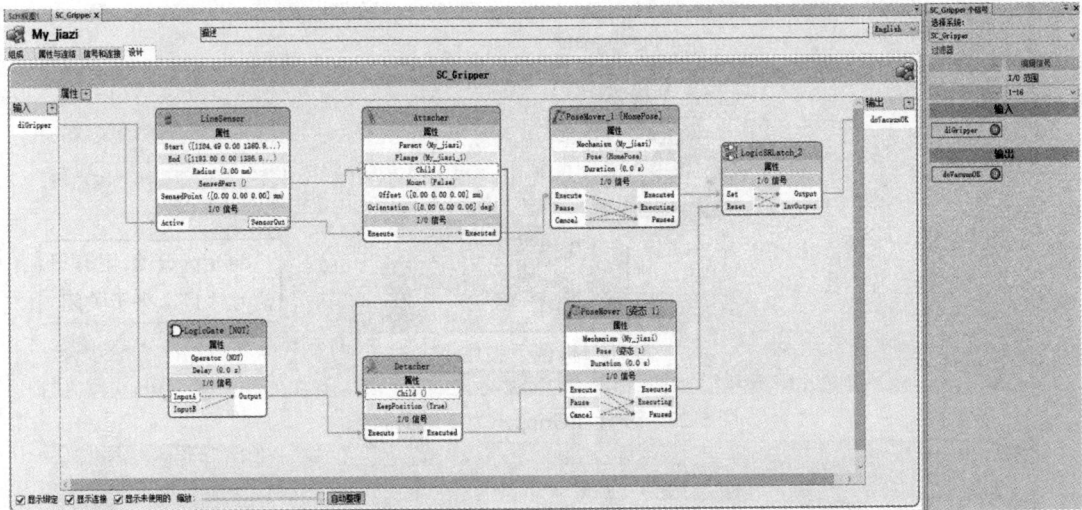

图 5-21　夹具的信号连接图

该夹具具有输入 diGripper 和输出 doVacuumOK。当 diGripper 为 1 时，激活了 LineSensor 传感器，进而 LineSensor 传感器的 SensorOut 输出 1，使得 Attacher 执行安装动作将工件与夹具贴在一起，同时夹具的 PoseMover 动作执行在外观上展现出闭合动作，进一步输出一个 1 信号给 LogicSRLatch 逻辑锁存器，使得逻辑锁存器置位，输出 1，夹具的输出状态 doVacuunOK 变为 1，表示已经成功完成工件抓取。当 diGripper 为 0 时，进行与上面类似的过程，最终将工件从夹具上拆除，夹具张开，夹具输出状态 doVacuumOK 变为 0。

在完成了相应的设置之后，需要检查操作是否达到效果，设置是否完善及正确，一般从以下几个方面来测试：

（1）是否可以抓起工件。将夹具手动移动到工件前，此时夹具应为张开状态，设置 diGripper 为 1，手动机器人使夹具移开当前位置并观察效果，操作步骤如图 5-22～图 5-24 所示。

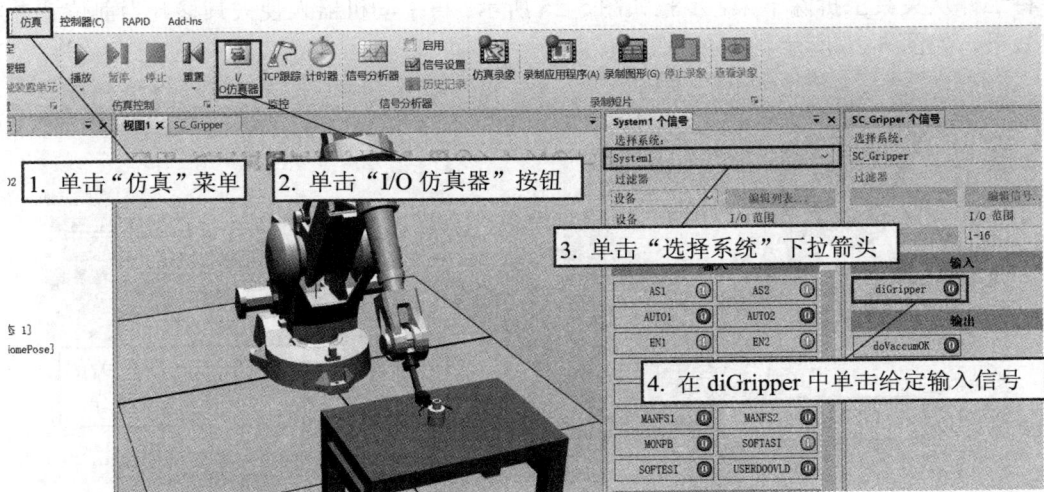

图 5-22　设置 diGripper 信号的步骤

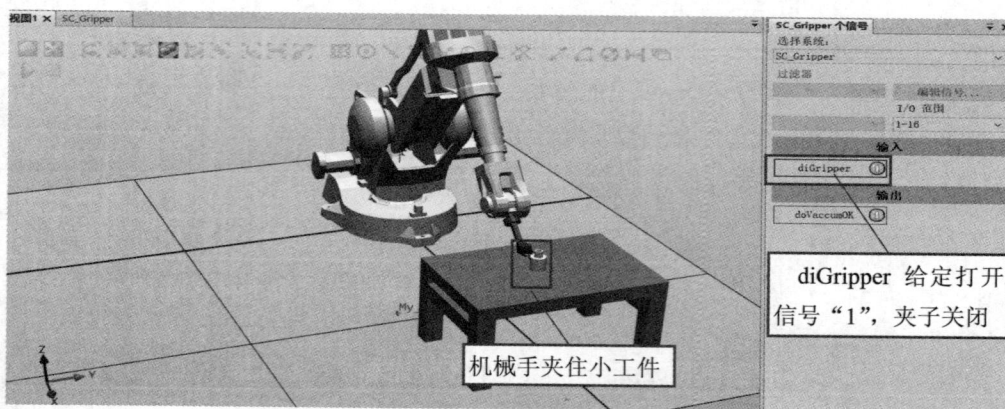

图 5-23　设置 diGripper 为 1 时的状态

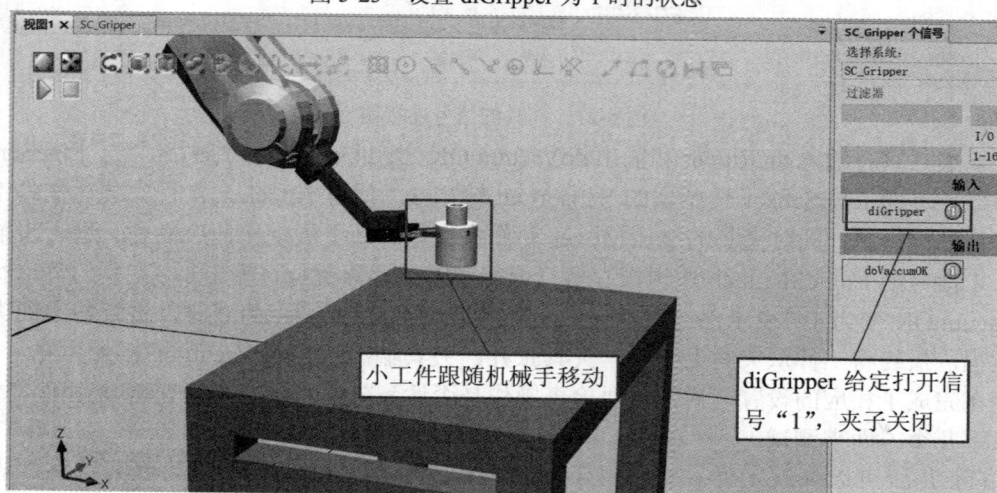

图 5-24　夹具抓起工件的状态

（2）是否可以拆卸掉工件。当工件被抓起时，修改 diGripper 为 0，此时夹具应该张开并将工件从夹具上拆除下来，步骤如图 5-25 所示。再手动机器人使夹具移开当前位置并观察效果，如图 5-26 所示。

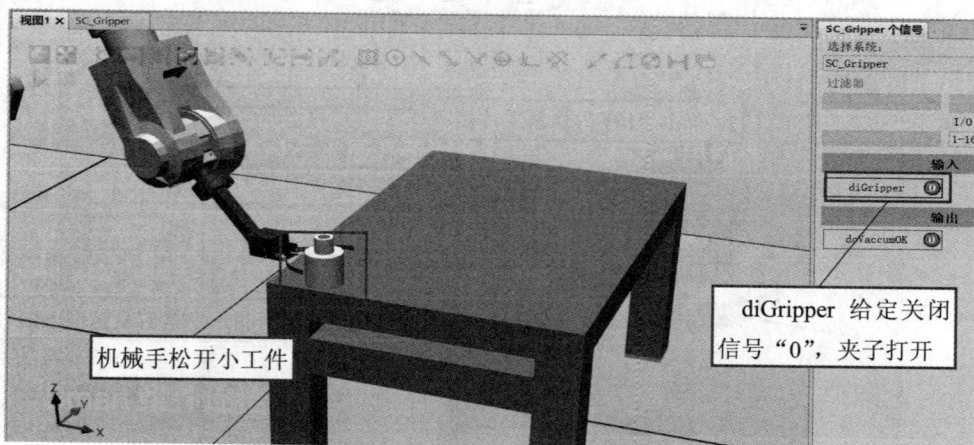

图 5-25　设置 diGripper 为 0 时的状态

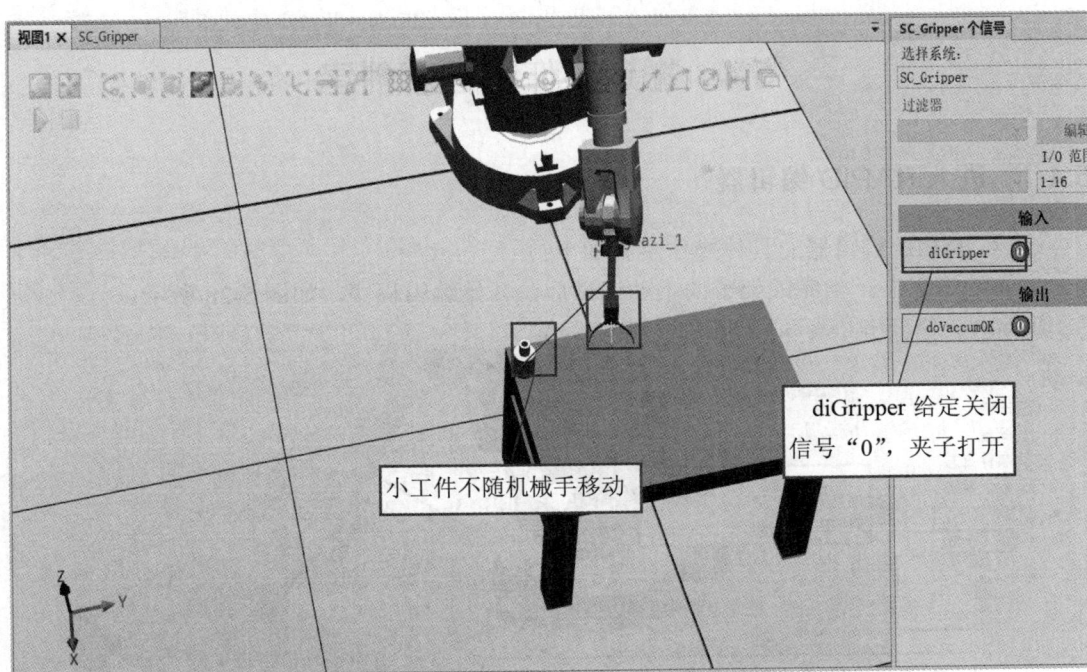

图 5-26　夹具拆除工件后离开原位置

（3）是否正确设置传感器。如果以上操作达到预期效果，同时传感器设置正确，则能够观察到如图 5-27 所示的参数；如果传感器设置不正确，那么 SensorOut 输出为 0。

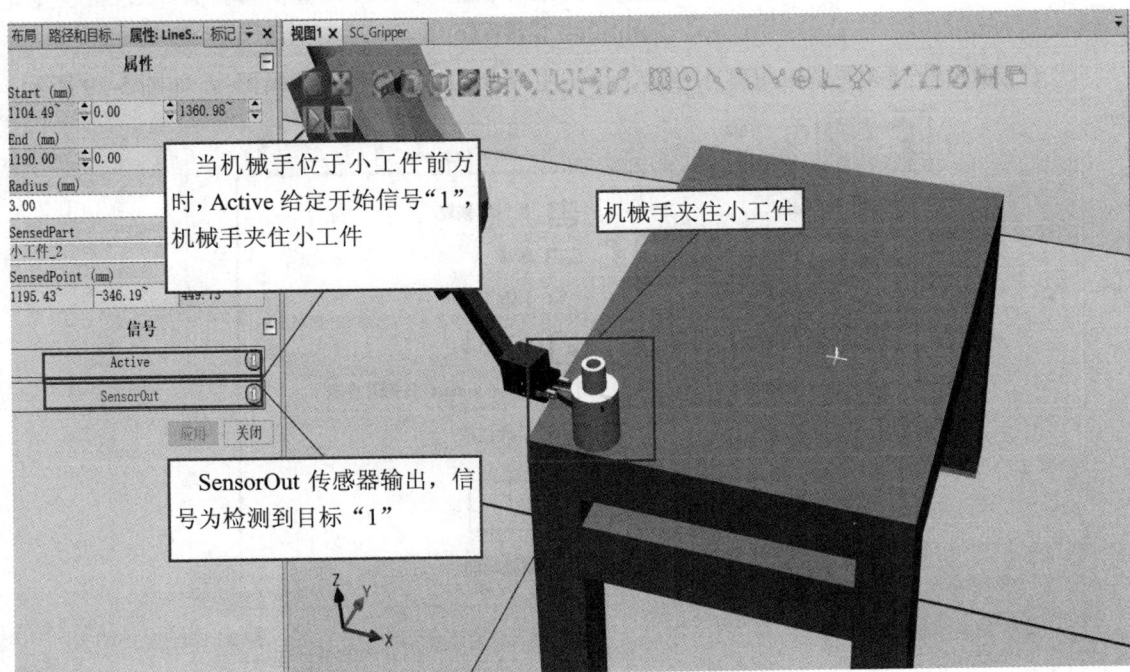

图 5-27　传感器设置正确时激活检测到工件

5.4　搬运工作站程序创建

5.4.1　进入 RAPID 编辑器

进入 PAPID 编辑器的具体操作步骤如下：

(1) 编辑程序。当完成架子的手动调试后，开始编辑程序，如图 5-28 所示。

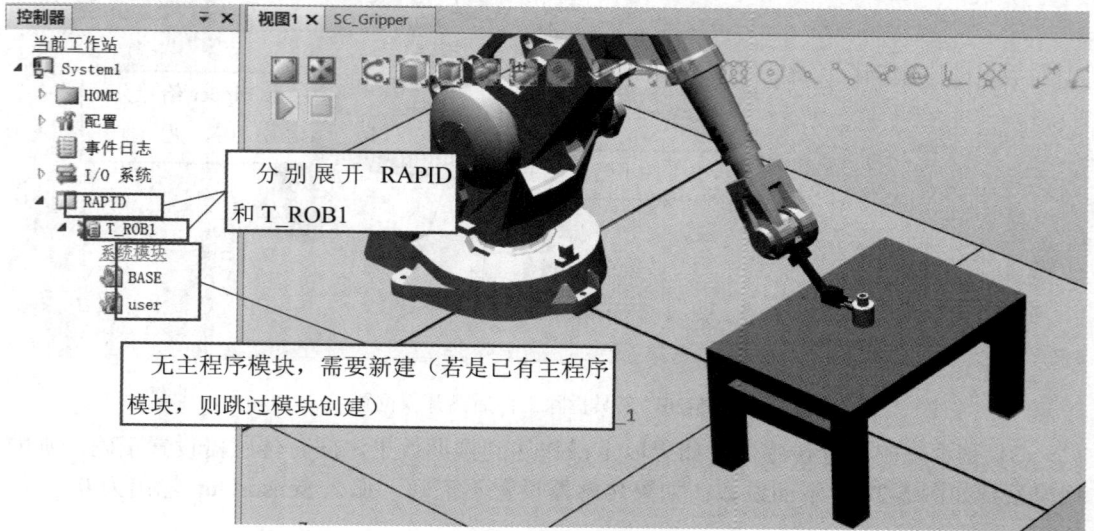

图 5-28　编辑程序

(2) 打开程序编辑器。打开示教器，单击主菜单，单击"程序编辑器"，如图 5-29 所示。

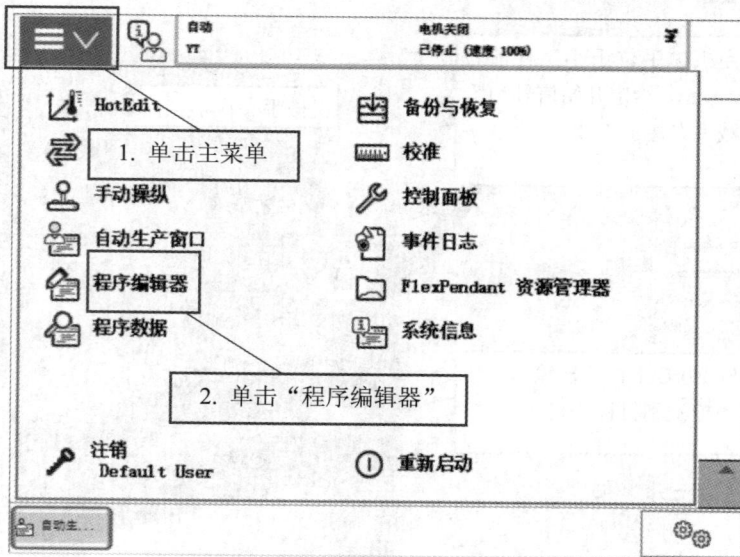

图 5-29　程序编辑器

(3) 创建主程序模块。此时会弹出如图 5-30 所示对话框，单击"新建"即可完成创建主程序模块。

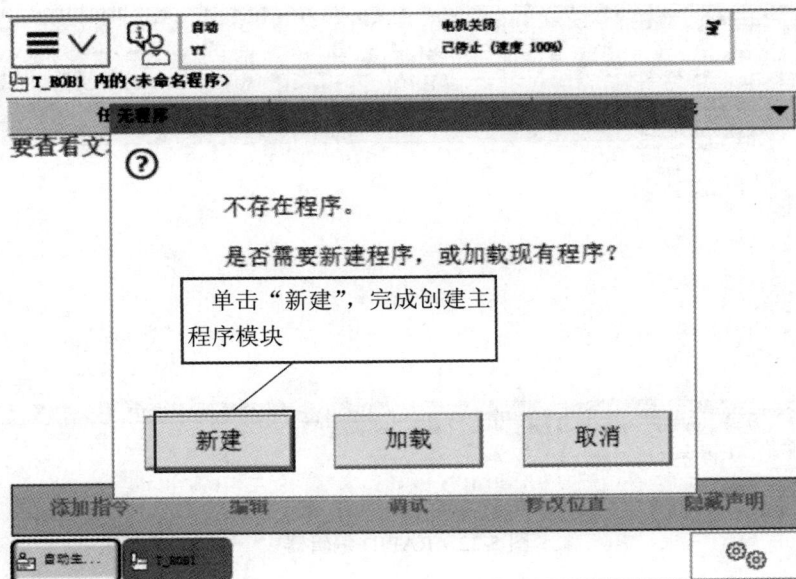

图 5-30 创建主程序模块

(4) 单击 RAPID→T_ROB1，再单击 MainModule，会发现主程序模块已显示，如图 5-31 所示。

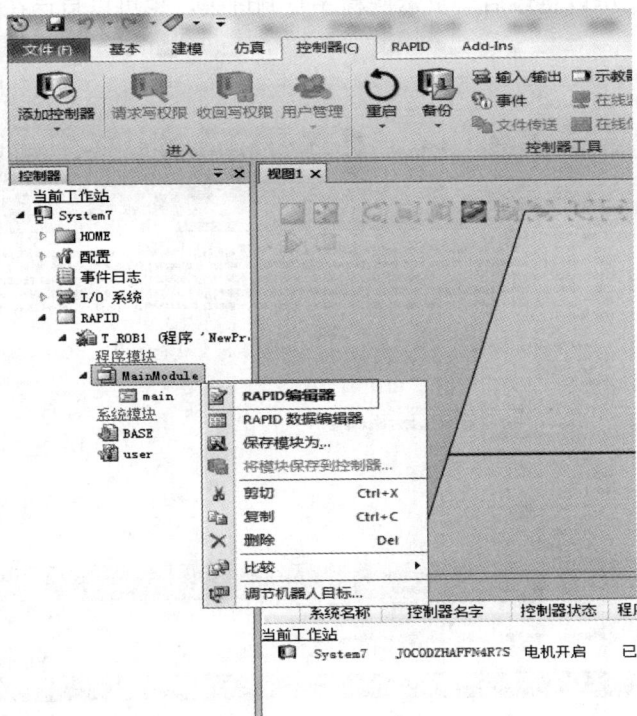

图 5-31 单击 RAPID 和 T_ROB1

(5) RAPID 编辑器。右键单击主例行程序，选择弹出菜单中的"RAPID 编辑器"，如图 5-32 所示。

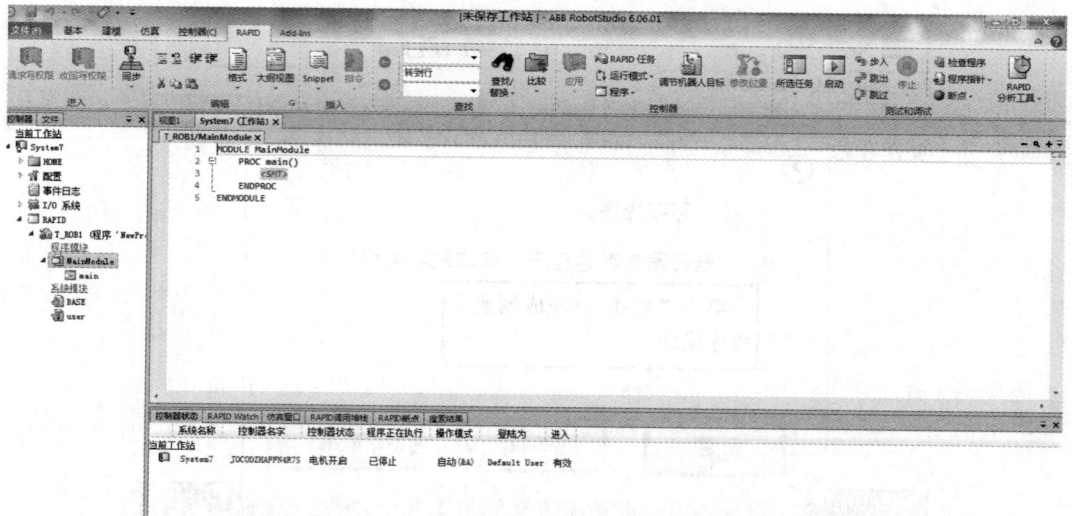

图 5-32　RAPID 编辑器

5.4.2　程序检验

程序检验的具体操作步骤如下：

(1) 编写程序。可以将最后一页示例程序复制进去，也可以自己在示教器里编写，如图 5-33 所示。

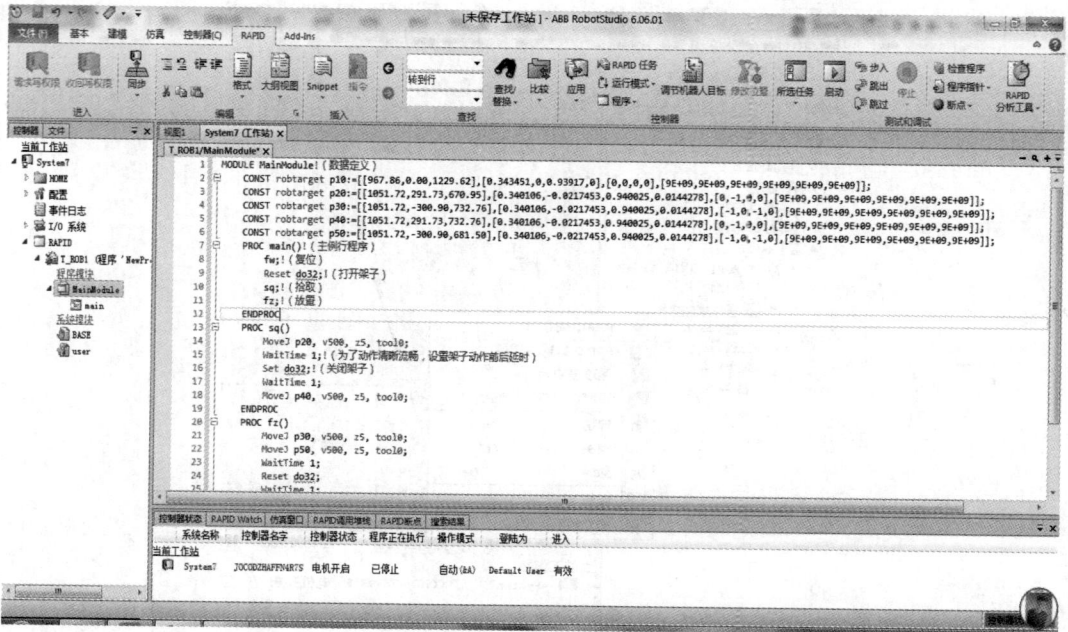

图 5-33　编写程序

(2) 检查程序。单击"检查程序"，如图 5-34 所示。

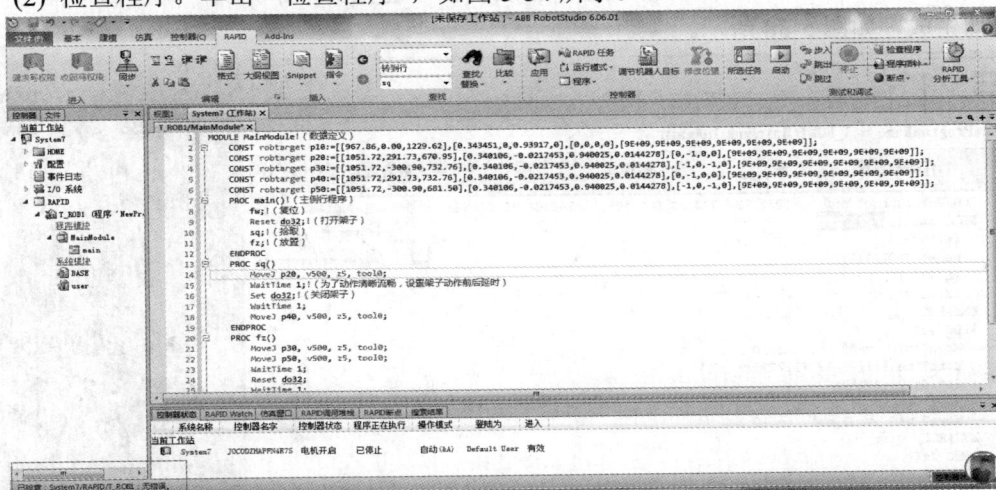

图 5-34　检查程序

(3) 点击启动。若左下角显示无错误，则单击"启动"，如图 5-35 所示。
(4) 错误提示。若程序存在错误，则左下角提示有错误，如图 5-36 所示。

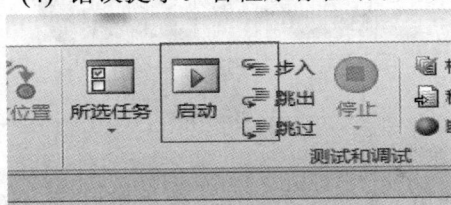

图 5-35　单击"启动"

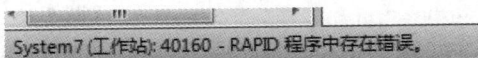

图 5-36　错误提示

(5) 查找错误原因。经查找，错误的原因是：I/O 的定义无法识别(I/O 名称不同)，导致程序出错，如图 5-37 所示。

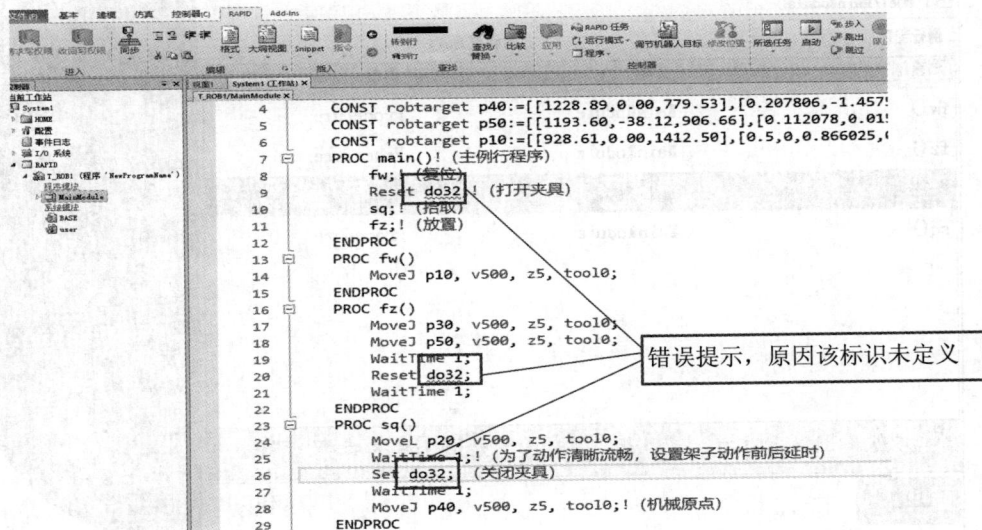

图 5-37　错误原因分析

(6) 打开示教器。此时打开示教器，会发现程序已在主程序模块中，各例行程序都已经自动生成，如图 5-38 所示。

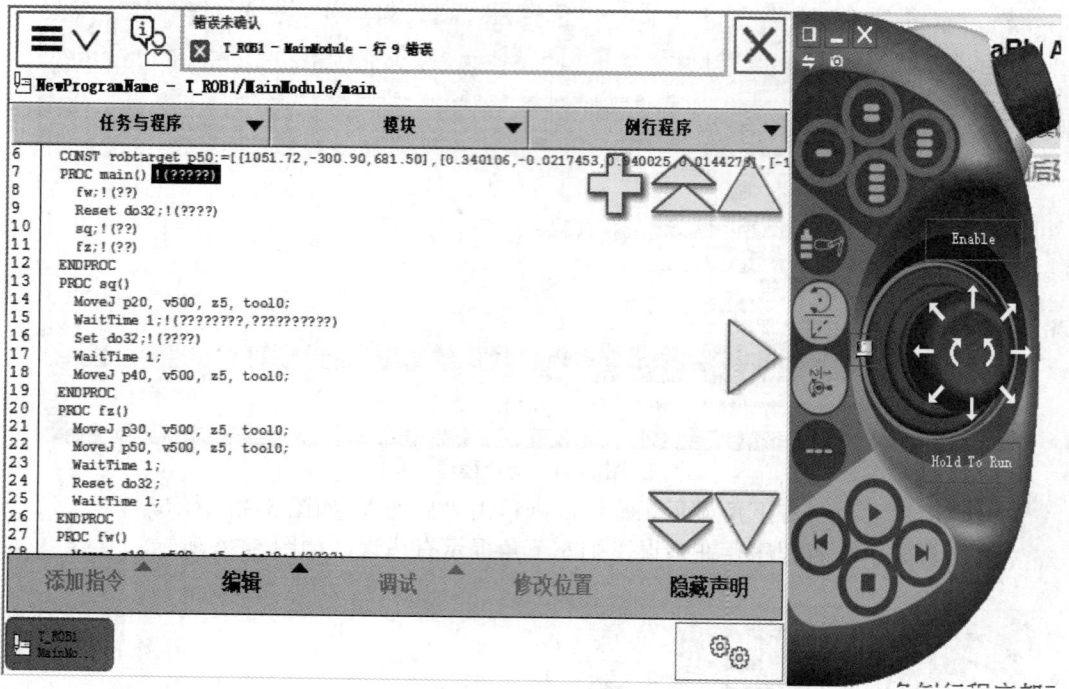

图 5-38　打开示教器

(7) 修改 I/O 定义。在示教器中修改 I/O 定义即可，机器人的移动位置也可以在示教器中点击修改位置处进行修改，最终完成调试，如图 5-39 所示。

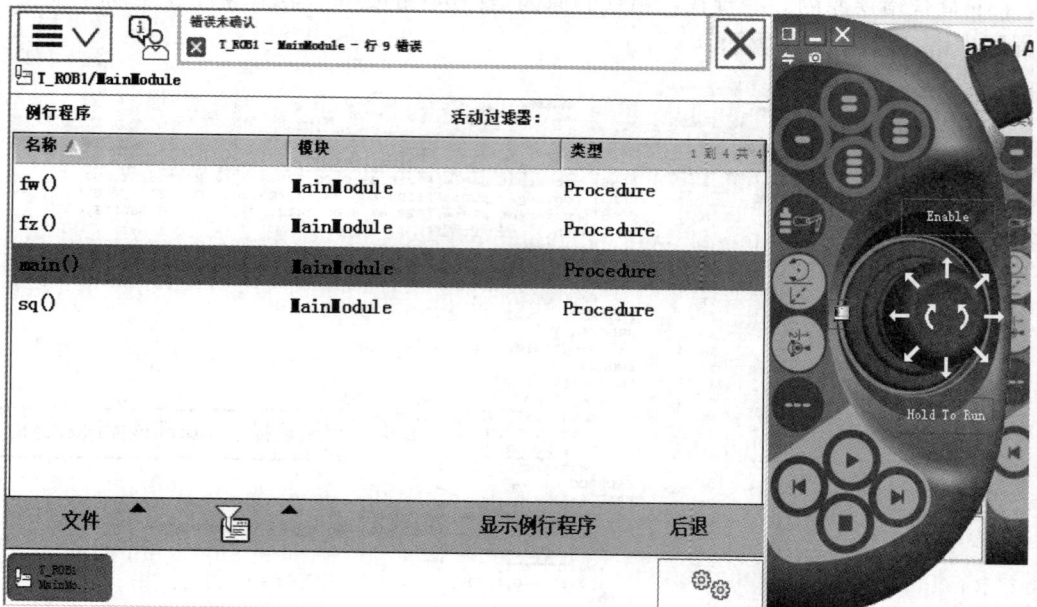

图 5-39　完成调试

5.4.3　示例程序

搬运工作站夹具仿真示例程序如下：

```
MODULE MainModule!(数据定义)
    CONST robtarget p10 := [[967.86, 0.00, 1229.62], [0.343451, 0, 0.93917, 0], [0, 0, 0, 0],
                [9E+09, 9E+09, 9E+ 09, 9E+09, 9E+09, 9E+09]];
    CONST robtarget p20 := [[1051.72, 291.73, 670.95], [0.340106, -0.0217453, 0.940025, 0.0144278],
                [0, -1, 0, 0], [9E+09, 9E+09, 9E+09, 9E+09, 9E+09, 9E+09]];
    CONST robtarget p30 := [[1051.72, -300.90, 732.76], [0.34 0106, -0.021745 3, 0.940025, 0.0144278],
                [-1, 0, -1, 0], [9E+09, 9E+09, 9E +09, 9E+09, 9E+09, 9E+09]];
    CONST robtarget p40 := [[1051.72, 291.73, 732.76], [0.340106,   -0.0217453, 0.940025, 0.0144278],
                [0, -1, 0, 0], [9E+09, 9E+09, 9E+09, 9E+09, 9E+09, 9E+09]];
    CONST robtarget p50 := [[1051.72, -300.90, 681.50], [0.340106, -0.0217453, 0.940025, 0.0144278],
                [-1, 0, -1, 0], [9E+09, 9E+09, 9E+09, 9E+09, 9E+09, 9E+09]];
    PROC main()!(主例行程序)
        fw;!(复位)
        Reset do32;!(打开夹子)
        sq;!(拾取)
        fz;!(放置)
    ENDPROC
    PROC sq()
        MoveJ p20, v500, z5, tool0;
        WaitTime 1;!(为了动作清晰流畅，设置夹子动作前后延时)
        Set do32;!(关闭夹子)
        WaitTime 1;
        MoveJ p40, v500, z5, tool0;
    ENDPROC
    PROC fz()
        MoveJ p30, v500, z5, tool0;
        MoveJ p50, v500, z5, tool0;
        WaitTime 1;
        Reset do32;
        WaitTime 1;
    ENDPROC
    PROC fw()
        MoveJ p10, v500, z5, tool0;!(机械原点)
    ENDPROC
ENDMODULE
```

✦✦✦　实 训 任 务　✦✦✦

项 目 任 务 书

任务名称	搬运工作站夹具仿真及程序的创建		
小组成员			
指导老师		计划用时	
实施时间		实施地点	
任务内容与目标			
1. 练习夹具的安装。2. 练习工作站夹具仿真。3. 修改及检验程序数据			
考核项目	设定机器人夹具属性；建立一个新的 RAPID 程序；修改程序数据及调试程序		
备注			

项 目 任 务 综 合 评 价 表

任务名称：搬运工作站夹具仿真及程序的创建　　　　　　测评时间：　　年　月　日

考核明细		标准分	实际得分								
			小组成员								
			小组自评	小组互评	教师评价	小组自评	小组互评	教师评价	小组自评	小组互评	教师评价
团队 (60分)	小组是否能在总体上把握学习目标与进度	10									
	小组是否分工明确	10									
	小组是否有互助意识	10									
	小组是否有创新想(做)法	10									
	小组是否如实完成任务项目书	10									
	小组是否存在问题和具有解决问题的方案	10									
个人 (40分)	个人是否服从团队安排	10									
	个人是否完成团队分配任务	10									
	个人是否能与团队成员及时沟通和交流	10									
	个人是否能够认真描述困难、错误和修改内容	10									
合计		100									

第六章　工业机器人码垛工作站

工业机器人码垛主要应用于物流产业，也是工业机器人应用的典型实例。码垛的意义在于依据集成单元化的思想，将成堆的物品通过一定的模式码成垛，使得物品能易于搬运、卸载以及存储。本章通过在 RobotStudio 环境中搭建虚拟码垛工作站，分析 ABB 工业机器人虚拟仿真环境中 Smart 组件的应用、I/O 信号的创建和连接、程序调试和仿真验证等知识点，提高虚拟仿真的综合应用能力。

◆ **知识目标**

(1) 掌握创建搬运码垛工作的基本方法和工作站 I/O 信号连接的基本方法。

(2) 熟悉仿真运行的基本方法。

(3) 了解复杂工作站的创建流程。

◆ **能力目标**

(1) 具备创建工作站 I/O 信号控制与属性连接的能力，以及创建搬运码垛机器人编程的能力。

6.1　码垛工作站的 Smart 子组件

6.1.1　"参数与建模"子组件

1. ParametricBox

(1) ParametricBox 的属性及信号说明见表 6-1。

(2) ParametricBox 用来生成一个指定长度、宽度和高度尺寸的方框。

表 6-1　ParametricBox 的属性及信号说明

属　性	描　述
SizeX	沿 X 轴方向指定该盒形固体的长度
SizeY	沿 Y 轴方向指定该盒形固体的宽度
SizeZ	沿 Z 轴方向指定该盒形固体的高度
GeneratedPart	指定生成的部件
KeepGeometry	设置为 False 时将删除生成部件中的几何信息，这样可以使其他组件如 Source 执行更快
信　号	描　述
Update	设置该信号为 1 时更新生成的部件

2. ParametricCircle

(1) ParametricCircle 的属性及信号说明见表 6-2。

(2) ParametricCircle 根据给定的半径生成一个圆。

表 6-2　ParametricCircle 的属性及信号说明

属　性	描　述
Radius	指定圆周的半径
GeneratedPart	指定生成的部件
GeneratedWire	指定生成的线框
KeepGeometry	设置为 False 时将删除生成部件中的几何信息，这样可以使其他组件如 Source 执行得更快
信　号	描　述
Update	设置该信号为 1 时更新生成的部件

6.1.2　"本体"子组件

1. LinearMover

(1) LinearMover 的属性及信号说明见表 6-3。

(2) LinearMover 会按 Speed 属性指定的速度，沿 Direction 属性中指定的方向，移动

Object 属性中的参考对象。设置 Execute 信号时开始移动，重设 Execute 时停止。

表 6-3　LinearMover 的属性及信号说明

属　性	描　述
Object	指定要移动的对像
Direction	指定要移动对象的方向
Speed	指定移动速度
Reference	指定参考坐标系，可以是 Global、Local 或 Object
ReferenceObject	如果将 Reference 设置为 Object，指定参考对象
信　号	描　述
Execute	将该信号设为 True 时开始移动对象，设为 False 时停止

2. Rotator

(1) Rotator 的属性及信号说明见表 6-4。

(2) Rotator 会按 Speed 属性指定的旋转速度，旋转 Object 属性中的参考对象。旋转轴通过 CenterPoint 和 Axis 进行定义。设置 Execute 输入信号时开始运动，重设 Execute 时停止运动。

表 6-4　Rotator 的属性及信号说明

属　性	描　述
Object	指定要旋转的对象
CenterPoint	指定旋转围绕的点
Axis	指定旋转轴
Speed	指定旋转速度
Reference	指定参考坐标系，可以是 Global、Local 或 Object
ReferenceObject	如果将 Reference 设置为 Object，指定相对于 CenterPoint 和 Axis 的对象
信　号	描　述
Execute	将该信号设为 True 时开始旋转对象，设为 False 时停止

3. Positioner

(1) Positioner 的属性说明见表 6-5。

(2) Positioner 具有对象、位置和方向属性。设置 Execute 信号时，开始将对象向相对于 Reference 的给定位置移动。完成时设置 Executed 输出信号。

表 6-5　Positioner 的属性说明

属　性	描　述
Object	指定要放置的对象
Position	指定对象要放置到的新位置
Orientation	指定对象的新方向
Reference	指定参考坐标系，可以是 Global、Local 或 Object
ReferenceObject	如果将 Reference 设置为 Object，指定相对于 Position 和 Orientation 的对象

4. PoseMover

（1）PoseMover 的属性及信号说明见表 6-6。

（2）PoseMover 包含 Mechanism、Pose 和 Duration 等属性。设置 Execute 输入信号时，机械装置的关节值移向给定姿态。当达到给定姿态时，设置 Executed 输出信号。

表 6-6　PoseMover 的属性及信号说明

属　性	描　述
Mechanism	指定要进行移动的机械装置
Pose	指定要移动到的姿态的编号
Duration	指定机械装置移动到给定姿态的时间
信　号	描　述
Execute	设为 True，开始或重新开始移动机械装置
Pause	暂停动作
Cancel	取消动作
Executed	当机械装置达到姿态时为 High
Executing	在运动过程中为 High
Paused	当暂停时为 High

5. JointMover

（1）JointMover 的属性及信号说明见表 6-7。

（2）JointMover 包含机械装置、一组关节值和执行时间等属性。当设置 Execute 信号时，机械装置的关节向给定的姿态移动。当达到给定姿态时，将设置 Executed 输出信号。使用 GetCurrent 信号可以重新找回机械装置当前的关节值。

表 6-7　JointMover 的属性及信号说明

属　性	描　述
Mechanism	指定要进行移动的机械装置
Relative	指定 Jl-Jx 是否是起始位置的相对值，而非绝对关节值
Duration	指定机械装置移动到给定姿态的时间
Jl-Jx	关节值
信　号	描　述
GetCurrent	重新找回当前关节值
Execute	设为 True，开始或重新开始移动机械装置
Pause	暂停动作
Cancel	取消动作
Executed	当机械装置达到给定姿态时为 High
Executing	在运动过程中为 High
Paused	当暂停时为 High

6.1.3　"其他"子组件

1. Queue

Queue 表示 FIFO(FirstIn，FirstOut)队列。当信号 Enqueue 被设置时，在 Back 中的对象将被添加到队列末尾，队列前端对象将显示在 Front 中；当设置 Dequeue 信号时，Front 对象将从队列中移除。如果队列中有多个对象，下一个对象将显示在前端；当设置 Clear 信号时，队列中所有对象将被删除。

如果 Transformer 组件以 Queue 组件作为对象，该组件将转换 Queue 组件中的内容而非 Queue 组件本身。Queue 的属性及信号说明见表 6-8。

表 6-8　Queue 的属性及信号说明

属　性	描　述
Back	指定 Enqueue 的对象
Front	指定队列的第一个对象
Queue	包含队列元素的唯一 ID 编号
Numberofobjects	指定队列中的对象数目
信　号	描　述
Enqueue	将在 Back 中的对象添加至队列末尾
Dequeue	将队列前端的对象移除
Clear	将队列中的所有对象移除
Delete	将在队列前端的对象移除，并将该对象从工作站移除
DeleteAll	清空队列，并将所有对象从工作站中移除

2. Random

(1) Random 的属性及信号说明见表 6-9。

(2) 当 Execute 被触发时，生成处于最大值和最小值之间的任意值。

表 6-9　Random 的属性及信号说明

属　性	描　述
Min	指定最小值
Max	指定最大值
Value	在最大值和最小值之间任意指定一个值
信　号	描　述
Execute	设该信号为 High 时，生成新的任意值
Executed	当操作完成时，设为 High

6.2　码垛工作站夹具仿真

6.2.1　设定输送链的产品源(Source)

设定输送链产品源的操作步骤如下：

(1) 新建一个工作站，如图 6-1 所示。

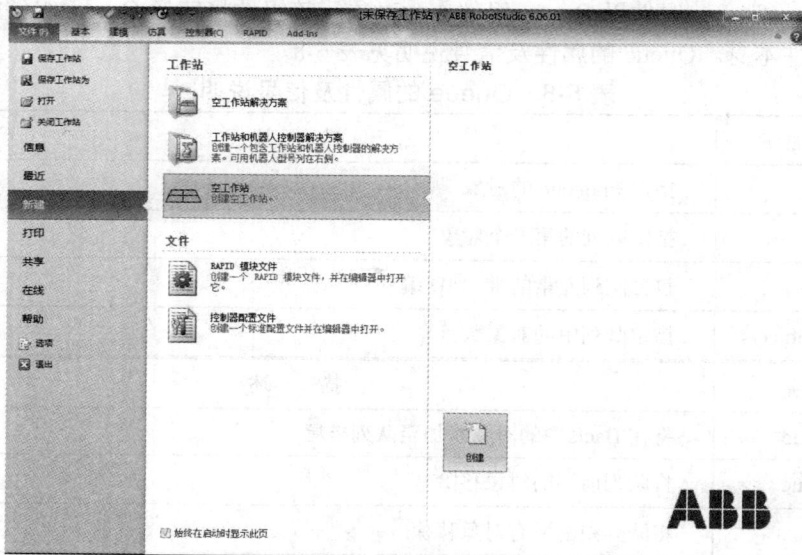

图 6-1　新建一个工作站

(2) 导入我们所需要的机器人和零部件，如图 6-2 所示。

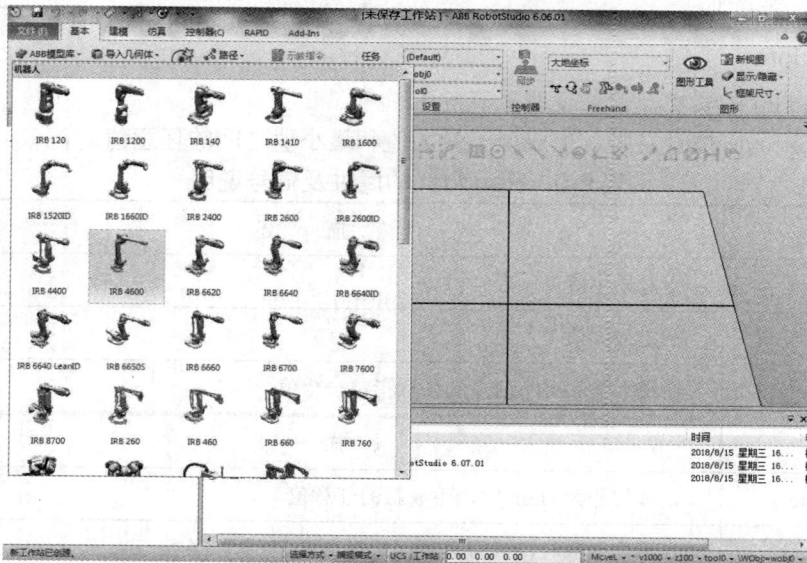

图 6-2　导入零部件

(3) 浏览库文件。在"基本"功能选项卡下单击"导入模型库"→"浏览库文件",如图 6-3 所示。

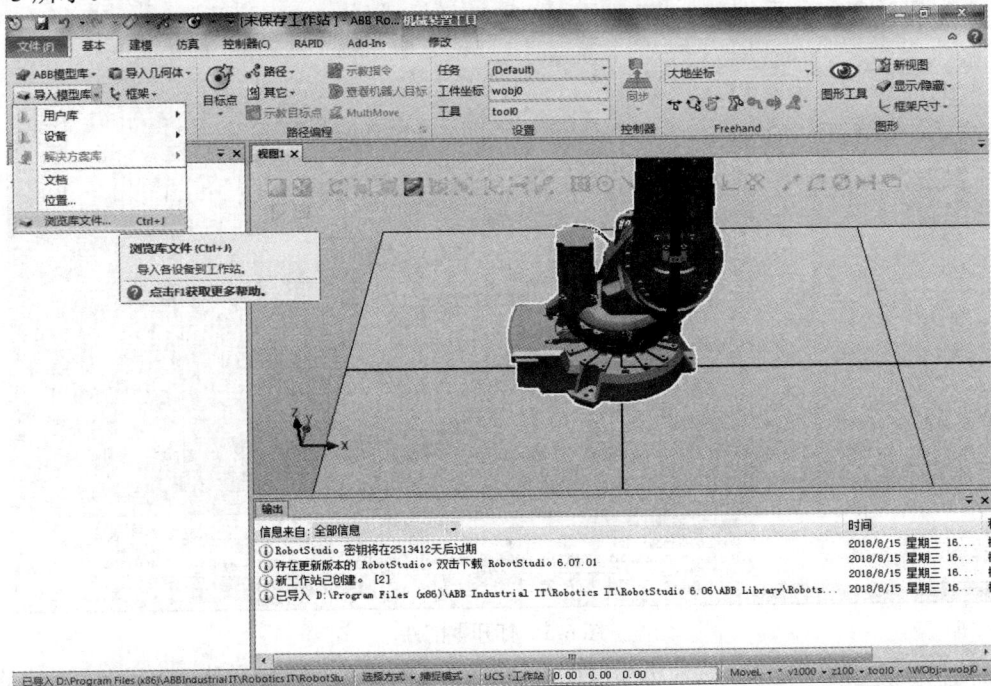

图 6-3 浏览库文件

(4) 选择零部件。选择全部的零部件后单击打开,如图 6-4 所示。图 6-5 是打开后的样子。

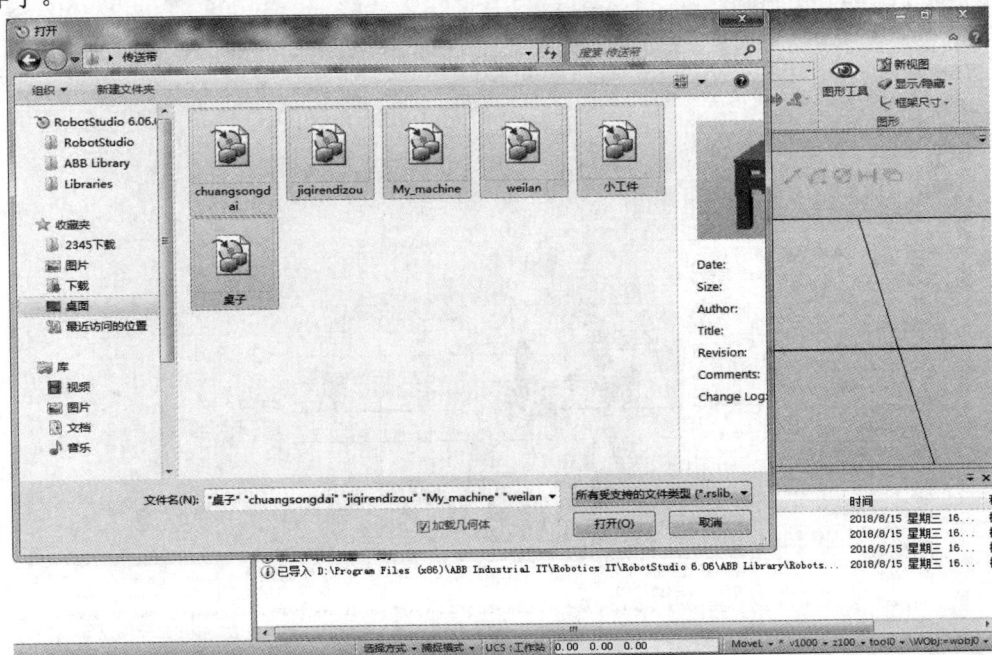

图 6-4 选择零部件

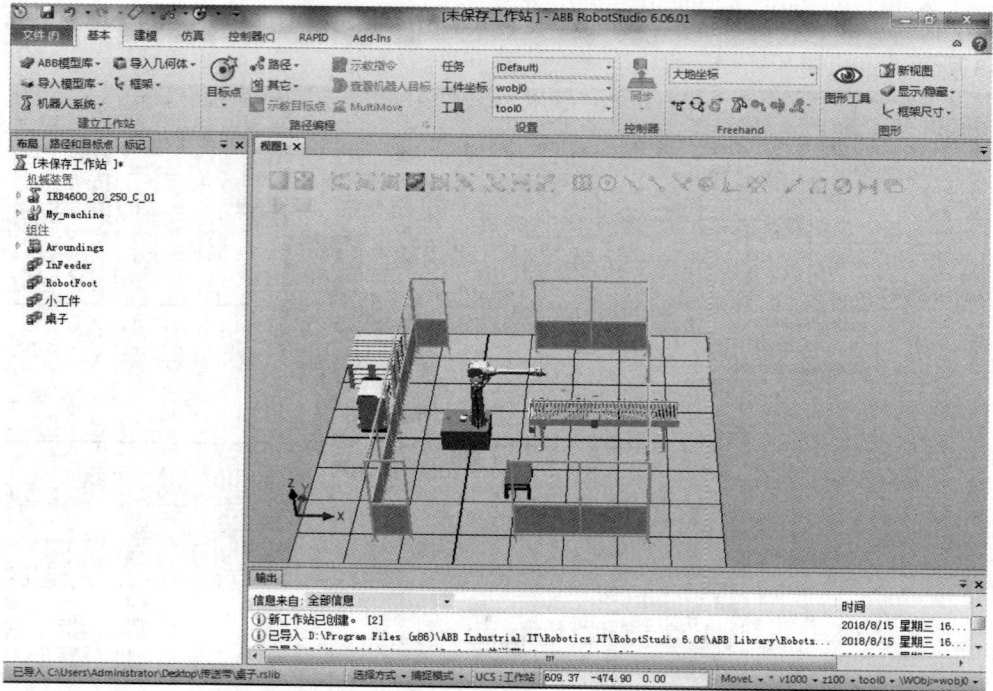

图 6-5　打开零部件

(5) 断开与库的连接。断开所需要的库文件与库的连接，右键单击 My_machine，选择"断开与库的连接"，将依次断开 InFeeder、Robotfoot、小工件、桌子与库的连接，如图 6-6 所示。图 6-7 为完成后的状态。

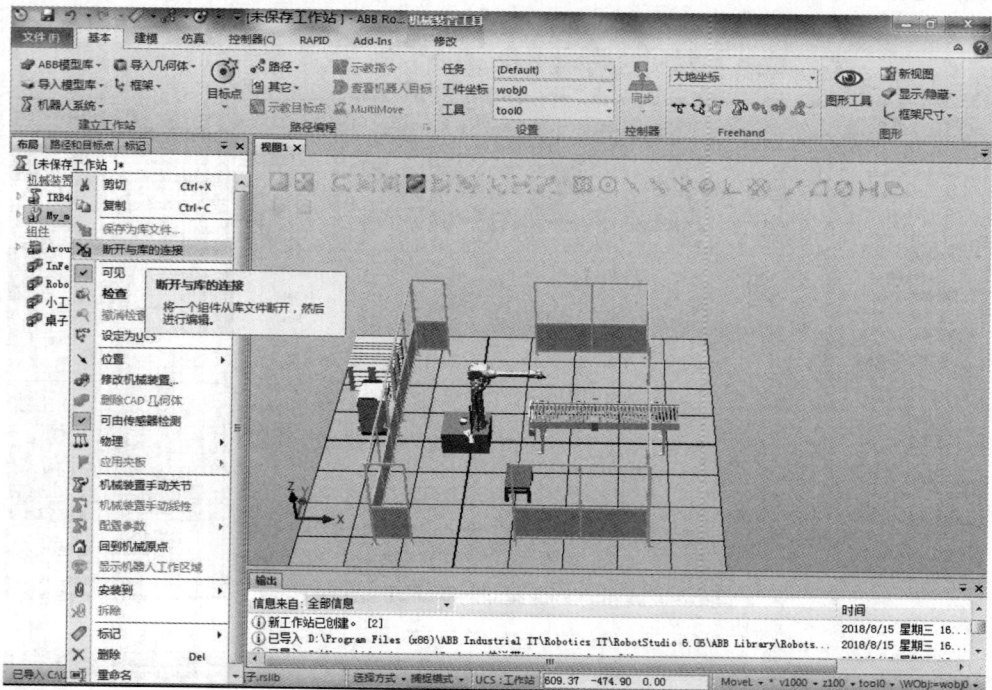

图 6-6　断开与库的连接

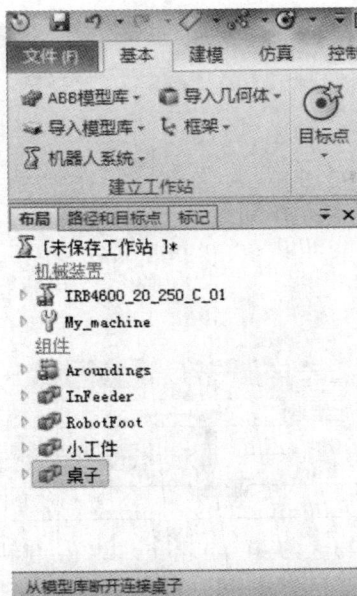

图 6-7　完成断开连接

(6) 重命名零部件。给零部件重命名，将 My_machine 重命名为 tGripper，如图 6-8 所示；将"小工件"重命名为 Product_Source，如图 6-9 所示；将"桌子"重命名为 Pallet，如图 6-10 所示。

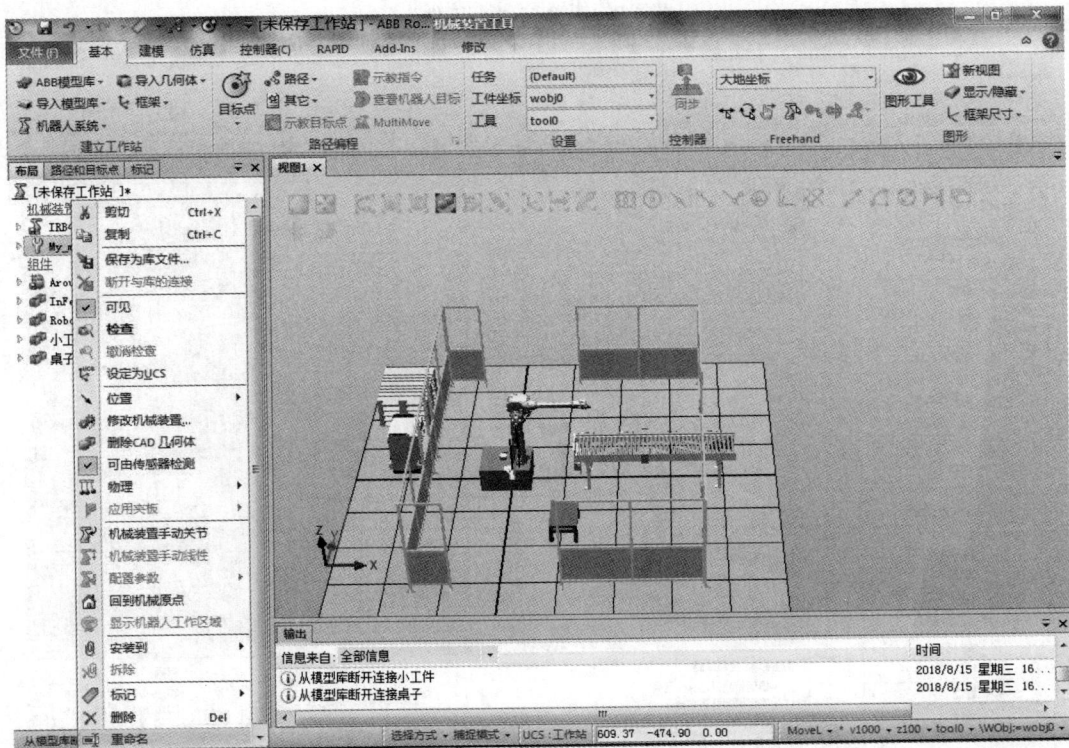

图 6-8　重命名 My_machine

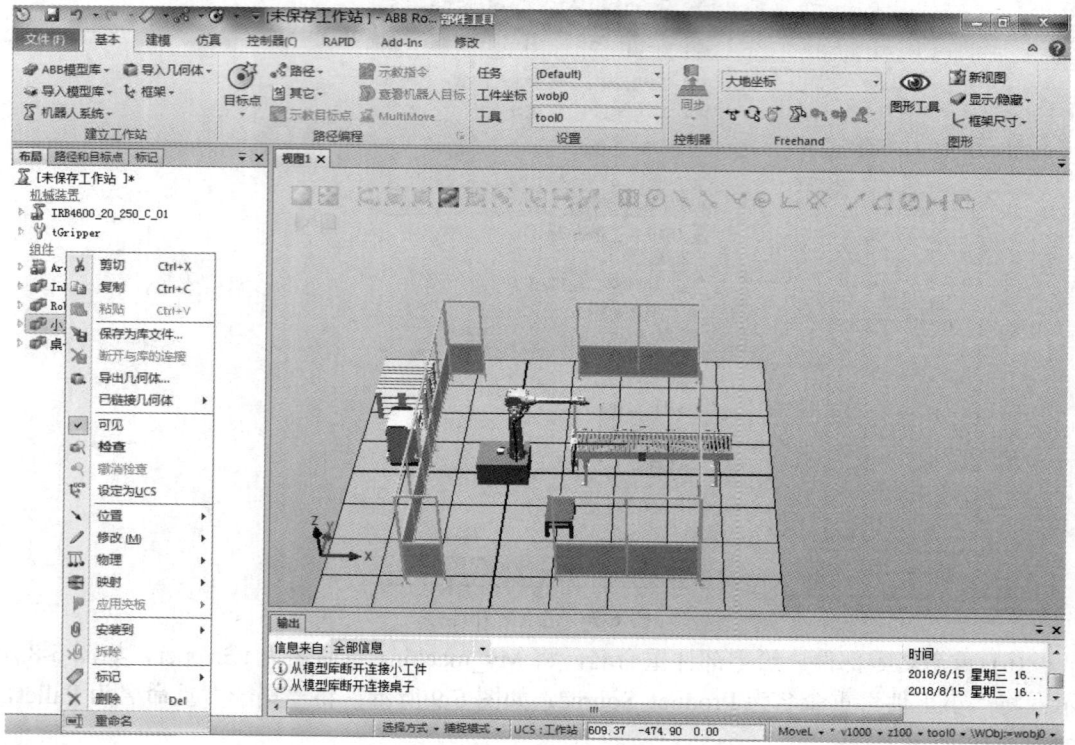

图 6-9　重命名"小工件"

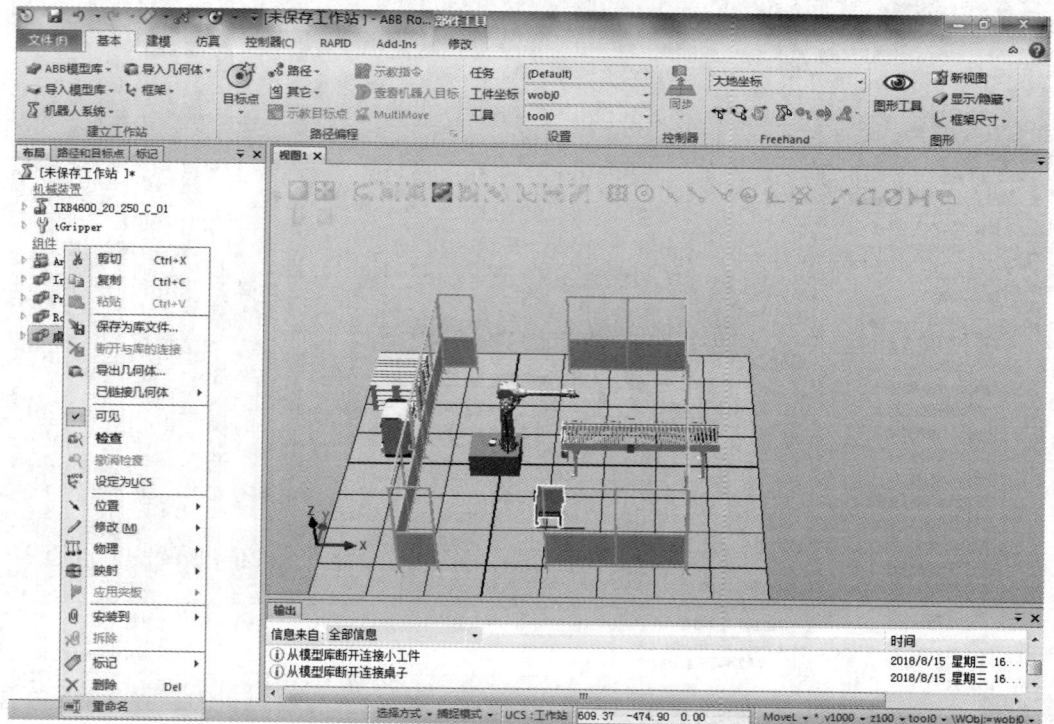

图 6-10　重命名"桌子"

　　(7) 摆放位置。首先把机器人移动到 RobotFoot 上，然后右键单击 IRB4600_20_250_C_01，安装到 RobotFoot 上，最后在提示框中选择"否"，因为位置已经很好了，如图 6-11～图 6-13 所示。

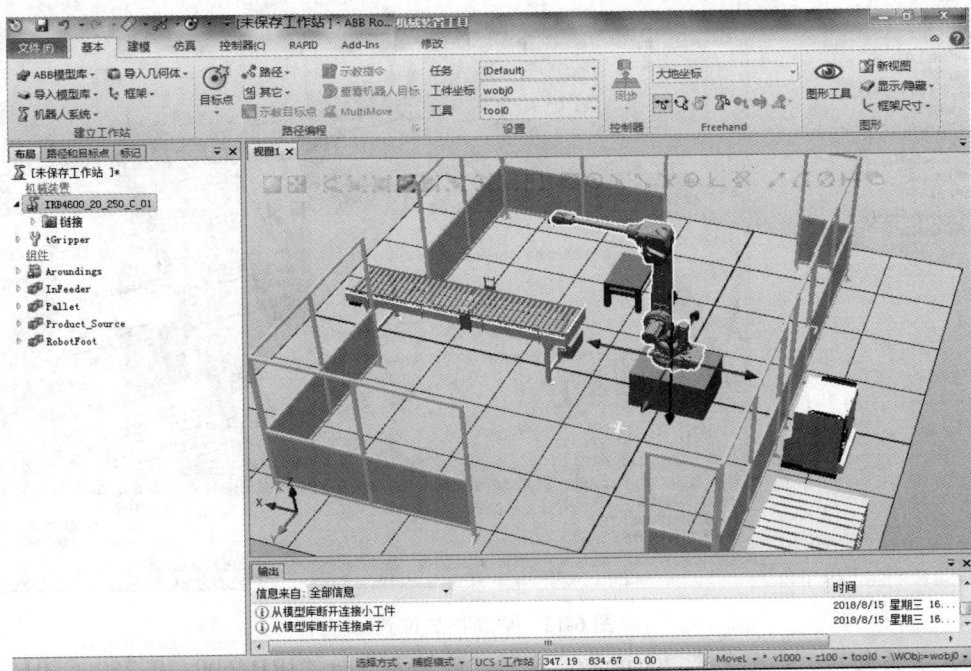

图 6-11　移动零部件

图 6-12　安装零部件

图 6-13　更新摆放位置

(8) 安装夹具。右键单击 tGripper，选择"安装到"→"IRB4600_20_250_C_01"，然后在提示框中选择"是"，如图 6-14、图 6-15 所示。

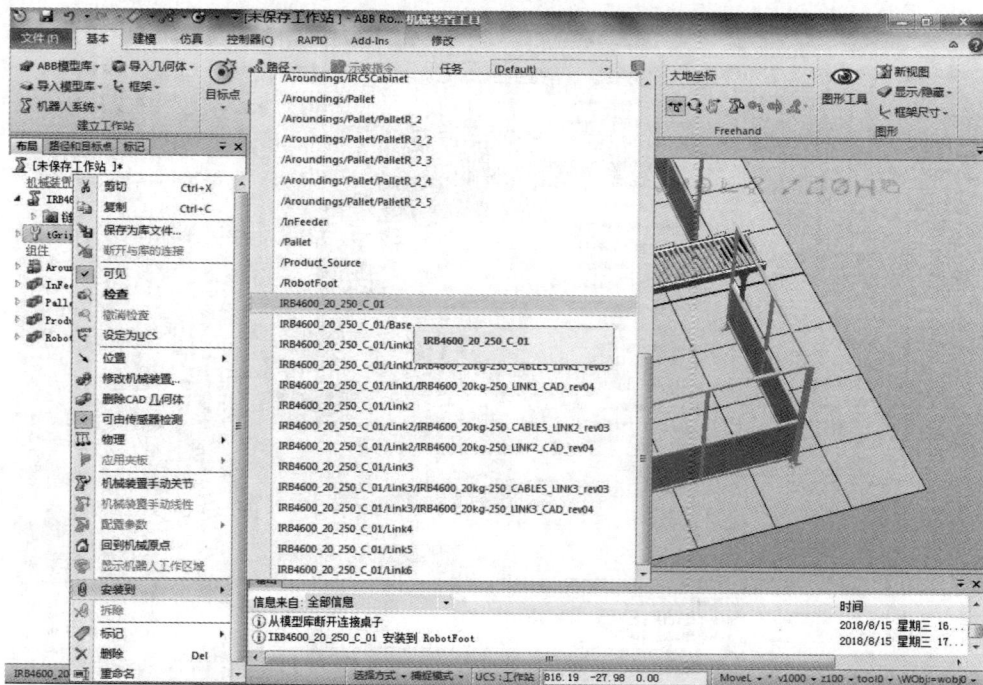

图 6-14　安装夹具

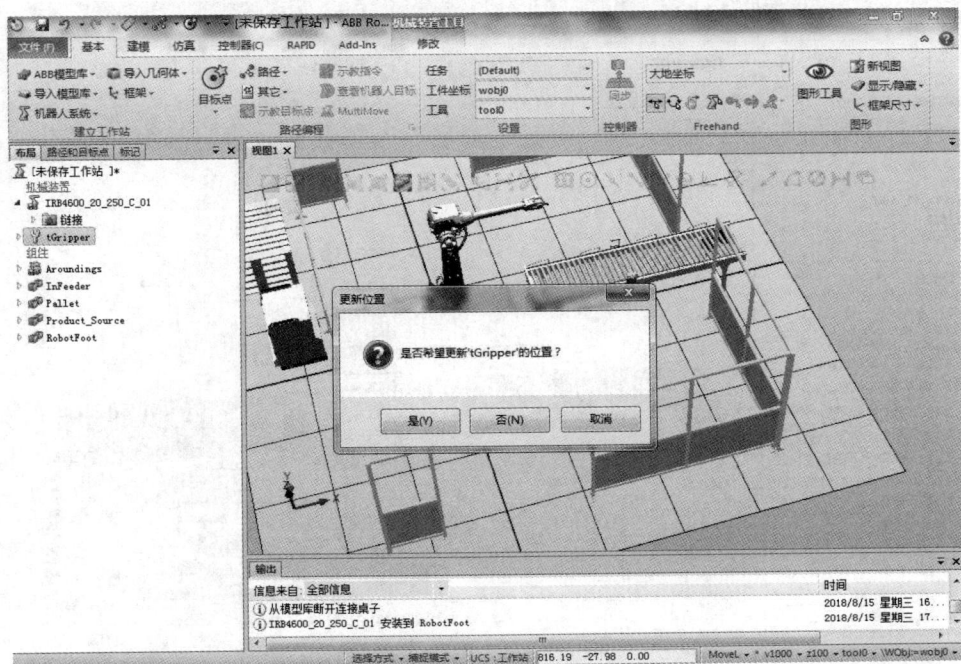

图 6-15　更新安装

(9) 设置 Product_Source 的原点位置。右键单击 Product_Source，选择"修改"→"设定本地原点"，如图 6-16 所示。为了方便设置，我们把 Aroundings 隐藏起来。右键单击 Aroundings，取消勾选"可见"，如图 6-17 所示。选择捕捉模式为"捕捉中心"，单击位置输入框，捕捉中心，单击"应用"，如图 6-18 所示。

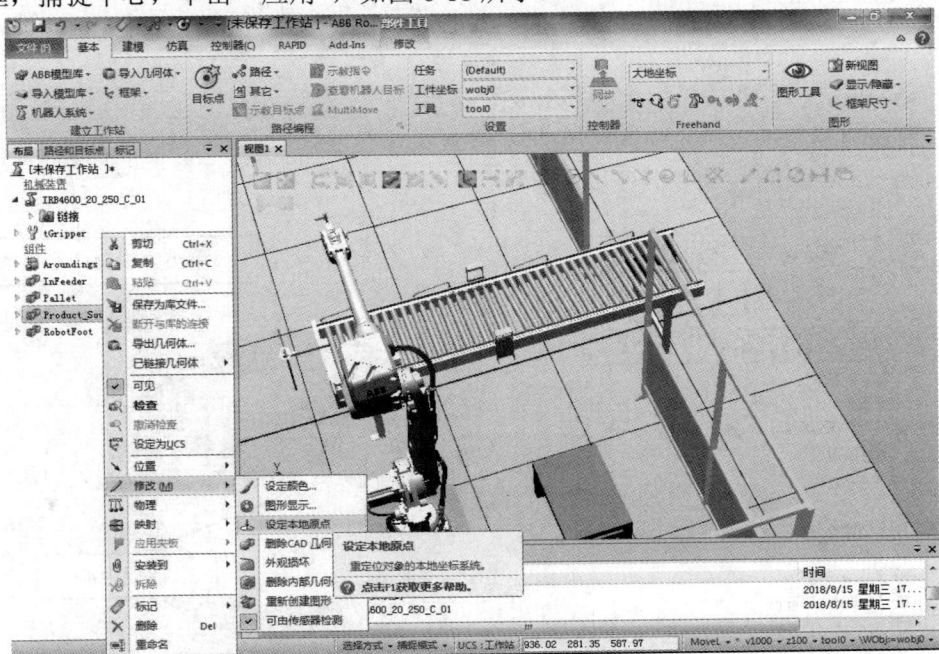

图 6-16　设定本地原点

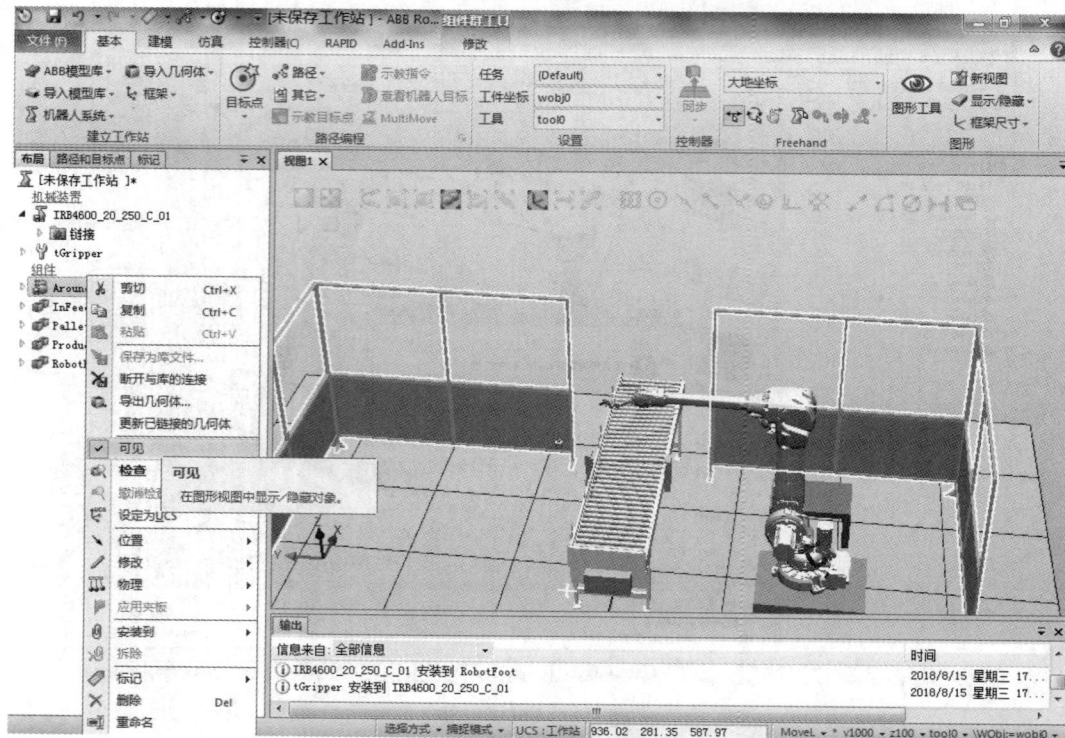

图 6-17 隐藏对象

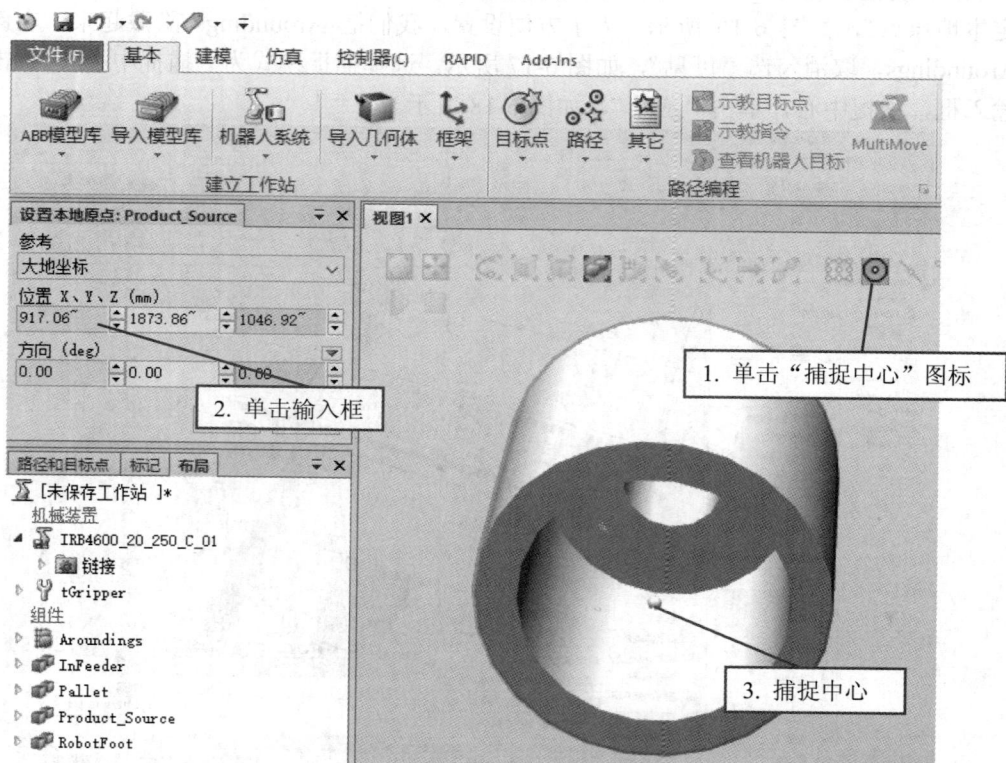

图 6-18 捕捉原点位置

(10) 利用大地坐标下的"移动"和"旋转"调整布局，如图 6-19 所示。

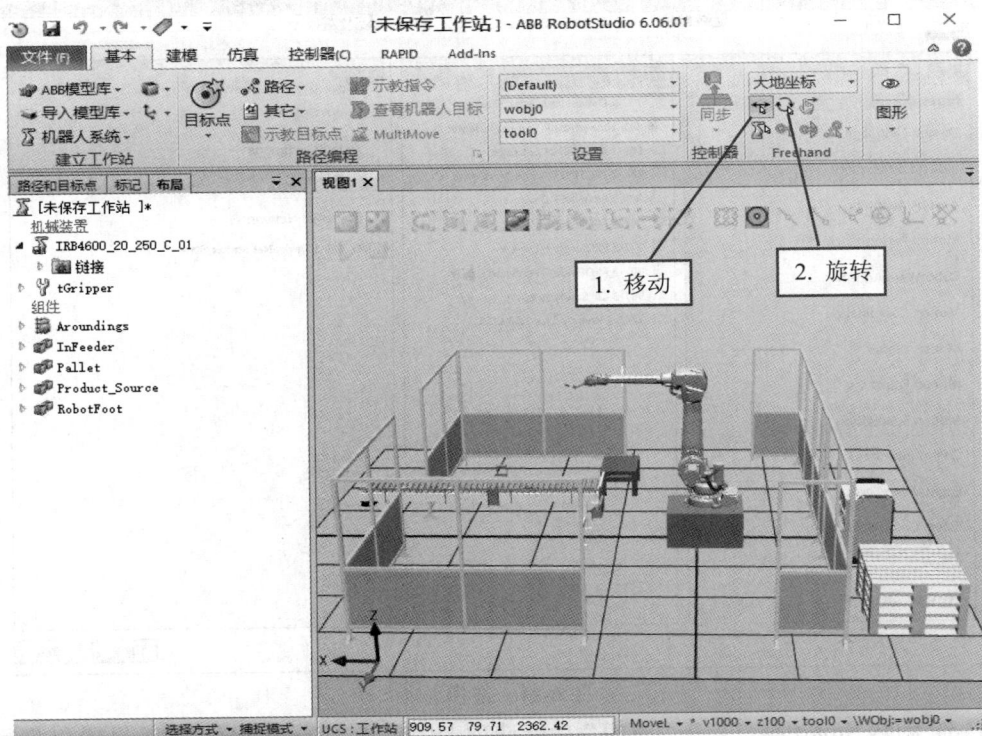

图 6-19 "移动"和"旋转"

(11) 创建系统。最后再创建系统，单击"下一个"按钮，再单击"下一个"按钮，如图 6-20 所示。

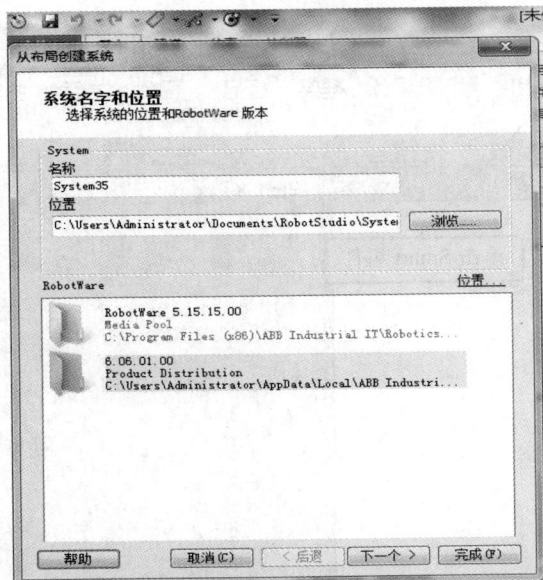

图 6-20 创建系统

(12) 选择选项。选择好相关选项之后，单击"确定"按钮，如图 6-21 所示。

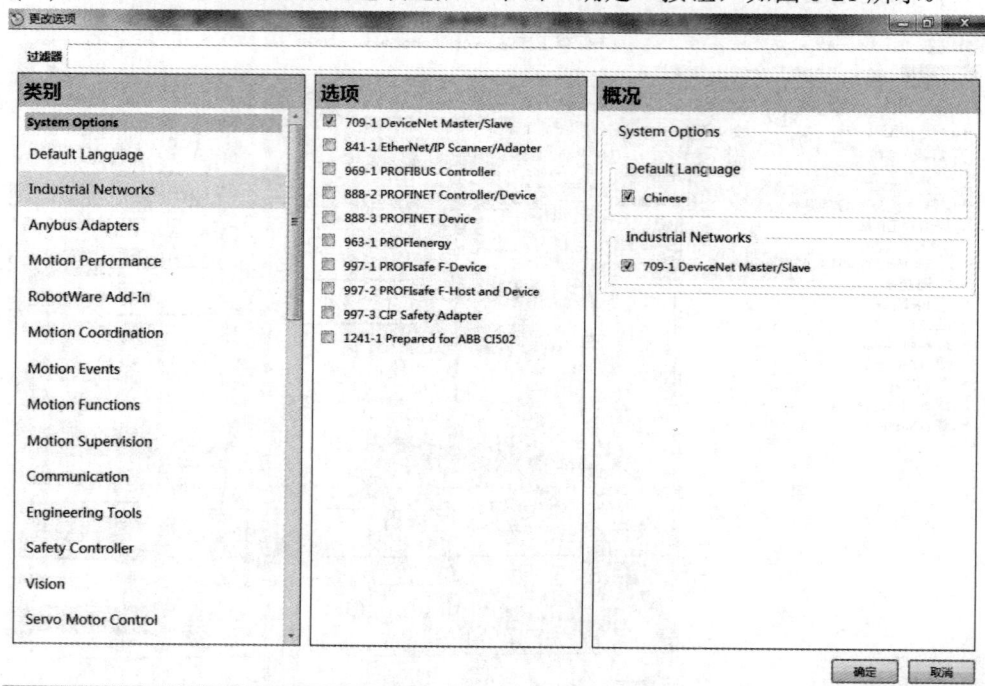

图 6-21 选择选项

(13) 创建 Smart 组件。在"建模"功能选项卡中单击"Smart 组件"，并设置相关参数，新建一个 Smart 组件，如图 6-22～图 6-26 所示。

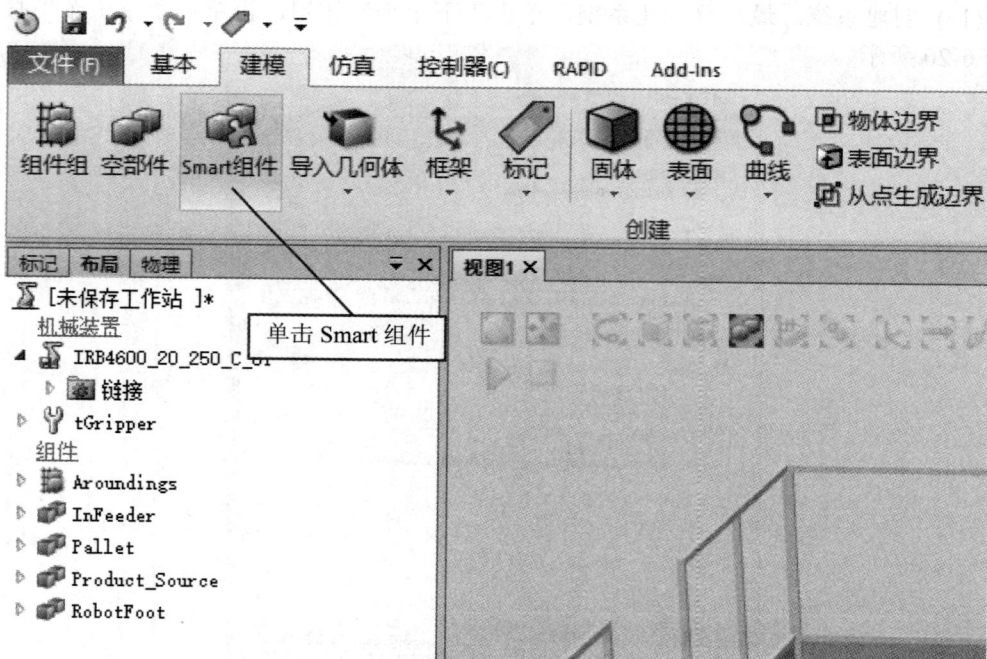

图 6-22 单击"Smart 组件"

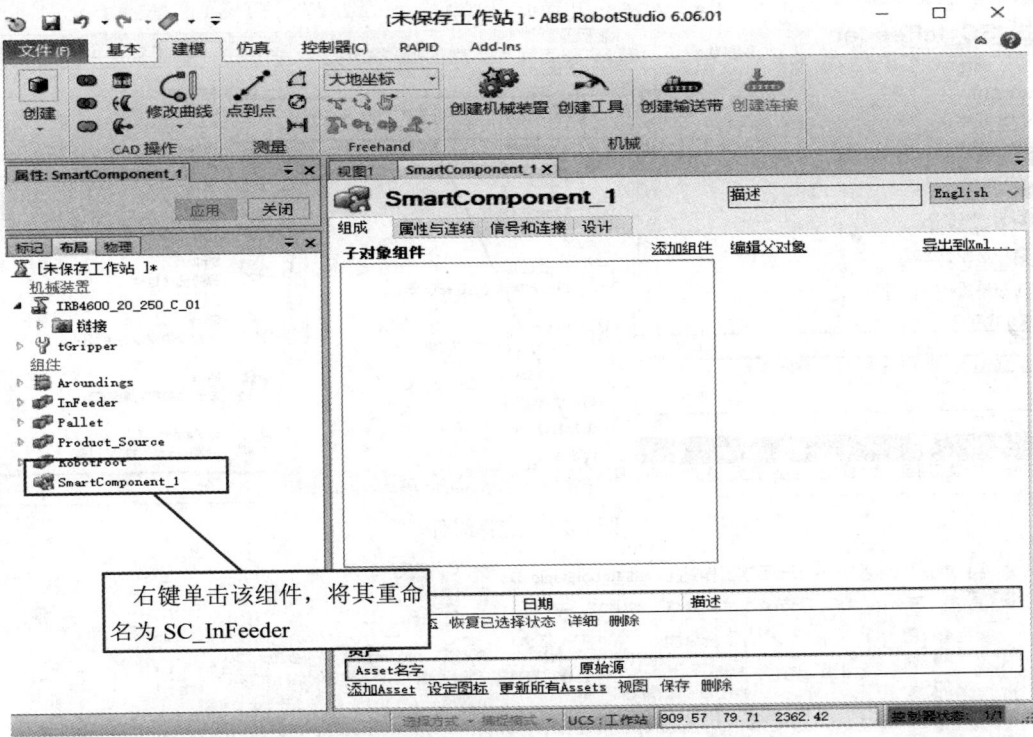

图 6-23 重命名组件

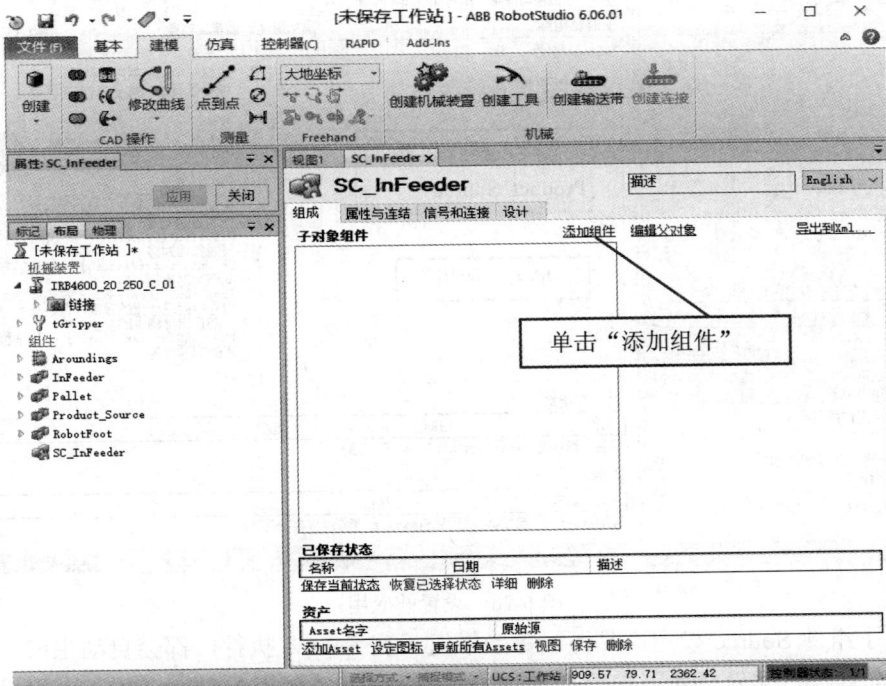

图 6-24 添加组件

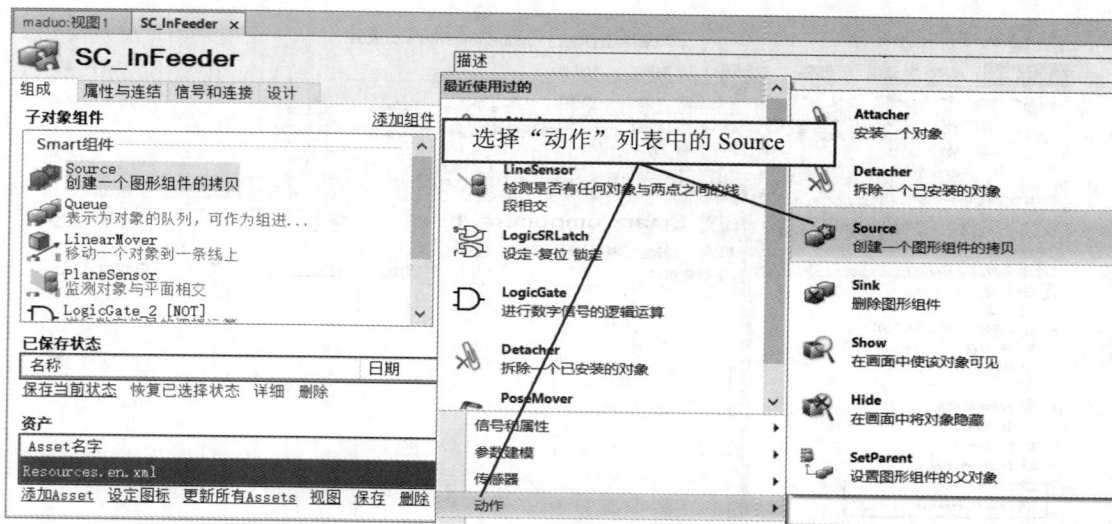

图 6-25　选择组件

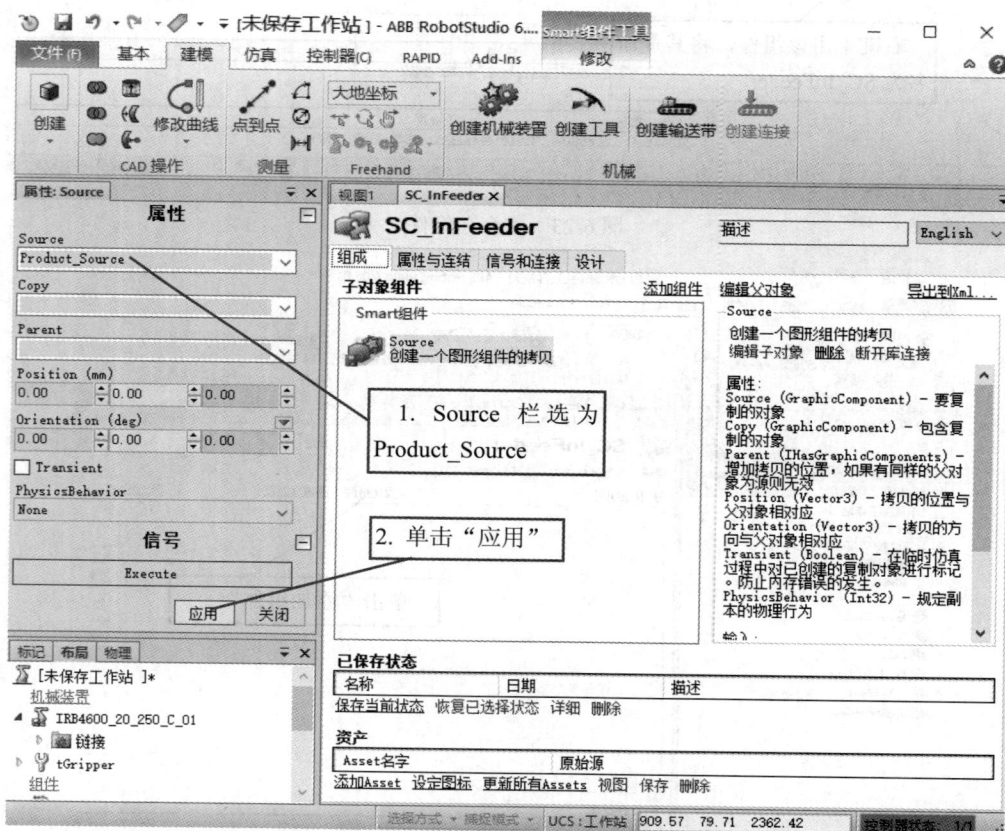

图 6-26　设置并应用

(14) 子组件 Source 设定产品源。每当触发一次 Source 执行，都会自动生成一个产品源的复制品。注：此处将要码垛产品设为产品源，则每次触发后都会产生一个码垛产品的复制品。

6.2.2　设定输送链的运动属性

设定输送链的运动属性步骤如下：

(1) 选择 Queue。单击"添加组件"，选择"其它"列表中的 Queue。子组件 Queue 可以将同类型物体作队列处理，此处 Queue 暂时不需要设置其属性，如图 6-27 所示。

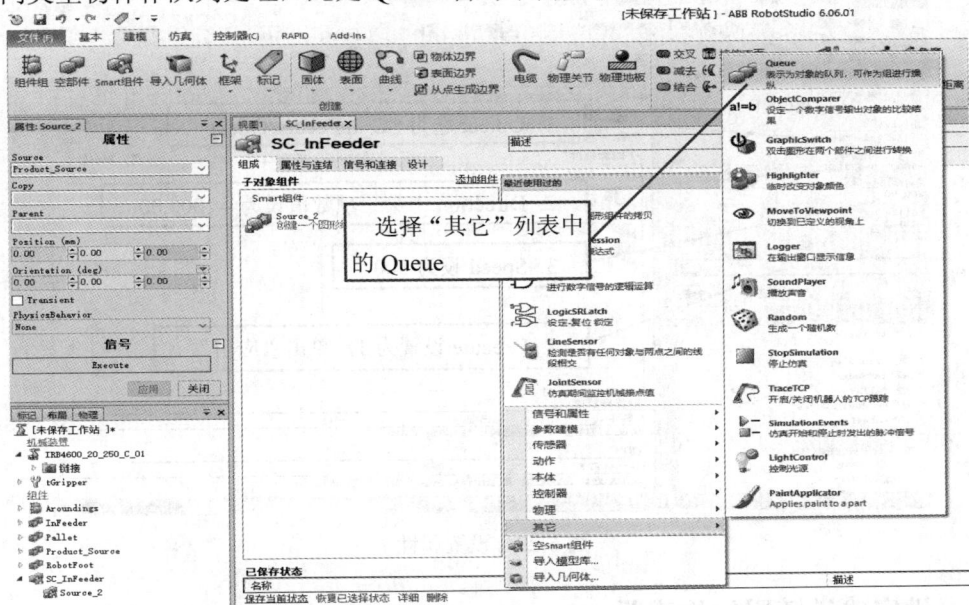

图 6-27　选择 Queue

(2) 选择 LinearMover。单击"添加组件"，选择"本体"列表中的 LinearMover，如图 6-28 所示。

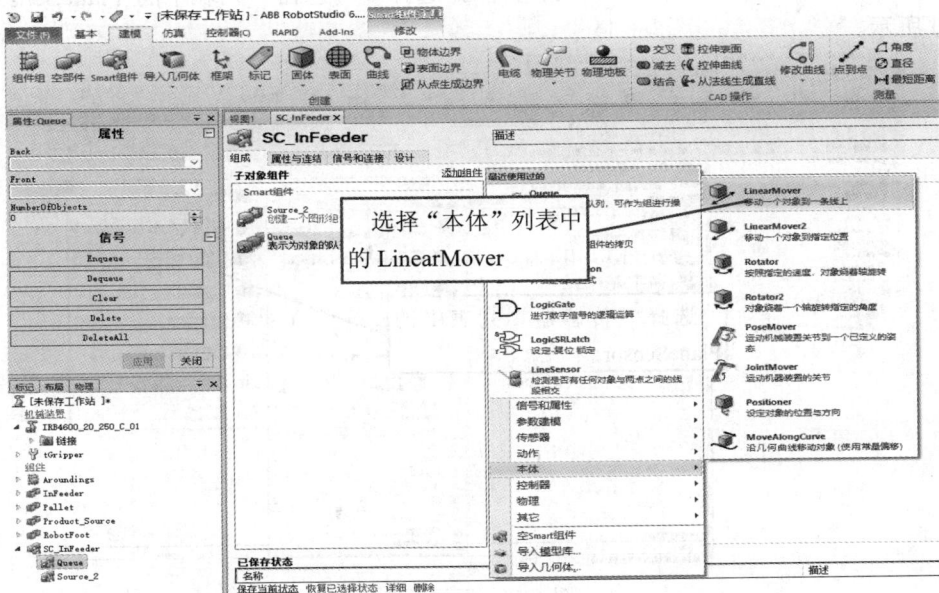

图 6-28　选择 LinearMover

　　(3) LinearMover 设定运动属性。其属性包含指定运动物体、运动方向、运动速度、参考坐标系，此处将之前设定的 Queue 设为运动物体，运动方向为大地坐标的 X 轴负方向 −1000.00 mm，速度为 300 mm/s，将 Execute 设置为 1，则该运动处于一直执行的状态，如图 6-29 所示。

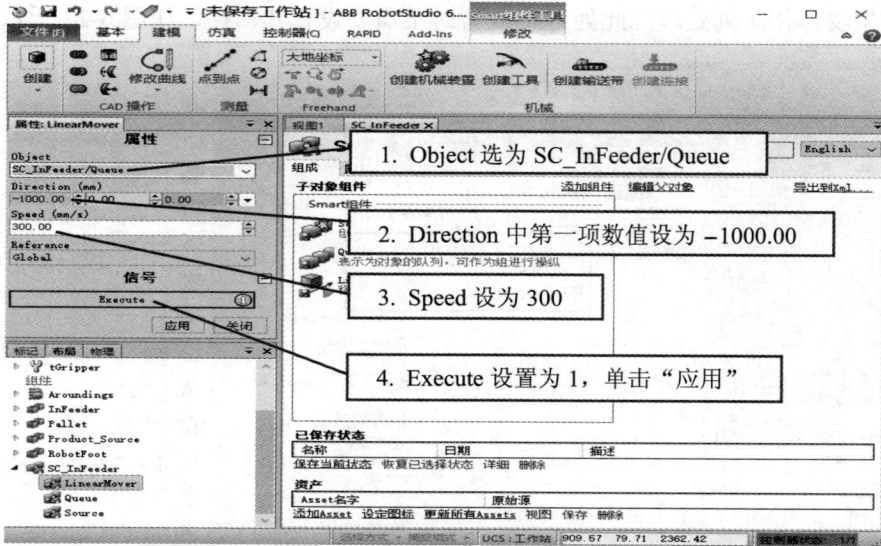

图 6-29　设置属性

6.2.3　设定输送链限位传感器

　　设定输送链限位传感器的步骤如下：

　　(1) 选择 PlaneSensor。单击"添加组件"，选择"传感器"列表中的 PlaneSensor，如图 6-30 所示。

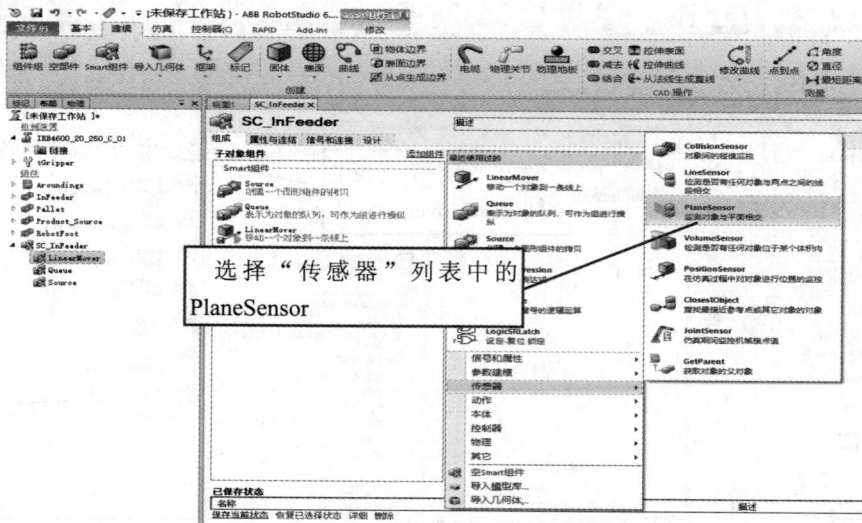

图 6-30　添加组件

（2）设置面传感器。在输送链末端的挡板处前面设置面传感器，设定方法为捕捉一个点作为面的原点 A，然后设定基于原点 A 的两个延伸轴的方向及长度(参考大地坐标方向)，这样就构成了一个平面，按照如图 6-31 所示步骤设定原点及延伸轴。

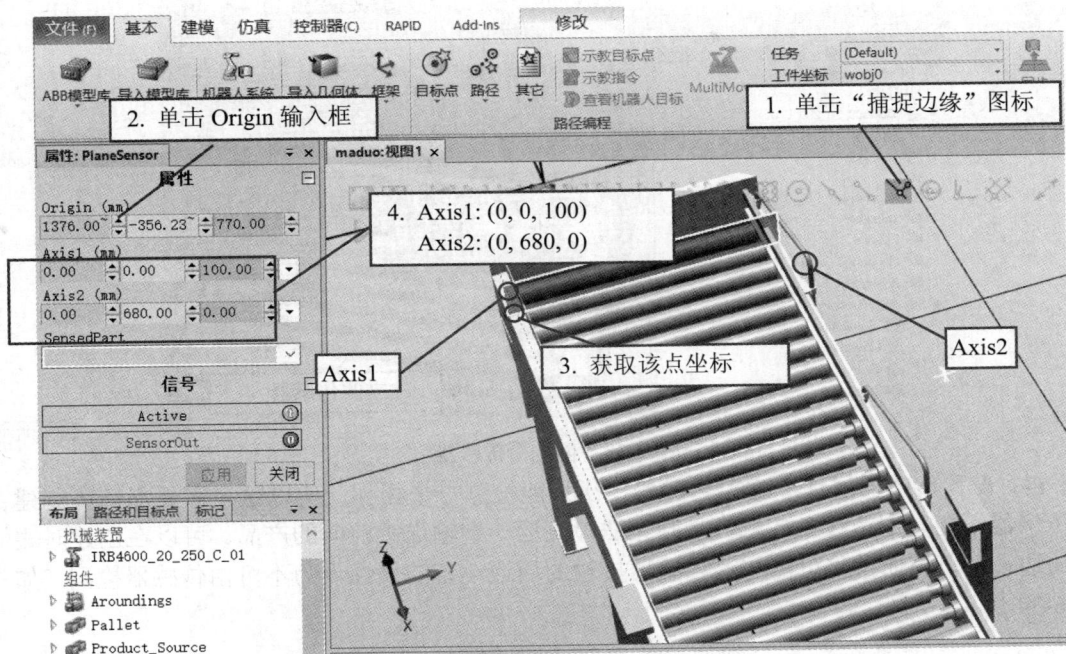

图 6-31　设定原点及延伸轴

（3）设置数值。在此工作站中，也可以直接将图 6-32 属性框中的数值输入到对应的数值框中，来创建图 6-33 中方框标注的平面，此平面作为面传感器来检测产品是否到位，并会自动输出一个信号，用于逻辑控制。

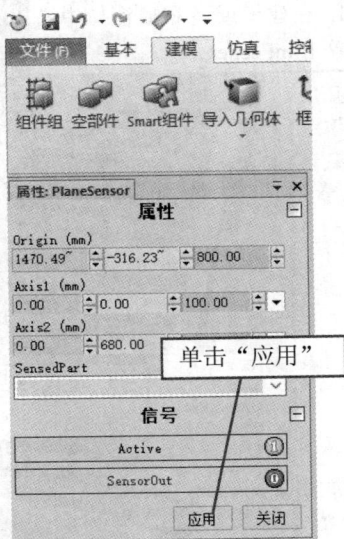

图 6-32　输入属性数值

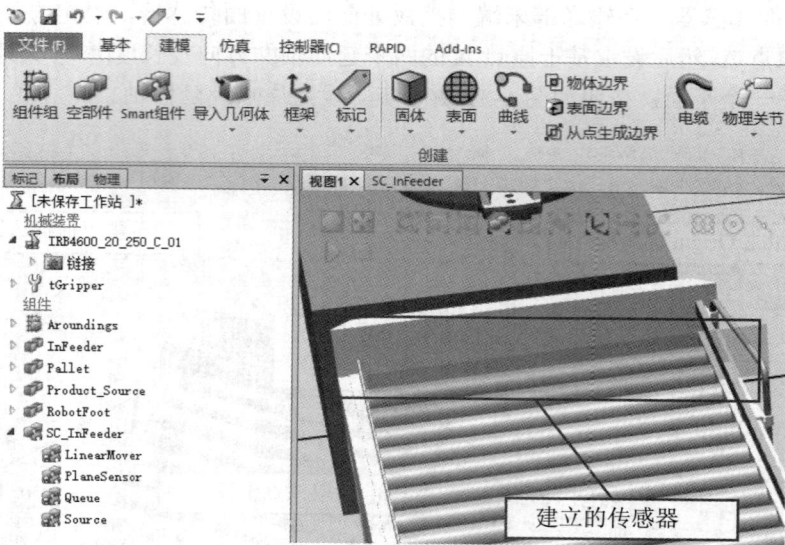

图 6-33　创建面传感器

　　(4) 设置传感器属性。虚拟传感器一次只能检测一个物体，所以这里需要保证所创建的传感器不能与周边设备接触，否则无法检测运动到输送链前面的产品。可以在创建时避开周边设备，但通常将可能与该传感器接触的周边设备的属性设为不可由传感器检测，如图 6-34 所示。

图 6-34　设置传感器属性

(5) 设置 InFeeder。为了方便处理输送链，将 InFeeder 也放到 Smart 组件中，用左键点住 InFeeder 不要松开，将其拖放到 SC_InFeeder 处再松开，如图 6-35 所示。

图 6-35 设置 InFeeder

(6) 添加 LogicGate。单击"添加组件"，选择"信号与属性"列表中的 LogicGate，如图 6-36 所示。

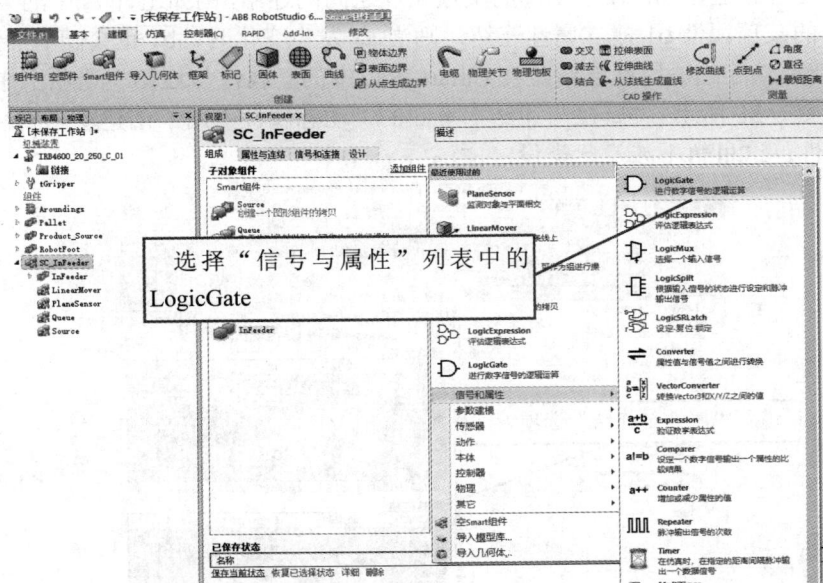

图 6-36 添加组件

(7) 设置信号。在 Smart 组件应用中只有信号发生 0/1 的变化时，才可以触发事件。假如有一个信号 A，我们希望当信号 A 由 0 变 1 时触发事件 B1，信号 A 由 1 变 0 时触发事件 B2；前者可以直接连接进行触发，但是后者就需要引入一个非门与信号 A 相连接，这样当信号 A 由 1 变 0 时，经过非门运算之后则转换成了由 0 变 1，然后再与事件 B2 连接，实现的最终效果就是当信号 A 由 1 变 0 时触发了事件 B2。引入非门如图 6-37 所示。

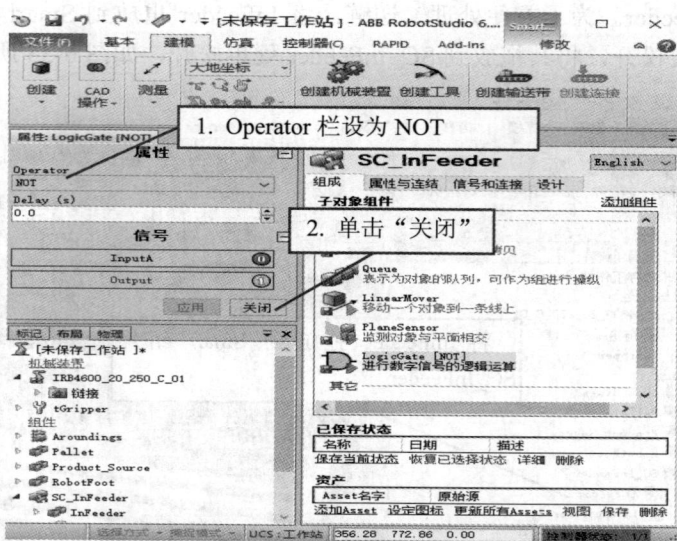

图 6-37　引入非门

6.2.4　创建属性连结

属性连结指的是各 Smart 子组件的某项属性之间的连结，例如组件 A 中的某项属性 a1
与组件 B 中的某项属性 b1 建立属性连结，则当 a1 发生变化时，b1 也会随着一起变化。

(1) 创建属性连结。属性连结是在 Smart 窗口中的"属性与连结"选项卡中进行设定
的，过程如图 6-38 所示。"属性与连结"里面的"动态属性"用于创建动态属性以及编辑
现有动态属性，这里暂不涉及此类设定。

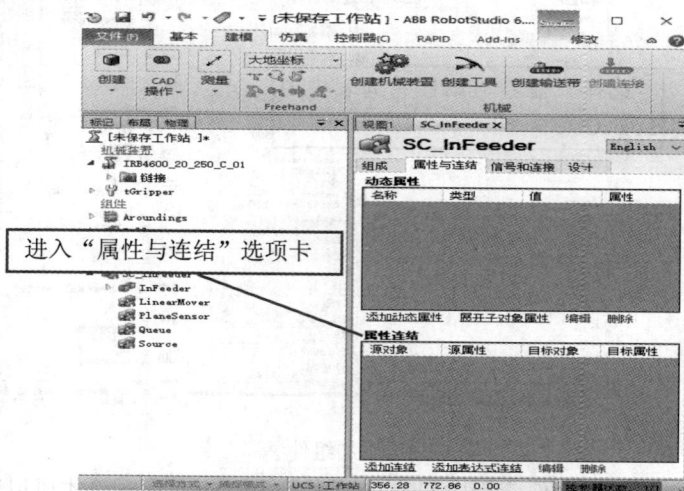

图 6-38　添加连结

(2) 设置 Source 的 Copy。Source 的 Copy 指的是源的复制品，Queue 的 Back 指的是
下一个将要加入队列的物体。通过这样的连结，可实现本任务中的产品源产生一个复制品，
执行加入队列动作后，该复制品会自动加入到队列 Queue 中，而 Queue 是一直执行线性运

动的，则生成的复制品也会随着队列进行线性运动，而当执行退出队列操作时，复制品退出队列之后就停止线性运动了。操作如图 6-39 所示。

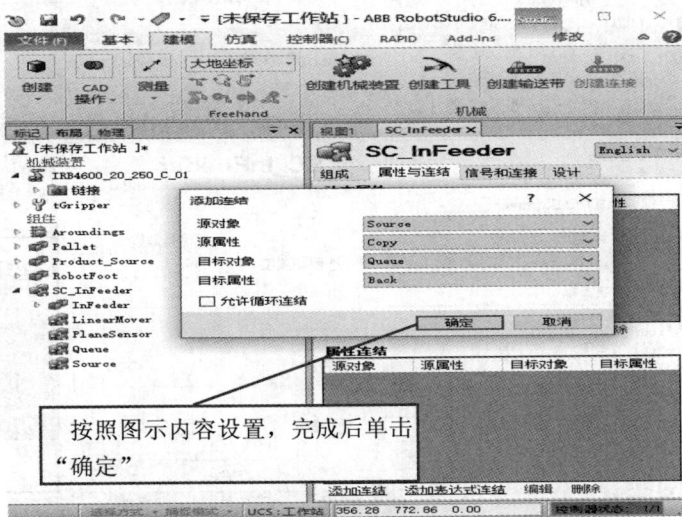

图 6-39　设置连结属性

6.2.5　创建信号和连接

I/O 信号指的是在本工作站中自行创建的数值信号，用于与各个 Smart 子组件进行信号交互。I/O 连接指的是设定创建的 I/O 信号与 Smart 子组件信号的连接关系，以及各 Smart 子组件之间的信号连接关系。

信号和连接是在 Smart 组件窗口中的"信号和连接"选项卡中进行设置的，操作步骤如下：

(1) 添加数字信号 diStart。首先添加一个数字信号 diStart，用于启动 Smart 输送链，如图 6-40、图 6-41 所示。

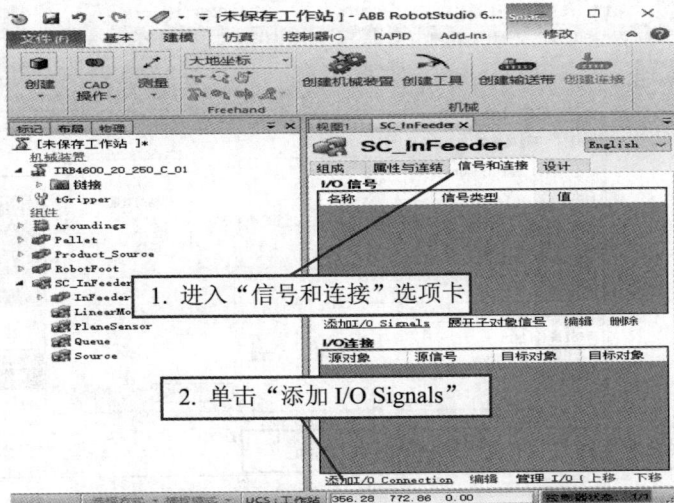

图 6-40　添加信号

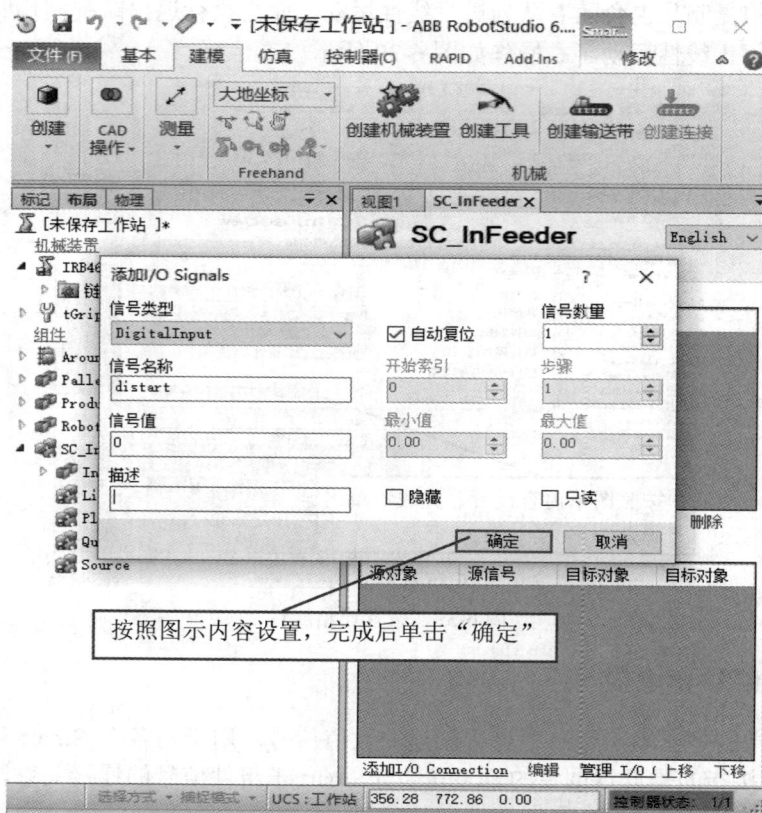

图 6-41　设置属性

（2）添加输出信号 doBoxInPOS。添加一个输出信号 doBoxInPOS，用作产品到位输出信号，如图 6-42 所示。

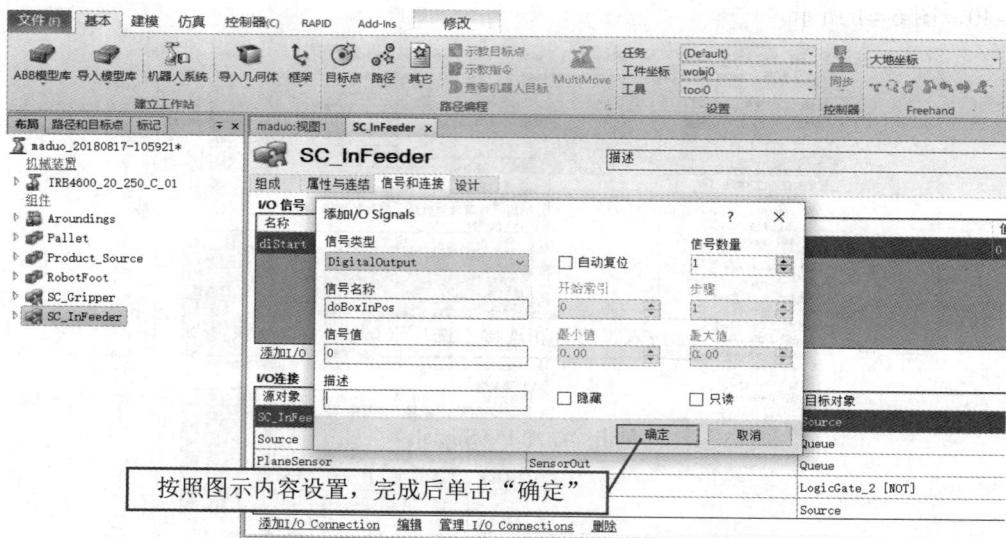

图 6-42　添加输出信号

(3) 建立 I/O 连接，如图 6-43 所示。

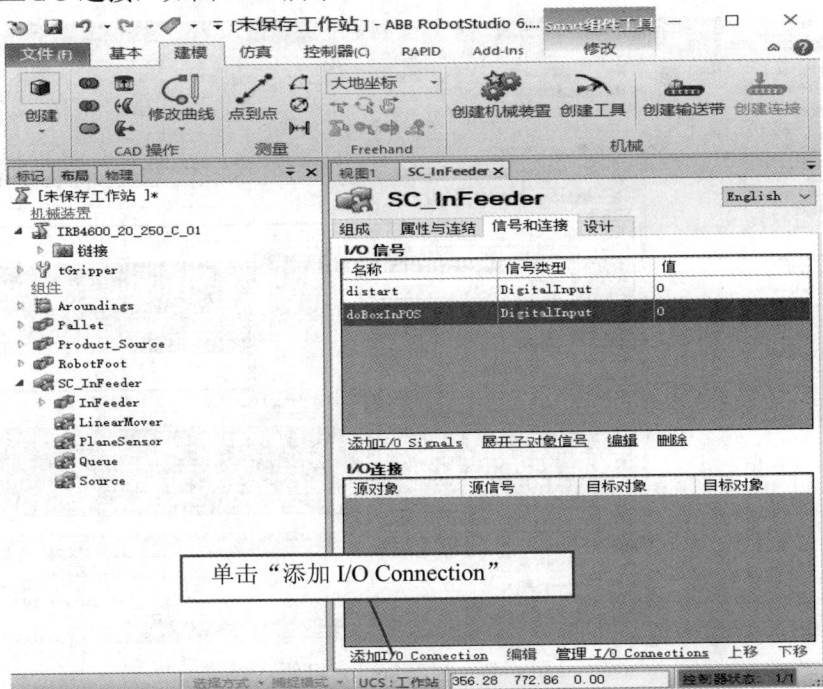

图 6-43　建立 I/O 连接

(4) 依次添加 I/O 连接。依次添加图 6-44 所示的几个 I/O 连接(I/O Connection)。

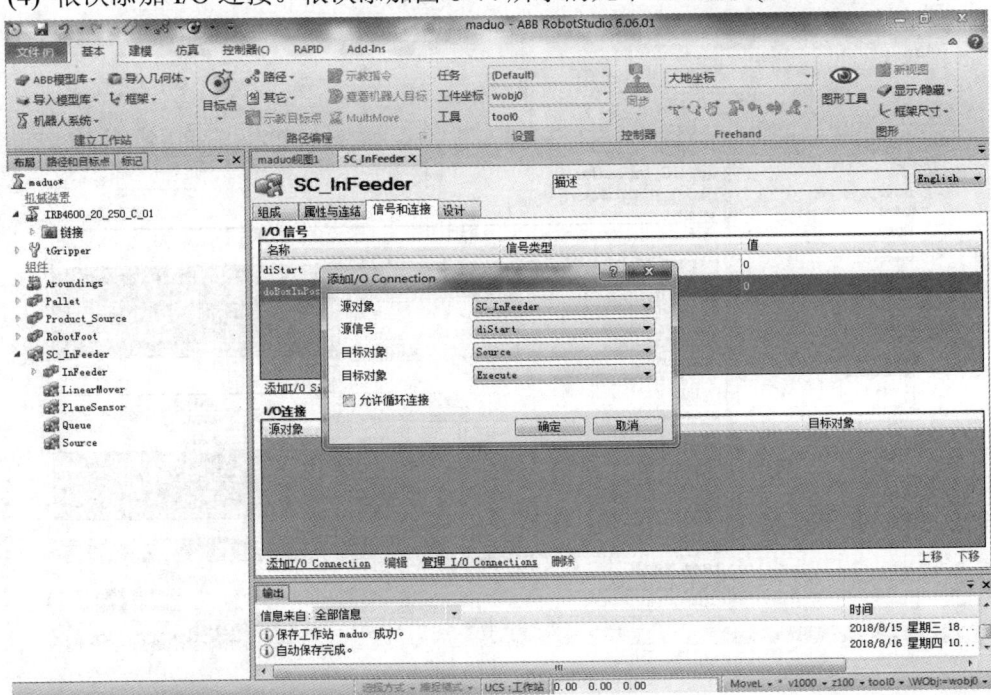

图 6-44　添加 I/O 连接

(5) 触发 Source 组件。diStart 触发 Source 组件执行动作，则产品源会自动产生一个复制品，设置如图 6-45 所示。

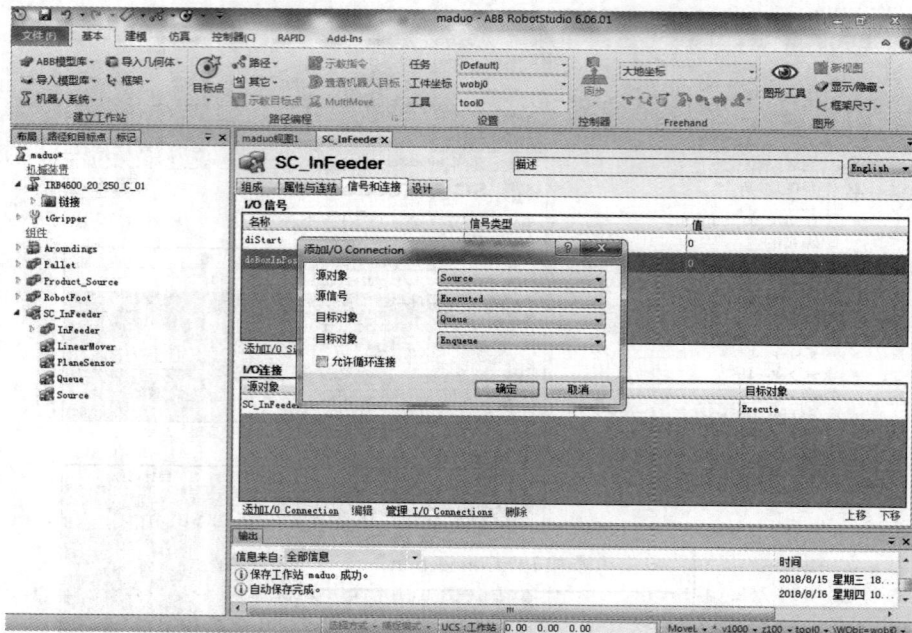

图 6-45　触发 Source 组件

(6) 加入队列设置。产品源产生的复制品完成信号触发 Queue 的加入队列动作，则产生的复制品自动加入队列 Queue，设置如图 6-46 所示。

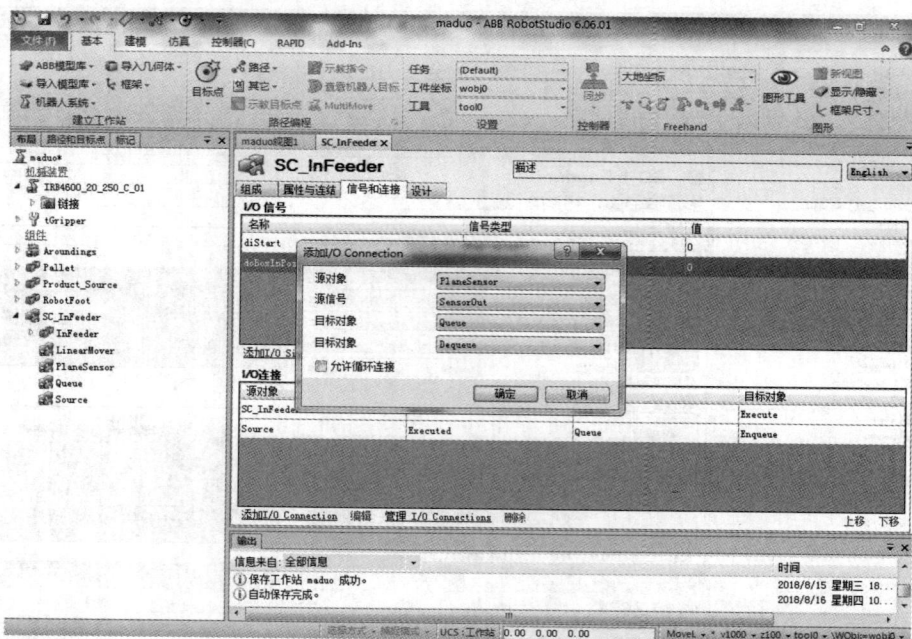

图 6-46　加入队列

(7) 退出队列设置。当复制品与输送链前端的传感器发生接触后，传感器将其本身的输出信号 SensorOut 置 1，利用此信号触发 Queue 的退出队列动作，则队列里面的复制品自动退出队列，设置如图 6-47 所示。

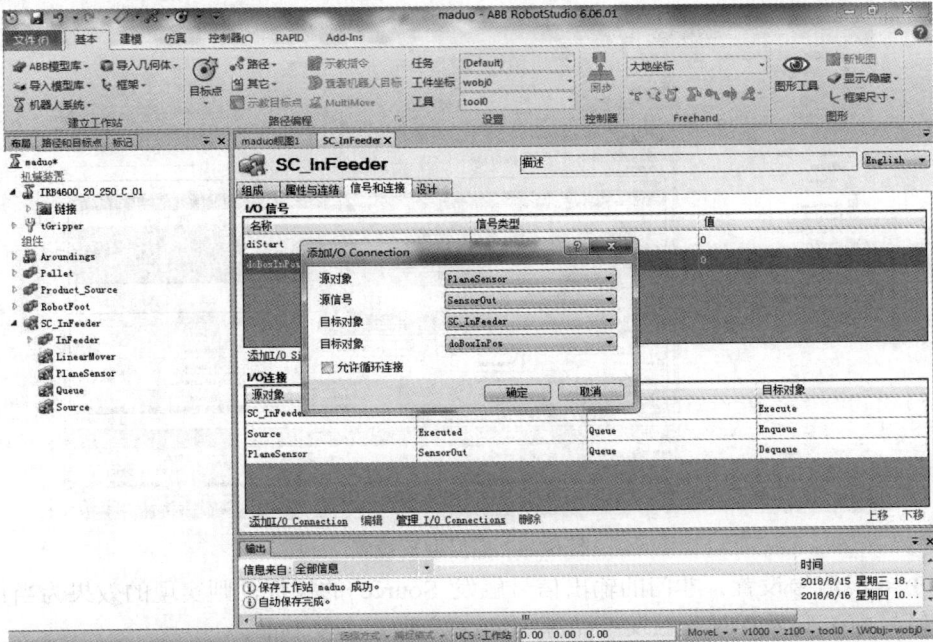

图 6-47　退出队列

(8) 限位传感器设置。当产品运动到输送链前端与限位传感器接触时，将 doBoxInPos 置为 1，表示产品已到位，设置如图 6-48 所示。

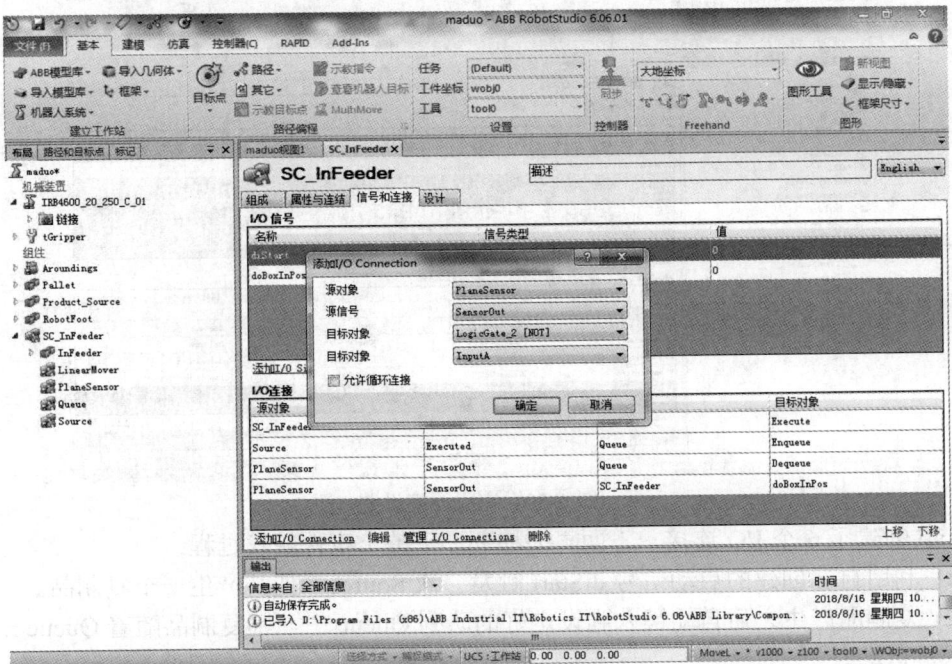

图 6-48　限位传感器设置

(9) 信号取反设置。将传感器的输出信号与非门进行连接，则非门的信号输出变化和传感器输出信号变化正好相反，设置如图6-49所示。

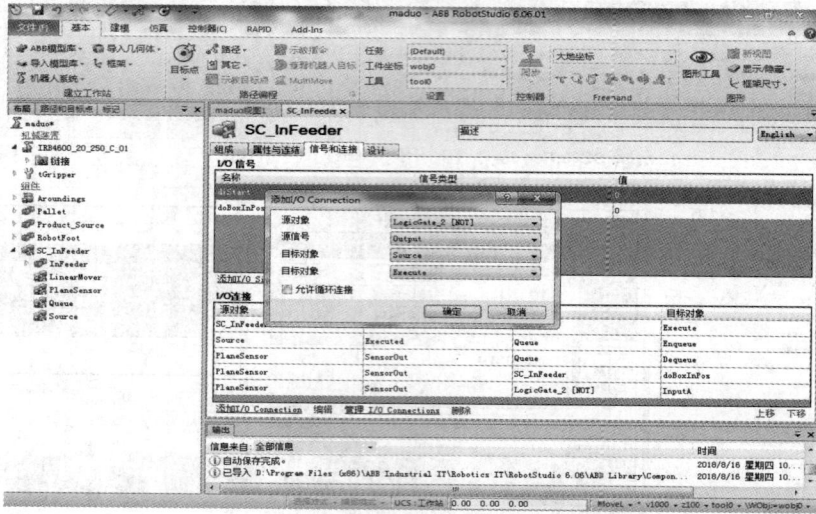

图6-49　信号取反设置

（10）非门信号设置。非门的输出信号触发 Source 的执行，则实现的效果为当传感器的输出信号由 1 变为 0 时，触发产品源 Source 产生一个复制品。

（11）完成连接设置。按照图6-44～图6-49所示，仔细设定各个 I/O 连接中的源对象、源信号、目标对象、目标信号，完成后如图6-50所示。

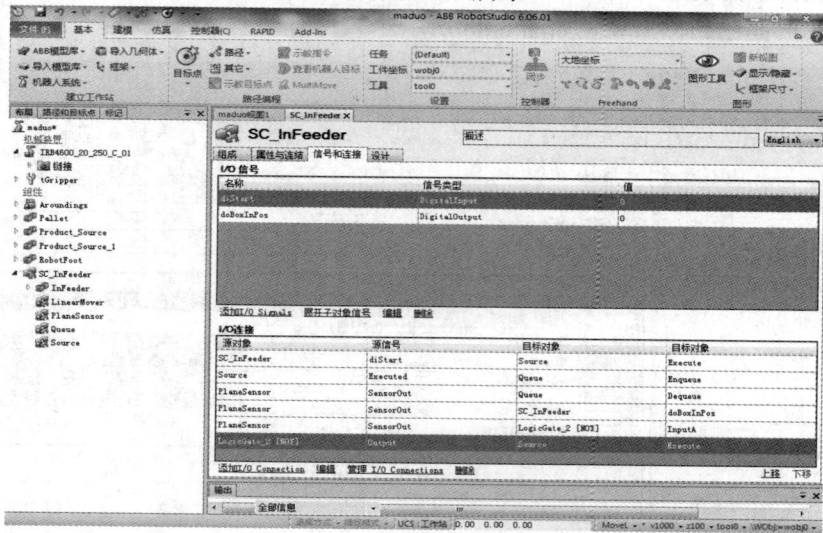

图6-50　完成连接设置

一共创建了 6 个 I/O 连接，下面再来梳理一下整个事件触发过程：

（1）利用自己创建的启动信号 diStart 触发一次 Source，使其产生一个复制品。

（2）复制品产生之后自动键入到设定好的队列 Queue 中，则复制品随着 Queue 一起沿着输送链运动。

（3）复制品运动到输送链前端，与设置的面传感器 PlaneSensor 接触后，该复制品退出队列 Queue，并且将产品到位信号 doBoxInPos 置为 1。

（4）过非门的中间连接，最终实现当复制品与面传感器不接触后，自动触发 Source 再产生一个复制品。

此后进行下一个循环。

6.2.6　仿真运行

至此就完成了 Smart 输送链的设置，接下来验证一下设定的动画效果。

（1）设置工件的运动位置，步骤如图 6-51～图 6-53 所示。

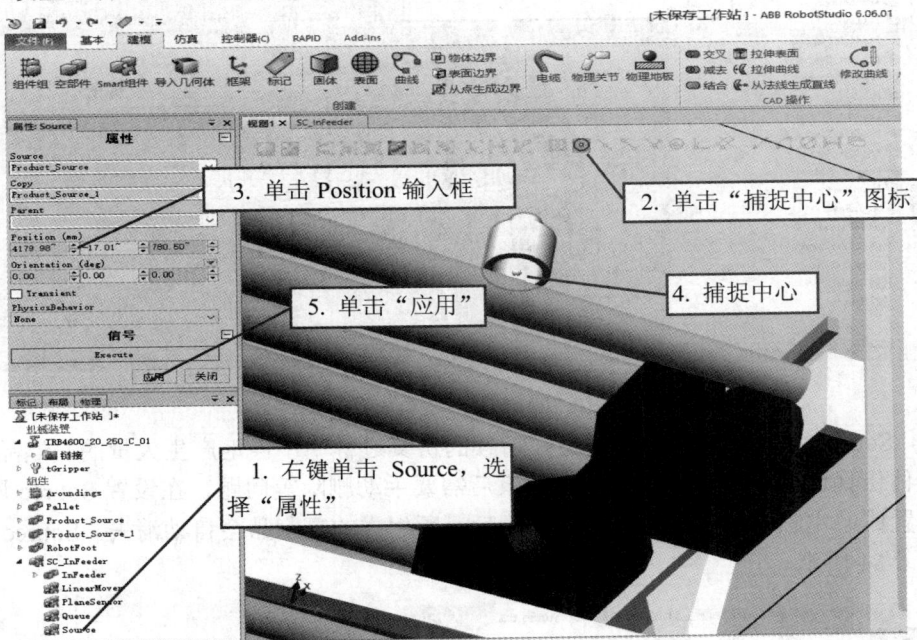

图 6-51　设置工件运动位置

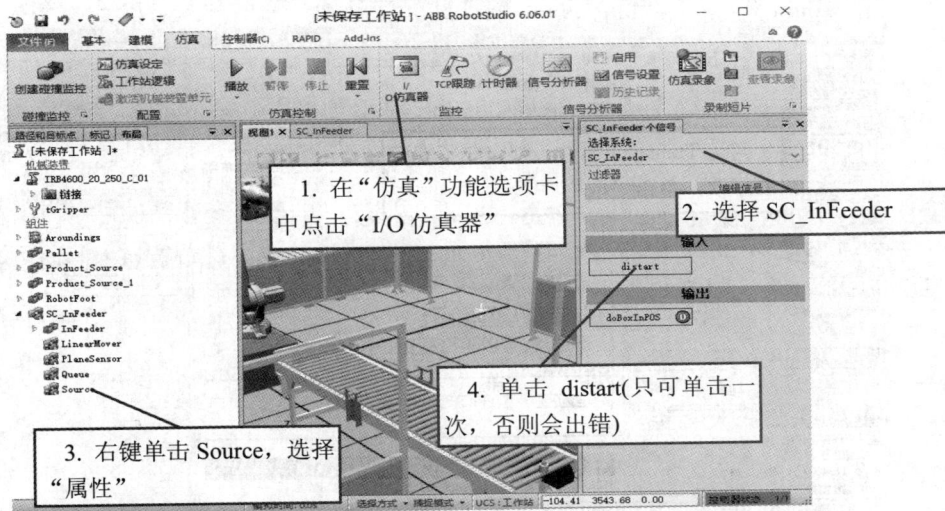

图 6-52　仿真运行

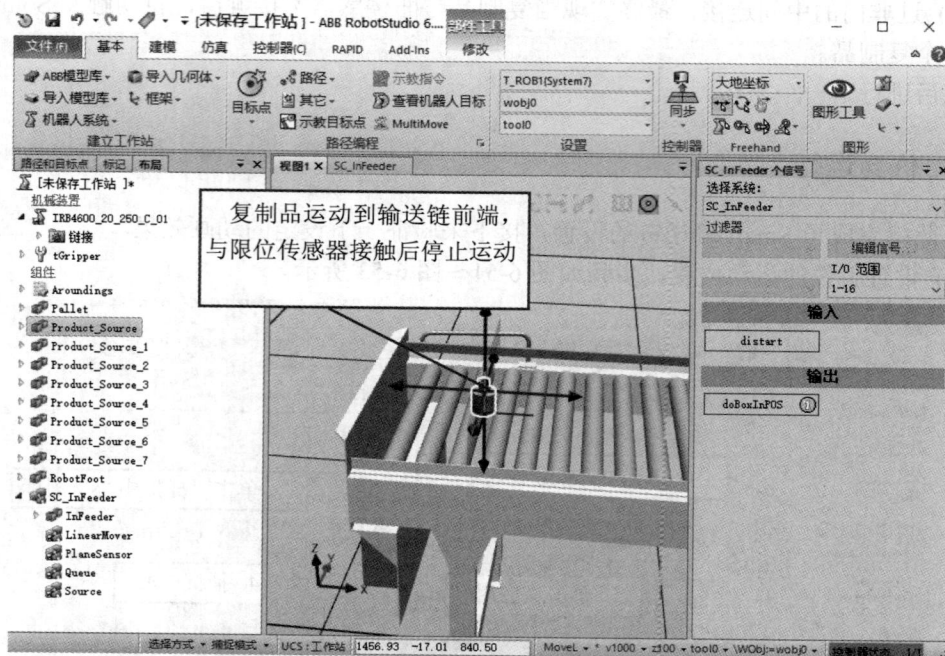

图 6-53　动作演示

（2）Source 属性设置。为了避免在后续的仿真过程中不停地产生大量的复制品，从而导致整体仿真运行不流畅，以及仿真结束后需要手动删除等问题，在设置 Source 属性时，可以设置成产生临时复制品，当仿真停止后，所生成的复制品会自动消失。Source 属性设置如图 6-54 所示。

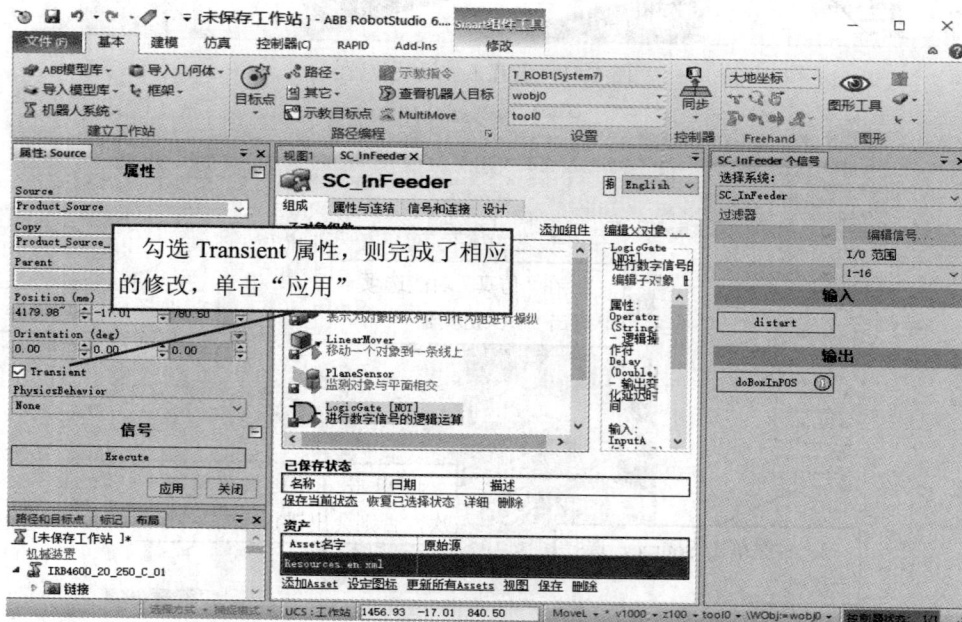

图 6-54　设置 Source 属性

6.3 码垛工作站程序创建

6.3.1 程序编写

打开 RAPID 编辑器，编辑程序，如图 6-55 所示。

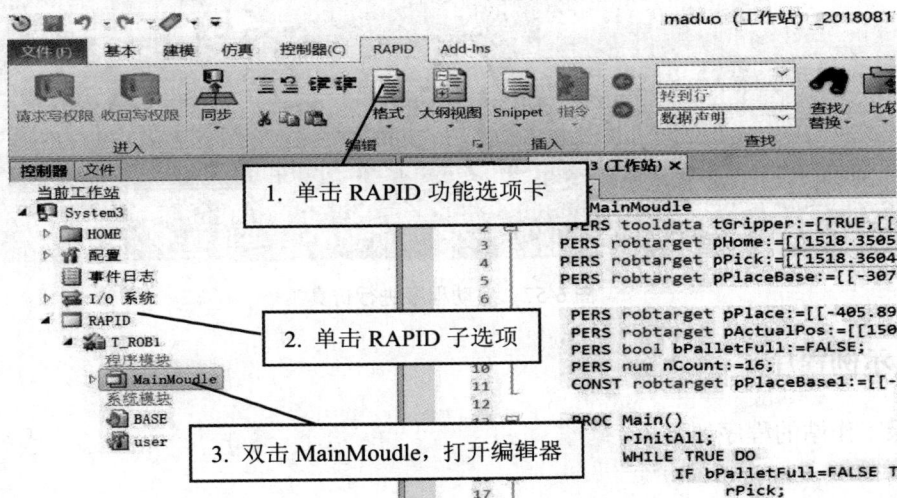

图 6-55 编辑程序

6.3.2 程序检验

将鼠标指针放在程序开头，将程序指针放到开头，如图 6-56 所示。

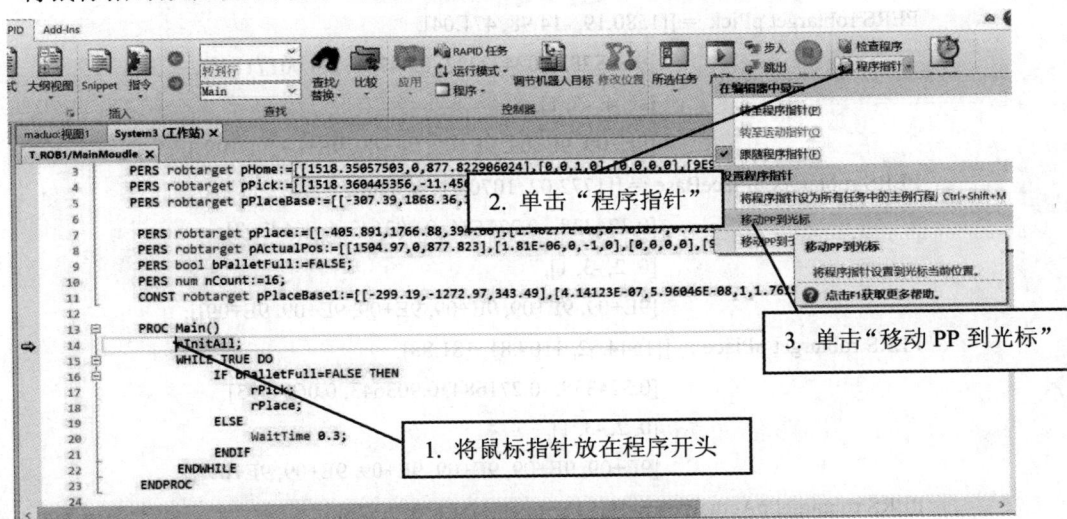

图 6-56 程序检验

单击视图跳回模型界面，单击"启动"，查看程序运行情况，如图 6-57 所示。

图 6-57　启动程序进行仿真

6.3.3　示例程序

码垛工作站的程序如下：

```
MODULE MainMoudle
    PERS tooldata tGripper := [TRUE, [[0, 0, 160], [1, 0, 0, 0]], [1, [1, 0, 1], [1, 0, 0, 0], 0, 0, 0]];
    PERS robtarget pHome := [[1479.11, 0.00, 1722.50],
                [0.5, -1.29048E-08, 0.866025, -7.45058E-09],
                [0, 0, -1, 0],
                [9E+09, 9E+09, 9E+09, 9E+09, 9E+09, 9E+09]];
    PERS robtarget pPick := [[1580.19, -14.98, 471.04],
                [0.31878, 0.00422432, 0.947818, -0.00171164],
                [-1, 4, -5, 1],
                [9E+09, 9E+09, 9E+09, 9E+09, 9E+09, 9E+09]];
    PERS robtarget pPlaceBase := [[1772.02, 1070.31, 106.88],
                [0.324338, -0.271684, 0.903643, 0.0664893],
                [0, 2, -3, 1],
                [9E+09, 9E+09, 9E+09, 9E+09, 9E+09, 9E+09]];
    PERS robtarget pPlace := [[1644.52, 1107.81, 181.88],
                [0.324338, -0.271684, 0.903643, 0.0664893],
                [0, 2, -3, 1],
                [9E+09, 9E+09, 9E+09, 9E+09, 9E+09, 9E+09]];
    PERS robtarget pActualPos := [[1518.36, -11.4561, 877.823],
                [1.81232E-06, -1.16415E-08, -1, -1.36561E-08],
```

```
            [-1, 0, -1, 0],
            [9E+09, 9E+09, 9E+09, 9E+09, 9E+09, 9E+09]];

PERS num nCount := 12;

PROC Main()
    rInitAll;
    WHILE TRUE DO
            rPick;
            rPlace;
    ENDWHILE
ENDPROC

PROC rInitAll()
    ConfJ\Off;
    ConfL\Off;
    MoveL pHome, v500, fine, tool0\WObj := wobj0;
    nCount := 1;
    Reset do1;
ENDPROC

PROC rPick()
    MoveJ Offs(pPick, 0, 0, 300), v2000, z50, tool0\WObj := wobj0;
    WaitDI di1, 1;
    MoveL pPick, v500, fine, tool0\WObj := wobj0;
    Set do1;
ENDPROC

PROC rPlace()
    rPosition;
    MoveJ Offs(pPlace, 0, 0, 100), v2000, z50, tool0\WObj := wobj0;
    MoveL pPlace, v500, fine, tool0\WObj := wobj0;
    Reset do1;
    rPlaceRD;
ENDPROC

PROC rPlaceRD()
    Incr nCount;
    IF nCount>=12 THEN
        MoveL pHome, v500, fine, tool0\WObj := wobj0;
```

```
            Stop;
        ENDIF
    ENDPROC

    PROC rPosition()
        TEST nCount
        CASE 1:
            pPlace := Offs(pPlacebase, 75, 75, 0);
        CASE 2:
            pPlace := Offs(pPlacebase, 0, 75, 0);
        CASE 3:
            pPlace := Offs(pPlacebase, -75, 75, 0);
        CASE 4:
            pPlace := Offs(pPlacebase, -150, 75, 0);
        CASE 5:
            pPlace := Offs(pPlacebase, 75, 0, 0);
        CASE 6:
            pPlace := Offs(pPlacebase, 0, 0, 0);
        CASE 7:
            pPlace := Offs(pPlacebase, -75, 0, 0);
        CASE 8:
            pPlace := Offs(pPlacebase, -150, 0, 0);
        CASE 9:
            pPlace := Offs(pPlacebase, 37.5, 37.5, 75);
        CASE 10:
            pPlace := Offs(pPlacebase, -37.5, 37.5, 75);
        CASE 11:
            pPlace := Offs(pPlacebase, -127.5, 37.5, 75);
        DEFAULT:
            Stop;
        ENDTEST
    ENDPROC

    PROC rModify()
        MoveL pHome, v1000, fine, tool0\WObj := wobj0;
        MoveL pPick, v1000, fine, tool0\WObj := wobj0;
        MoveL pPlaceBase, v1000, fine, tool0\WObj := wobj0;
    ENDPROC

ENDMODULE
```

✦✦✦ 实 训 任 务 ✦✦✦

项 目 任 务 书

任务名称	码垛工作站搭建和程序创建运行		
小组成员			
指导老师		计划用时	
实施时间		实施地点	
任务内容与目标			
1. 准确搭建码垛工作站的模型。2. 进行工作站模型属性和信号的连接测试。3. 创建工作站程序			
考核项目	进行工作站模型的导入；建立新的 Smart 组件及连接配置；创建和修改工作站程序		
备注			

项目任务综合评价表

任务名称：码垛工作站的搭建和程序的创建运行　　　测评时间：　　年　月　日

考核明细		标准分	实际得分								
			小组成员								
			小组自评	小组互评	教师评价	小组自评	小组互评	教师评价	小组自评	小组互评	教师评价
团队 (60分)	小组是否能在总体上把握学习目标与进度	10									
	小组是否分工明确	10									
	小组是否有互助意识	10									
	小组是否有创新想(做)法	10									
	小组是否如实完成任务项目书	10									
	小组是否存在问题和具有解决问题的方案	10									
个人 (40分)	个人是否服从团队安排	10									
	个人是否完成团队分配任务	10									
	个人是否能与团队成员及时沟通和交流	10									
	个人是否能够认真描述困难、错误和修改内容	10									
合计		100									

参 考 文 献

[1]　叶晖. 工业机器人工程应用虚拟仿真教程[M]. 北京：机械工业出版社，2014.

[2]　张玲玲. FANUC 工业机器人仿真与离线编程[M]. 北京：电子工业出版社, 2019.

[3]　韩鸿鸾. 工业机器人离线编程与仿真[M]. 北京：化学工业出版社，2018.

[4]　张明文. 工业机器人离线编程[M]. 武汉：华中科技大学出版社，2017.